建筑结构

陈　涌　窦楷扬　潘崇根　主编

哈爾濱工業大學出版社

图书在版编目(CIP)数据

建筑结构 /陈涌，窦楷扬，潘崇根主编. —哈尔滨 ：哈尔滨工业大学出版社，2021.10

ISBN 978-7-5603-9761-0

Ⅰ. ①建… Ⅱ.①陈… ②窦… ③潘… Ⅲ. ①建筑结构 Ⅳ. ①TU3

中国版本图书馆 CIP 数据核字(2021)第 211440 号

策划编辑　张凤涛
责任编辑　周一曈
封面设计　宣是設計
出版发行　哈尔滨工业大学出版社
社　　址　哈尔滨市南岗区复华四道街 10 号　邮编 150006
传　　真　0451－86414749
网　　址　http://hitpress.hit.edu.cn
印　　刷　北京荣玉印刷有限公司
开　　本　787mm×1092mm　1/16　印张 13.5　字数 381 千字
版　　次　2021 年 10 月第 1 版　2021 年 10 月第 1 次印刷
书　　号　ISBN 978-7-5603-9761-0
定　　价　48.00 元

前言

PREFACE

"建筑结构"是土建学科工程管理类专业的主干课程之一，包括建筑结构体系和建筑结构设计，主要研究一般房屋建筑结构的特点、结构构件布置原则、结构构件的受力特点及破坏形态、简单结构构件的设计原理和设计计算、建筑结构的有关构造要求，以及结构设计等内容。

本书结合国家新型城镇化、海绵城市、绿色建筑、地下空间的开发利用、综合管廊、智能建筑、装配式建筑等新技术发展要求，根据《混凝土结构设计规范》《砌体结构设计规范》等最新规范进行编写。

本书主要内容包括建筑结构及建筑材料，结构设计方法，钢筋混凝土受弯构件，预应力混凝土的基本知识，梁板结构设计，砌体结构材料的选择及力学性能，过梁、墙梁、挑梁及圈梁设计，砌体结构构件承载力计算等。

本书可作为高等院校土木工程类相关专业的本科生教材，也可供土木工程领域相关工程技术人员阅读参考。

限于作者水平，书中疏漏及不足之处在所难免，敬请广大读者批评指正。

编　者

2021 年 9 月

目录 CONTENTS

项目一　建筑结构及建筑材料

能力目标

①建筑结构的概念。
②建筑结构类型的划分及应用概况。

任务一　按结构所用材料分类

在房屋建筑中，由构件组成的能承受荷载作用的体系称为建筑结构，即若干个单元所组成的结构骨架。

基本构件有以下五种。

(1)板。提供活动面，直接承受并传递荷载。

(2)梁。板的支承构件，承受板传来的荷载并传递。

(3)柱。承受楼面体系(梁、板)传来的荷载并传递。

(4)墙。承受楼面体系(梁、板)传来的荷载并传递。

(5)基础。将柱及墙等传来的上部结构荷载传给地基。

一、混凝土结构

混凝土结构包括素混凝土结构、钢筋混凝土结构和预应力混凝土结构。其中，钢筋混凝土结构应用最为广泛。除一般工业与民用建筑，如多层与高层住宅、旅馆、办公楼、单层工业厂房外，还用于水塔、剧院等。

小贴士

混凝土结构的主要优点是强度高、整体性好、耐久性与耐火性好、易于就地取材、具有良好的可模性等；主要缺点是自重大、抗裂性差、施工环节多、工期长等，随着科学技术与生产的发展，钢筋混凝土的这些缺点正在逐步得到克服。

二、钢结构

钢结构是由钢板、型钢等钢材通过有效的连接方式形成的结构，广泛应用于工业建筑及高层建筑结构中。随着我国建筑经济的迅速发展，钢产量的大幅度增加，钢结构的应用领域有了较大的扩展。可以预计，钢结构在我国将得到越来越广泛的应用。

小贴士

钢结构与其他结构形式相比，其主要优点是强度高、结构自重轻、材质均匀、可靠性好、施工简单、工期短、具有良好的抗震性能；主要缺点是易腐蚀、耐火性差、工程造价和维护费用较高。

三、砌体结构

砌体结构是由块材和砂浆等胶结材料砌筑而成的结构，包括砖砌体结构、石砌体结构和砌块砌体结构，广泛应用于多层民用建筑。其主要优点是易于就地取材、耐久性与耐火性好、施工简单、造价低；主要缺点是强度(尤其是抗拉强度)低、整体性差、结构自重大、工人劳动强度高等。

四、木结构

木结构是指全部或大部分用木材料建造的结构。由于木材生长受自然条件的限制，砍伐木材对环境的不利影响，以及易燃、易腐、结构变形大等因素，因此目前已较少采用，本书对木结构将不再赘述。

任务二　按承重结构类型分类

一、砖混结构

砖混结构是指由砌体和钢筋混凝土材料制成的构件组成的结构(图 1-1)。通常，房屋的楼(屋)盖由钢筋混凝土的梁、板组成，竖向承重构件采用砌体材料，主要用于层数不多的住宅、宿舍、办公楼、旅馆等民用建筑。

二、框架结构

框架结构是指由梁和柱为主要构件组成的承受竖向和水平作用的结构(图 1-2)。目前，我国框架结构多采用钢筋混凝土建造。框架结构的建筑平面布置灵活，与砖混结构相比具有较高的承载力、较好的延性和整体性、抗震性能较好等优点，因此在工业与民用建筑中获得了广泛应用。但框架结构仍属柔性结构，侧向刚度较小，其合理建造高度一般为 30 m 左右。

图 1-1　砖混结构

图 1-2　框架结构

三、框架－剪力墙结构

框架－剪力墙结构是指在框架结构内纵横方向适当位置的柱与柱之间布置厚度不小于160 mm的钢筋混凝土墙体，由框架和剪力墙共同承受竖向和水平作用的结构(图 1-3)。这种结构体系结合了框架和剪力墙各自的优点，目前广泛使用于20层左右的高层建筑中。

四、剪力墙结构

剪力墙结构是指房屋的内、外墙都做成实体的钢筋混凝土墙体，利用墙体承受竖向和水平作用的结构(图 1-4)。这种结构体系的墙体较多，侧向刚度大，可建造较高的建筑物，目前广泛应用于住宅、旅馆等小开间的高层建筑中。

图 1-3　框架－剪力墙结构

图 1-4　剪力墙结构

五、筒体结构

筒体结构是指由单个或多个筒体组成的空间结构体系，其受力特点与一个固定于基础上的筒形悬臂构件相似(图 1-5)。一般可将剪力墙或密柱深梁式的框架集中到房屋的内部或外围形成空间封闭的筒体，使整个结构具有相当大的抗侧刚度和承载能力。根据筒体不同的组成方式，筒体结构可分为框架－筒体、筒中筒、组合筒三种结构形式。

六、排架结构

排架结构是指由屋架（或屋面梁）、柱和基础组成，且柱与屋架铰接、与基础刚接的结构（图 1-6）。排架结构多采用装配式体系，可以用钢筋混凝土或钢结构建造，广泛用于单层工业厂房建筑。

此外，按承重结构的类型不同，建筑结构还可分为深梁结构、拱结构、网架结构、钢索结构、空间薄壳结构等，本书不再赘述。

图 1-5 筒体结构

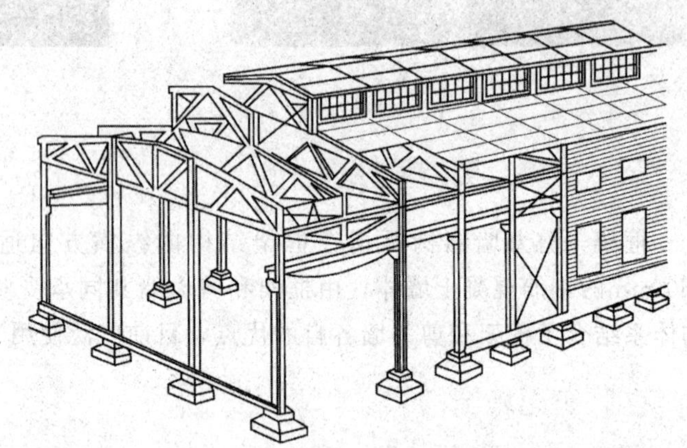

图 1-6 排架结构

能力训练

1. 简述建筑结构的概念。
2. 简述建筑结构类型的划分及应用概况。

项目二　结构设计方法

能力目标

1. 了解结构设计的要求。
2. 了解结构上的作用、作用效应及抗力。
3. 掌握荷载与材料强度取值。
4. 掌握工程结构设计计算方法。
5. 掌握极限状态设计表达式。

任务一　结构设计的要求

结构设计的目的是使所设计的结构在具有适当可靠性的情况下能够满足所有所需的功能要求。结构在规定的设计使用年限内应满足的功能要求包括结构的安全性、适用性和耐久性，具体如下。

(1)能承受在施工和使用期间可能出现的各种作用，作用包括荷载、变形、温度变化等。

(2)保持良好的使用性能，如不发生变形、不产生过宽的裂缝等。

(3)在正常维护条件下具有足够的耐久性能。

(4)当发生火灾时，在规定的时间内可保持足够的承载力。

(5)当发生爆炸、撞击、人为错误等偶然事件时，结构能保持必需的整体稳固性，不出现与起因不相称的破坏后果，防止出现结构的连续倒塌。

在上述工程结构必须满足的五项功能中，第(1)、(4)、(5)项是对结构安全性的要求，第(2)项是对结构适用性的要求，第(3)项是对结构耐久性的要求。结构的安全性、适用性和耐久性总称为结构的可靠性，即结构在规定的时间内、规定的条件下完成预定功能的能力。该能力的量化称为结构的可靠度，即结构在规定的时间内、规定的条件下完成预定功能的概率量度。也就是说，结构可靠度是结构可靠性的概率量化。

规定的时间是指设计规定的结构或结构构件不需进行大修即可按预定目的使用的年限，称为设计使用年限，即结构在规定的条件(正常设计、正常施工、正常使用)下所应达到的使用年限；规定的条件是指正常设计、正常施工和正常使用的条件，即不考虑人为过失的影响，人为过失应通过其他措施予以避免。

小贴士

设计使用年限并不等同于建筑结构的实际寿命或耐久年限，当结构的实际使用年限超过设计使用年限后，其可靠度可能比设计时的预期值减小，但结构仍可继续使用或经大修后可继续使用。

根据我国的实际情况，《工程结构可靠性设计统一标准》(GB 50153—2008)对房屋建筑结构的设计使用年限见表 2-1。当业主提出更高的要求时，也可应业主的要求，经主管部门批准，按照业主的要求采用。

表 2-1　房屋建筑结构的设计使用年限

类别	设计使用年限/年	示例
1	5	临时性建筑结构
2	25	易于替换的结构构件
3	50	普通房屋和构筑物
4	100	标志性建筑和特别重要的建筑结构

在结构设计过程中使用强度较高的材料、加大构件截面的尺寸、增加材料的使用量等能提高结构的可靠性，但是会提高结构的造价，造成材料的浪费。因此，在设计时不仅要考虑到结构的可靠性，还要兼顾建筑的经济性，解决好结构设计的可靠性与经济性之间的关系。《工程结构可靠性设计统一标准》中规定，结构的设计、施工和维修应使结构在规定的设计使用年限内以适当的可靠度和经济的方式满足规定的各项功能要求。

各类工程结构的使用功能各异，结构损坏或倒塌后造成的人员伤亡及经济损失不同，其社会影响也有较大差别，其重要性也会有所区别。结构设计时，对于不同的工程结构，应采用不同的可靠度水准。《工程结构可靠性设计统一标准》中用工程结构的安全等级来区分各类工程的重要程度(表 2-2)。工程结构设计时，应根据结构破坏可能产生的后果，即危及人的生命、造成经济损失、对社会或环境产生影响等的严重性，采用不同的安全等级。对重要的结构，其安全等级可取为一级；对一般的结构，其安全等级可取为二级；对次要的结构，其安全等级可取为三级。

同一工程结构内的各种结构构件宜与结构采用相同的安全等级，但允许对部分结构构件根据其重要程度和综合经济效果进行适当调整。若提高某一结构构件的安全等级所需额外费用很少，又能减轻整个结构的破坏从而大大减少人员伤亡和财物损失，则可将该结构构件的安全等级比整个结构的安全等级提高一级；相反，若某一结构构件的破坏并不影响整个结构或其他结构构件，则可将其安全等级降低一级，但不得低于三级。

表 2-2　工程结构的安全等级

安全等级	破坏后果	示例
一级	很严重：对人的生命、经济、社会或环境影响很大	大型的公共建筑等
二级	严重：对人的生命、经济、社会或环境影响较大	普通的住宅和办公楼等
三级	不严重：对人的生命、经济、社会或环境影响较小	小型的或临时性储存建筑等

任务二　结构上的作用、作用效应及抗力

一、结构上的作用和作用效应

结构上的作用是指施加在结构上的集中力或分布力，以及引起结构外加变形或约束变形的原因，如地震、基础不均匀沉降、温度变化和混凝土收缩等。前者以力的形式作用于结构上，称为直接作用，习惯上称为荷载；后者以变形的形式作用在结构上，称为间接作用。

结构上的作用按随时间的变异，可分为以下三类。

(1)永久作用。永久作用是指在结构使用期间，其值不随时间变化、其变化与平均值相比可以忽略不计或其变化是单调的并能趋于限值的作用，如结构的自身重力、土压力、预应力等。这种作用一般为直接作用，通常称为永久荷载或恒荷载。

(2)可变作用。可变作用是指在结构使用期间，其值随时间变化，且变化与平均值相比不可忽略的作用，如楼面活荷载、桥面或路面上的行车荷载、吊车荷载、风荷载和雪荷载等。这种作用若为直接作用，则通常称为可变荷载或活荷载。

(3)偶然作用。偶然作用是指在结构使用期间不一定出现，而一旦出现，其量值很大且持续时间很短的作用，如强烈地震、爆炸、撞击、龙卷风等引起的作用。这种作用多为间接作用，当为直接作用时，通常称为偶然荷载。

小贴士

直接作用或间接作用作用在结构构件上，在结构内产生内力和变形(如轴力、剪力、弯矩、扭矩，以及挠度、转角和裂缝等)，称为作用效应，通常用 S 表示。荷载与荷载效应之间一般近似地按线性关系考虑，二者均为随机变量或随机过程。

二、结构抗力

结构抗力通常用 R 表示，是指结构或结构构件承受作用效应的能力，即结构或结构构件承受荷载、抵抗变形的能力等。影响混凝土结构构件承载力的主要因素有材料性能(如钢筋、混凝土强度等级、弹性模量)、构件的截面形状及截面尺寸、钢筋配置的数量及方式等。

由于这些因素都具有一定的不精确性，因此也属于随机变量，由这些因素综合而成的结构抗力也是一个随机变量。

结构上的作用特别是可变作用及偶然作用随着时间的变化而改变。对结构进行设计时应确定一个时间参数作为选取可变作用等的基准，这个时间基准为设计基准期，即为确定可变作用等的取值而选用的时间参数。《工程结构可靠性设计统一标准》规定房屋建筑的设计基准期为50年。设计基准期是为确定可变作用的取值而规定的标准时段，它不等同于结构的设计使用年限。

任务三　荷载与材料强度取值

结构物所承受的作用在使用期内会发生变动，不是一个确定不变的值，特别是可变作用。工程中所使用的材料由于材料的不均匀性及生产、加工时其他因素的影响，因此材料的实际强度也不是一个确定值，而是以一个确定值为基准在一定范围内波动。结构设计时，首先根据结构的设计基准期确定荷载和材料强度的基本代表值，代表值的取法根据概率统计方法确定。

一、荷载代表值的确定

荷载代表值是设计中用来验算极限状态所采用的荷载量值。荷载的基本代表值为荷载标准值，是设计基准期内最大荷载统计分布的特征值。对于可变荷载，荷载的代表值还有荷载准永久值和荷载频遇值。

(一)荷载的统计特性

我国根据建筑结构的各种永久荷载、民用房屋楼面活荷载、风荷载和雪荷载的调查和实测工作，对所取得的资料应用概率统计方法处理后，确定荷载的概率分布和统计参数。认为永久荷载符合正态分布，民用房屋楼面活荷载及风荷载和雪荷载的概率分布可认为是极值Ⅰ型分布。

(二)荷载标准值

荷载标准值是指在结构的使用期间可能出现的最大荷载值。由于荷载本身的随机性，因此使用期间的最大荷载也是随机变量，原则上也可用它的统计分布来描述。按《工程结构可靠性设计统一标准》的规定，荷载标准值统一由设计基准期最大荷载概率分布的某个分位值来确定，设计基准期统一规定为50年，而《工程结构可靠性设计统一标准》对分位值的百分位未做统一规定。

小贴士

因此，对某类荷载，当有足够资料而有可能对其统计分布做出合理估计时，则在其设计基准期最大荷载的分布上，根据协议的百分位，取其分位值作为该荷载的代表值，原则上可取分布的特征值(如均值、众值或中值)，国际上习惯称为荷载的特征值。实际上，对于大部分自然荷载，包括风、雪荷载，习惯上都以其规定的平均重现期来定义标准值，即相当于以其重现期内最大荷载的分布的众值为标准值。

然而，目前并非所有荷载都能取得充分的资料。为此，不得不根据已有的工程实践经验，通过分析判断后，协议一个公称值作为代表值。

1. 永久荷载标准值

永久荷载(恒荷载)标准值可按结构设计规定的尺寸和《建筑结构荷载规范》(GB 50009—2001)规定的材料容重(或单位面积的自重)平均值确定，一般相当于永久荷载概率分布的平均值。

2. 可变荷载标准值

出于分析上的方便，《建筑结构荷载规范》中对于各类活荷载的分布类型采用了极值Ⅰ型。规定办公楼、住宅楼面均布活荷载最小值取 2.0 kN/m^2。这个标准值对于办公楼相当于设计基准期最大活荷载概率分布的平均值加 3.16 倍的标准差，对于住宅，则相当于设计基准期最大荷载概率分布的平均值加 2.38 倍的标准差。可见，对于办公楼和住宅，楼面活荷载标准值的保证率均大于 95%。

风荷载标准值是由建筑物所在地的基本风压乘以风压高度变化系数、风载体型系数和风振系数确定的。其中，基本风压是根据当地气象台历年来的最大风速记录，按基本风速的标准要求，将不同风速仪高度和时次时距的年最大风速统一换算为离地 10 m 高，自记 10 min 平均年最大风速数据，经统计分析确定重现期为 50 年的最大风速，作为当地的基本风速经换算得到当地的基本风压。

雪荷载标准值是由建筑物所在地的基本雪压乘以屋面积雪分布系数确定的，而基本雪压则是以当地一般空旷平坦地面上统计所得 50 年一遇最大雪压确定的。

3. 荷载准永久值

荷载准永久值是指在设计基准期内被超越的总时间占设计基准期的比率较大的作用值。它是随时间变化而数值变化较小的可变荷载值(如较为固定的家具、办公室设备等)，在规定的期限内具有较长的总持续期，对结构的影响犹如永久荷载。

4. 荷载频遇值

荷载频遇值是指在设计基准期内被超越的总时间占设计基准期的比率较小的作用值，或被超越的频率限制在规定频率内的作用值。

结构设计时，对不同荷载，应采用不同的代表值。对永久荷载，应采用标准值作为代表值；对可变荷载，应根据设计要求采用标准值、组合值、频遇值或准永久值作为代表值。

二、材料强度标准值的确定

(一)材料强度的变异性及统计特性

材料强度的变异性主要是指材质及工艺、加载、尺寸等因素引起材料强度的不确定性。例如，按同一标准生产的钢材或混凝土，即使是同一炉钢轧成的钢筋或同一次搅拌而得的混凝土试件，按照统一方法在同一试验机上进行试验，所测得的强度也不完全相同。统计资料表明，混凝土强度和钢筋强度的概率分布符合正态分布。

(二)材料强度标准值

钢筋和混凝土的强度标准值是钢筋混凝土结构按极限状态设计时采用的材料强度基本代表值。材料强度标准值应根据符合规定质量的材料强度的概率分布的某一分位值确定。由于钢筋和混凝土强度均服从正态分布，因此它们的强度标准值 f_k 可统一表示为

$$f_k = \mu_f - \alpha\sigma_f \tag{2-1}$$

式中 α——与材料实际强度 f 低于 f_k 的概率有关的保证率系数；

μ_f——所测材料强度平均值；

σ_f——所测材料强度标准差。

由此可见，材料强度标准值是材料强度概率分布中具有一定保证率的偏低的材料强度值。

1. 钢筋的强度标准值

为保证钢材的质量，国家有关标准规定钢材出厂前要抽样检查，检查的标准为“废品限值”。对于各级热轧钢筋，废品限值约相当于屈服强度平均值减去 2 倍的标准差(即式(2-1)中的 $\alpha=2$)所得的数值，保证率为 97.73%。《混凝土结构设计规范》(GB 50010—2010)规定，钢筋的强度标准值应具有不小于 95%的保证率。可见，国家标准规定的钢筋强度废品限值符合这一要求，且偏于安全。因此，《混凝土结构设计规范》以国家标准规定值作为钢筋强度标准值的依据。

2. 混凝土的强度标准值

混凝土强度标准值为具有 95%保证率的强度值，即式(2-1)中的保证率系数为 1.645。

任务四　工程结构设计计算方法

一、混凝土结构构件设计计算方法

根据混凝土结构构件设计计算方法的发展及不同的特点，可分为容许应力法、破坏阶段法、极限状态设计法及概率极限状态设计法。

(一)容许应力法

容许应力法是最早的混凝土结构构件计算理论，其主要思想是在规定的荷载标准值作用下，按弹性理论计算得到的构件截面应力应小于结构设计规范规定的材料容许应力值。材料的容许应力为材料强度除以安全系数。该方法的优点是应用弹性理论分析，计算简便；缺点是未考虑结构材料的塑性性能，安全系数的确定主要依靠工程经验，缺乏科学依据。

(二)破坏阶段法

由于容许应力法的不足，因此工程人员提出了按破坏阶段的设计方法。该方法与容许应力法的主要区别是在考虑材料塑性性能的基础上，按破坏阶段计算构件截面的承载能力，要求构件截面的承载能力(弯矩、轴力、剪力和扭矩等)不小于由外荷载产生的内力乘以安全系数。该

方法的优点是反映了构件截面的实际工作情况，计算结果比较准确；缺点是采用了总安全系数考虑材料强度及荷载大小的变异性，概念过于笼统和粗糙。

（三）极限状态设计法

由于容许应力法和破坏阶段法采用单一安全系数过于笼统，因此人们又提出了多系数极限状态设计法。多系数极限状态设计法规定结构按承载能力极限状态、变形极限状态和裂缝极限状态等三种极限状态进行设计，具体为：在承载能力极限状态中，用材料的均质系数及材料工作条件系数考虑材料强度的变异性，引入荷载超载系数以考虑荷载的不均匀性，对构件还引入工作条件系数；将材料强度和荷载作为随机变量，用数理统计方法经过调查分析确定材料强度均质系数及某些荷载的超载系数。但极限状态设计法仍然没有给出结构可靠度的定义和计算可靠度的方法，对于保证率的确定、系数取值等仍然带有不少主观经验的成分。近年来，国际上大多数国家结构构件设计方法采用基于概率理论的极限状态设计方法，简称概率极限状态设计法。目前，我国结构设计方法采用的也是概率极限状态设计法。

二、概率极限状态设计法

（一）结构的极限状态

如果整个结构或结构的一部分超过某一特定状态就不能满足设计规定的某一功能要求，则称此特定状态为该功能的极限状态。极限状态实质上是区分结构可靠与失效的界限。极限状态分为两类：承载能力极限状态和正常使用极限状态。

1. 承载能力极限状态

这种极限状态对应于结构或结构构件达到最大承载能力或达到不适于继续承载的变形。当结构或结构构件出现下列状态之一时，应认为超过了承载能力极限状态。

(1)结构构件或连接因超过材料强度而破坏，或因过度变形而不适于继续承载。

(2)整个结构或其中一部分作为刚体失去平衡。

(3)结构转变为机动体系。

(4)结构或结构构件丧失稳定。

(5)结构因局部破坏而发生连续倒塌。

(6)地基丧失承载力而破坏。

(7)结构或结构构件的疲劳破坏。

承载能力极限状态可理解为结构或结构构件发挥允许的最大承载能力的状态。结构构件因塑性变形而使其几何形状发生显著改变，虽未达到最大承载能力，但已彻底不能使用，也属于达到承载能力极限状态。

小 贴 士

承载能力极限状态主要考虑有关结构安全性的功能。对于任何承载的结构或构件，都需要按承载能力极限状态进行设计。

2. 正常使用极限状态

这种极限状态对应于结构或结构构件达到正常使用或耐久性能的某项规定限值。当结构或结构构件出现下列状态之一时，应认为超过了正常使用极限状态。

(1)影响正常使用或外观的变形。

(2)影响正常使用或耐久性能的局部损坏。

(3)影响正常使用的振动。

(4)影响正常使用的其他特定状态。

正常使用极限状态主要考虑有关结构适用性和耐久性的功能，可理解为结构或结构构件达到使用功能上允许的某个限值的状态，因为过大的裂缝会影响结构的耐久性，过大的变形、过宽的裂缝也会造成用户心理上的不安全感。通常对结构构件先按承载能力极限状态进行承载能力计算，然后根据使用要求按正常使用极限状态进行变形、裂缝宽度或抗裂等验算。

(二)结构的功能函数和极限状态方程

结构的可靠度通常受结构上的各种作用、材料性能、几何参数、计算公式精确性等因素的影响。这些因素一般具有随机性，称为基本变量，记为 X_i ($i=1, 2, \cdots, n$)。按极限状态方法设计建筑结构时，要求所设计的结构具有一定的预定功能(如承载能力、刚度、抗裂或裂缝宽度等)。这可用包括各有关基本变量 X_i 在内的结构功能函数来表达，即

$$Z=g(X_1, X_2, \cdots, X_n) \tag{2-2}$$

若

$$Z=g(X_1, X_2, \cdots, X_n)=0 \tag{2-3}$$

则上式称为极限状态方程。

当功能函数中仅包括作用效应 S 和结构抗力 R 两个基本变量时，可得

$$Z=g(R, S)=R-S \tag{2-4}$$

通过功能函数 Z 可以判别结构所处的状态如下。

(1)当 $Z>0$ 时，结构处于可靠状态。

(2)当 $Z<0$ 时，结构处于失效状态。

(3)当 $Z=0$ 时，结构处于极限状态。

(三)结构可靠度的计算

1. 结构的失效概率 p_f

若 R 和 S 都是确定性变量，则由 R 和 S 的差值可直接判别结构所处的状态。而 R 和 S 都是随机变量或随机过程，因此要判断结构所处的状态，需要计算 R 和 S 的差值的概率。图 2-1 所示为 R、S 的概率密度曲线，假设 R 和 S 均服从正态分布且二者为线性关系，R 和 S 的平均值分别为 μ_R 和 μ_S，标准差分别为 σ_R 和 σ_S。由图 2-1 可见，在多数情况下，$R>S$。但是，由于 R 和 S 的离散性，因此在 R、S 概率密度曲线的重叠区(阴影段内)仍有可能出现 $R<S$ 的情况。这种可能性的大小用概率来表示就是失效概率，即结构功能函数 $Z=R-S<0$ 的概率称为结构构件的失效概率，记为 p_f。

当结构功能函数中仅有两个独立的随机变量 R 和 S，且它们都服从正态分布时，则功能函数 $Z=R-S$ 也服从正态分布，其平均值 $\mu_Z=\mu_R-\mu_S$，标准差 $\sigma_Z=\sqrt{\sigma_R^2+\sigma_S^2}$。

功能函数 Z 的概率密度曲线如图 2-2 所示，结构的失效概率 p_f 可直接通过 $Z<0$ 的概率(图中阴影面积)来表达，即

$$p_f=P(Z<0)=\int_{-\infty}^{0} f(Z)\mathrm{d}Z=\int_{-\infty}^{0}\frac{1}{\sigma_Z\sqrt{2\pi}}\mathrm{e}^{-\frac{1}{2}\left(\frac{Z-\mu Z}{\sigma Z}\right)} \tag{2-5}$$

小贴士

用失效概率度量结构可靠性具有明确的物理意义，能较好地反映问题的实质。但 p_f 的计算比较复杂，因此国际标准和我国标准目前都采用可靠指标 β 来度量结构的可靠性。

2. 结构构件的可靠指标 β

令

$$\beta=\frac{\mu_Z}{\sigma_Z}=\frac{\mu_R-\mu_S}{\sqrt{\sigma_R^2+\sigma_S^2}} \tag{2-6}$$

则式(2-5)可写为

$$p_f=\Phi\left(-\frac{\mu_Z}{\sigma_Z}\right)=\Phi(-\beta) \tag{2-7}$$

由式(2-7)及图 2-2 可见，β 与 p_f 具有数值上的对应关系(表 2-3)，也具有与 p_f 相对应的物理意义。

β 越大，p_f 就越小，即结构越可靠，故 β 称为可靠指标。

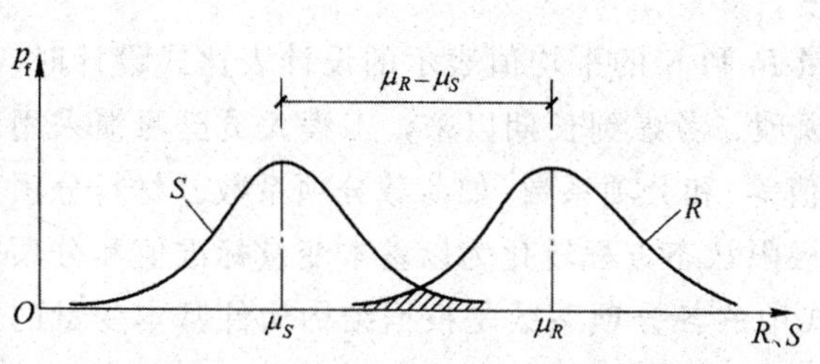

图 2-1　R、S 的概率密度曲线

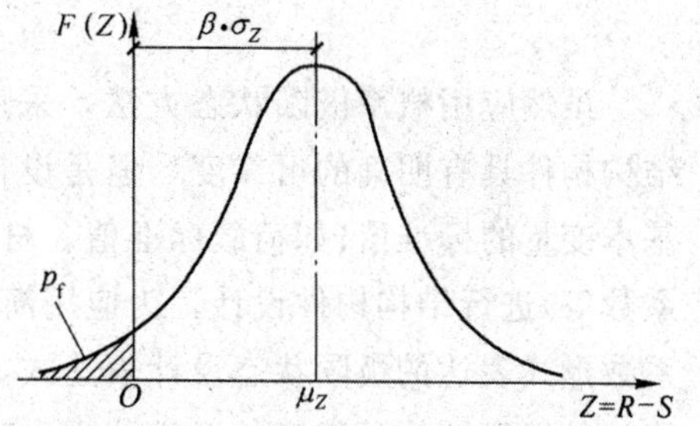

图 2-2　功能函数 Z 的概率密度曲线

表 2-3　可靠指标 β 与失效概率 p_f 的对应关系

β	1.0	1.5	2.0	2.5	2.7	3.2	3.7	4.2
p_f	1.59×10^{-1}	6.68×10^{-2}	2.28×10^{-2}	6.21×10^{-3}	3.5×10^{-3}	6.9×10^{-4}	1.1×10^{-4}	1.3×10^{-5}

当仅有作用效应和结构抗力两个基本变量且均按正态分布时，结构构件的可靠指标可按式(2-6)计算；当基本变量不按正态分布时，结构构件的可靠指标应以结构构件作用效应和抗力的正态分布的平均值和标准差代入式(2-6)计算。

3. 设计可靠指标[β]

设计规范所规定的、作为设计结构或结构构件时所应达到的可靠指标，称为设计可靠指标[β]，它是根据设计所要求达到的结构可靠度而取定的，又称目标可靠指标。

设计可靠指标理论上应根据各种结构构件的重要性、破坏性质(延性、脆性)及失效后果，用优化方法分析确定。我国《工程结构可靠性设计统一标准》给出了结构构件承载能力极限状态的设计可靠指标，见表 2-4。表中延性破坏是指结构构件在破坏前有明显的变形或其他预兆；脆性破坏是指结构构件在破坏前无明显的变形或其他预兆。显然，延性破坏的危害相对较小，所以$[\beta]$值相对低一些；脆性破坏的危害较大，所以$[\beta]$值相对高一些。

表 2-4　结构构件承载能力极限状态的设计可靠指标

破坏类型	安全等级		
	一级	二级	三级
延性破坏	3.7	3.2	2.7
脆性破坏	4.2	3.7	3.2

按概率极限状态法设计时，一般是已知各基本变量的统计特性(如平均值和标准差)，然后根据规范规定的设计可靠指标$[\beta]$求出所需的结构抗力平均值并转化为标准值进行截面设计。这种方法能够比较充分地考虑各有关因素的客观变异性，使所设计的结构比较符合预期的可靠度要求，并且在不同结构之间，设计可靠度具有相对可比性。

但是，对于一般建筑结构构件，按上述概率极限状态设计法进行设计过于复杂。目前除对少数十分重要的结构，如原子能反应堆、海上采油平台等直接按上述方法设计外，一般结构采用极限状态设计表达式进行设计。

任务五　极限状态设计表达式

虽然应用概率极限状态方法，采用以基本变量 R 和 S 的平均值表示的设计表达式设计时，结构构件具有明确的可靠度，但是设计步骤过于烦琐。考虑到长期以来，工程人员已习惯采用基本变量的标准值(如荷载标准值、材料强度标准值等)和分项系数(如荷载分项系数、材料分项系数等)进行结构构件设计，为应用简便，规范将极限状态方程转化为以基本变量标准值和分项系数形式表达的极限状态设计表达式。设计表达式中的各分项系数是根据结构构件基本变量的统计特性以结构可靠度的概率分析为基础确定的，起着相当于设计可靠指标$[\beta]$的作用。

一、结构的设计状况

结构物在建造和使用过程中所承受的作用和所处环境不同，设计时所采用的结构体系、可靠度水准、设计方法等也应有所区别。因此，建筑结构设计时，应根据结构在施工和使用中的环境条件和影响，区分下列三种设计状况。

(1)持久状况。在结构使用过程中一定出现，其持续期很长的状况，持续期一般与设计使用年限为同一数量级，如房屋结构承受家具和正常人员荷载的状况。

(2)短暂状况。在结构施工和使用过程中出现概率较大，而与设计使用年限相比持续时间很短的状况，如结构施工和维修时承受堆料和施工荷载的状况。

(3)偶然状况。在结构使用过程中出现概率很小，且持续期很短的状况，如结构遭受火灾、爆炸、撞击、罕遇地震等作用的状况。

对于上述三种设计状况，均应进行承载能力极限状态设计，以确保结构的安全性。对持久状况，应进行正常使用极限状态设计，以保证结构的适用性和耐久性；对短暂状况，可根据需要进行正常使用极限状态设计；对偶然状况，允许主要承重结构因出现设计规定的偶然事件而局部破坏，但其剩余部分具有在一段时间内不发生连续倒塌的可靠度。

二、承载能力极限状态设计表达式

(一)基本表达式

承载能力极限状态的荷载效应组合分为基本组合和偶然组合。对于持久和短暂设计状态，应采用基本组合；对于偶然设计状态，应采用偶然组合，采用下列极限状态设计表达式：

$$\gamma_0 S_d \leqslant R_d \tag{2-8}$$

$$R_d = R(f_k/\gamma_M,\ a_d) \tag{2-9}$$

式中　γ_0——结构重要性系数，安全等级为一级或设计使用年限为100年及以上的结构构件不应小于1.1，安全等级为二级或设计使用年限为50年的结构构件不应小于1.0，安全等级为三级或设计使用年限为5年及以下的结构构件不应小于0.9；

S_d——荷载组合的效应设计值；

R_d——结构构件抗力的设计值；

$R(\cdot)$——结构构件的承载力函数；

f_k——材料性能标准值；

γ_M——材料性能的分项系数；

a_d——几何参数的设计值，可采用几何参数的标准值 a_k。

(二)荷载组合的效应设计值

对于基本组合，荷载基本组合的效应设计值 S_d 应从下列组合值中取最不利值确定。

(1)由可变荷载控制的效应设计值：

$$S_d = \sum_{j=1}^{m} \gamma_{G_j} S_{G_{jk}} + \gamma_{Q_1} \gamma_{L_1} S_{Q_{1k}} + \sum_{i=2}^{n} \gamma_{Q_i} \gamma_{L_i} \psi_{ci} S_{Q_{ik}} \tag{2-10}$$

(2)由永久荷载控制的效应设计值：

$$S_d = \sum_{j=1}^{m} \gamma_{G_j} S_{G_{jk}} + \sum_{i=1}^{n} \gamma_{Q_i} \gamma_{L_i} \psi_{ci} S_{Q_{ik}} \tag{2-11}$$

式中　γ_{G_j}——第 j 个永久荷载的分项系数；

γ_{Q_i}——第 i 个可变荷载的分项系数，其中 γ_{Q_1} 为主导可变荷载 Q_1 的分项系数；

γ_{L_i}——第 i 个可变荷载考虑设计使用年限的调整系数，其中 γ_{L_1} 为主导可变荷载 Q_1 考虑设计使用年限的调整系数；

$S_{G_{jk}}$——按第 j 个永久荷载标准值 G_{jk} 计算的荷载效应值；

$S_{Q_{ik}}$——按第 i 个可变荷载标准值 Q_{ik} 计算的荷载效应值，其中 $S_{Q_{1k}}$ 为诸可变荷载效应中起控制作用者；

ψ_{ci}——按第 i 个可变荷载 Q_i 的组合值系数；

m——参与组合的永久荷载数；

n——参与组合的可变荷载数。

基本组合中的设计值仅适用于荷载与荷载效应为线性的情况。此外，当对 S_{Q1k} 无法明显判断时，轮次为可变荷载效应 S_{Q1k}，选 S_{Q1k} 中最不利的荷载效应组合。

对于荷载偶然组合的效应设计值：

$$S_d = \sum_{j=1}^{m} S_{G_{j}k} + S_{A_d} + \psi_{f1} S_{Q1k} + \sum_{i=2}^{n} \psi_{qi} S_{Qik} \tag{2-12}$$

式中 S_{A_d}——按偶然荷载标准值 A_d 计算的荷载效应值；

ψ_{f1}——第1个可变荷载的频遇值系数；

ψ_{qi}——第 i 个可变荷载的准永久值系数。

结构设计时，应根据所考虑的设计状况，选用不同的组合。对持久和短暂设计状况，应采用基本组合；对偶然设计状况，应采用偶然组合。

（三）荷载分项系数、荷载设计值

1. 荷载分项系数 γ_G、γ_Q

荷载标准值是结构在使用期间、在正常情况下可能遇到的具有一定保证率的偏大荷载值。统计资料表明，各类荷载标准值的保证率并不相同，若按荷载标准值设计，将造成结构可靠度的严重差异，并使某些结构的实际可靠度达不到目标可靠度的要求，所以引入荷载分项系数予以调整。考虑到荷载的统计资料尚不够完备，且为简化计算，《工程结构可靠性设计统一标准》暂时按永久荷载和可变荷载两大类分别给出荷载分项系数。

根据分析，《建筑结构荷载规范》规定荷载分项系数应按下列规定采用。

(1)永久荷载分项系数 γ_G。当永久荷载效应对结构不利(使结构内力增大)时，对由可变荷载效应控制的组合应取1.2，对由永久荷载效应控制的组合应取1.35。当永久荷载效应对结构有利(使结构内力减小)时，取值不应大于1.0。

(2)可变荷载分项系数 γ_Q。对于工业建筑楼面结构，标准值大于4 kN/m^{2}的工业房屋楼面结构的活荷载时，应取1.3；其他情况，应取1.4。

2. 荷载设计值

荷载分项系数与荷载标准值的乘积称为荷载设计值。例如，永久荷载设计值为 $\gamma_G G_k$，可变荷载设计值为 $\gamma_Q Q_k$。

3. 荷载组合值系数 ψ_{c_i}、荷载组合值 $\psi_{c_i} Q_{ik}$

当结构上作用多个可变荷载时，各可变荷载在某一时刻同时达到最大值的可能性很小。为此，引入荷载组合值系数 ψ_{ci} 对可变荷载设计值的组合进行调整。

根据大量统计分析，《建筑结构荷载规范》给出了各类可变荷载的组合值系数。当按式(2-10)或式(2-11)计算荷载效应组合值时，除风荷载取 $\psi_{ci}=0.6$ 外，大部分可变荷载取 $\psi_{ci}=0.7$，个别可变荷载取 $\psi_{ci}=0.9$～0.95(如对于书库、储藏室的楼面活荷载，$\psi_{ci}=0.9$)。

（四）材料分项系数、材料强度设计值

为充分考虑材料的离散性和施工中不可避免的偏差带来的不利影响，再将材料强度标准值

除以一个大于1的系数，即得材料强度设计值，相应的系数称为材料分项系数，即

$$f_c = f_{ck}/\gamma_c \quad 或 \quad f_s = f_{sk}/\gamma_s \tag{2-13}$$

通过这种处理，可以提高材料的可靠概率，进而使结构构件具有足够的可靠概率。

三、正常使用极限状态设计表达式

(一)可变荷载的频遇值和准永久值

按正常使用极限状态设计，主要是验算构件的变形或裂缝宽度。变形过大或裂缝过宽虽影响正常使用，但危害程度不及承载力引起的结构破坏造成的损失大，所以可适当降低对可靠度的要求。《工程结构可靠性设计统一标准》规定计算时取荷载标准值，不需乘分项系数，也不考虑结构重要性系数 γ_0。在正常使用状态下，可变荷载作用时间的长短对于变形和裂缝的大小显然是有影响的。可变荷载的最大值并非长期作用于结构之上，所以应按其在设计基准期内作用时间的长短和可变荷载超越总时间或超越次数对其标准值进行折减。《工程结构可靠性设计统一标准》采用一个小于1的准永久值系数和频遇值系数来考虑这种折减。荷载的准永久值系数根据在设计基准期内荷载达到和超过该值的总持续时间与设计基准期内总持续时间的比值确定。荷载的准永久值系数乘以可变荷载标准值所得乘积称为荷载的准永久值。可变荷载的频遇值系数是根据在设计基准期间可变荷载超越的总时间或超越的次数来确定的。荷载的频遇值系数乘以可变荷载标准值所得乘积称为荷载的频遇值。

这样，可变荷载就有四种代表值，即标准值、组合值、准永久值和频遇值。其中，标准值称为基本代表值，其他代表值可由基本代表值乘以相应的系数得到。

小 贴 士

根据实际设计的需要，常需区分荷载的短期作用(标准组合、频遇组合)和荷载的长期作用(准永久组合)下构件的变形大小和裂缝宽度验算。因此，《工程结构可靠性设计统一标准》规定按不同的设计目的，分别选用荷载的标准组合、频遇组合和荷载的准永久组合。标准组合主要用于当一个极限状态被超越时将产生严重的永久性损害的情况；频遇组合主要用于当一个极限状态被超越时将产生局部损害、较大变形或短暂振动的情况；准永久组合主要用于当长期效应是决定性因素时的情况。

(二)正常使用极限状态设计表达式

对于正常使用极限状态，结构构件应分别按荷载效应的标准组合、频遇组合、准永久组合或标准组合并考虑长期作用影响，采用下列极限状态设计表达式：

$$S_d \leqslant C \tag{2-14}$$

式中 S_d——正常使用极限状态的荷载效应组合值(如变形、裂缝宽度、应力等的组合值)；

C——结构构件达到正常使用要求所规定的变形、裂缝宽度和应力等的限值。

(1)荷载标准组合的效应组合值应按下式采用：

$$S_d = \sum_{j=1}^{m} S_{G_{jk}} + S_{Q_{1k}} + \sum_{i=2}^{n} \psi_{ci} S_{Q_{ik}} \tag{2-15}$$

这种组合主要用于当一个极限状态被超越时将产生严重的永久性损害的情况。

(2)荷载频遇组合的效应组合值应按下式采用：

$$S_d = \sum_{j=1}^{m} S_{G_{j}k} + \psi_{f1} S_{Q_{1}k} + \sum_{i=2}^{n} \psi_{qi} S_{Q_{i}k} \tag{2-16}$$

频遇组合指永久荷载标准值、主导可变荷载的频遇值与伴随可变荷载的准永久值的效应组合。这种组合主要用于当一个极限状态被超越时将产生局部损害、较大变形或短暂振动等情况。

(3)荷载准永久组合的效应组合值可按下式采用：

$$S_d = \sum_{j=1}^{m} S_{G_{j}k} + \sum_{i=1}^{m} \psi_{qi} S_{Q_{i}k} \tag{2-17}$$

这种组合主要用在当荷载的长期效应是决定性因素时的情况。

能力训练

1. 什么是结构上的作用？结构上有可能承受哪种类型的作用？
2. 荷载按随时间的变异分为几类？荷载有哪些代表值？在结构设计中如何应用荷载代表值？
3. 什么是结构抗力？影响结构抗力的主要因素有哪些？
4. 什么是材料强度标准值和材料强度设计值？
5. 什么是结构的预定功能？什么是结构的可靠度？可靠度如何度量和表达？
6. 什么是结构的极限状态？极限状态分为几类？
7. 什么是失效概率？什么是可靠指标？二者有何联系？
8. 对正常使用极限状态，如何根据不同的设计要求确定荷载效应组合值？

项目三　钢筋混凝土受弯构件

能力目标

1. 了解钢筋混凝土受弯构件的一般构造规定。
2. 了解钢筋混凝土受弯构件正截面受力特点。
3. 掌握钢筋混凝土受弯构件正截面承载力。
4. 掌握钢筋混凝土受弯构件斜截面承载力。

受弯构件是建筑结构中最基本、最常见的构件，在荷载作用下，构件截面将承受弯矩 M 和剪力 V 作用，受弯构件示意图如图 3-1 所示。其中，梁、板是最为典型的受弯构件。构件的破坏可能是弯矩过大引起的正截面破坏[图 3-2 (a)]，破坏主裂缝与构件纵轴垂直；或由弯矩和剪力共同作用引起的斜截面破坏[图 3-2 (b)]，破坏裂缝与构件纵轴倾斜。

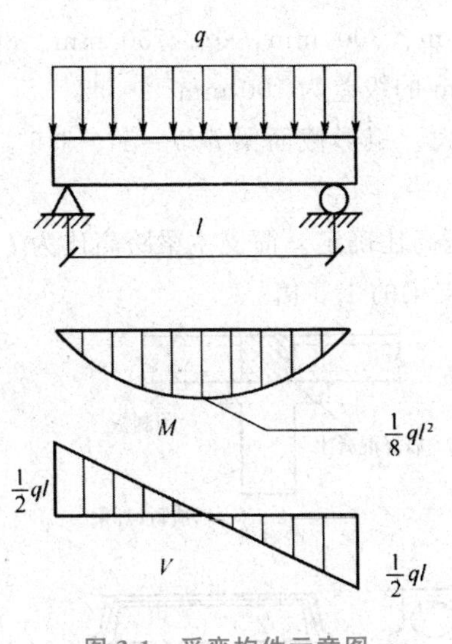

图 3-1　受弯构件示意图

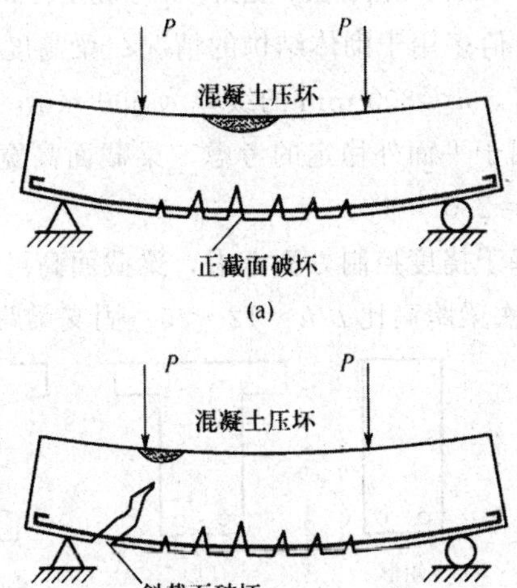

图 3-2　受弯构件破坏情况

对于发生正截面破坏的受弯构件，应进行正截面承载能力计算；对于发生斜截面破坏的受弯构件，应进行斜截面承载能力计算。

任务一　钢筋混凝土受弯构件的一般构造规定

钢筋混凝土是一种非各向同性的材料，在构件受力分析时把它简化为理想的弹性材料来进行计算，这种简化存在一定的误差。实际上，其受力状态非常复杂，无法通过简单的力学计算完成，而且有很多因素的影响，所以不容易计算，如温度变化、混凝土的收缩、耐久性和舒适度要求等。人们在长期工程实践经验的基础上总结出一些构造措施来防止计算中没有考虑到的因素引起的开裂和破坏，所以进行钢筋混凝土结构构件设计时，除满足承载力计算和变形、裂缝限值的要求外，还必须满足有关的构造要求。

一、常用梁、板的截面形状和尺寸

(一)截面形式

在现浇或预制的混凝土梁、板结构构件中，常见有矩形、T 形、工形、槽形等。梁、板的常用截面如图 3-3 所示。

(二)截面尺寸

1. 梁的宽度和高度

(1)为统一模板尺寸、便于施工，通常采用：梁宽度 $b=(120)$ mm、150 mm、(180) mm、200 mm、(240) mm、250 mm、300 mm、350 mm 等，级差为 50 mm，一般不宜小于 200 mm，括号中数值多用于砌体结构的情况；梁高度 $h=250$ mm、300 mm、…、750 mm、800 mm、900 mm等，$h \leqslant 800$ mm 的级差为 500 mm，$h>800$ mm 的级差为 100 mm。

(2)出于平面外稳定的考虑，梁截面高宽比不宜过大。矩形截面梁 $h/b=2°\sim3.5°$，T 形截面梁 $h/b=2.5°\sim4°$

(3)基于挠度控制方面考虑，梁截面高可根据梁的跨高比确定。简支主梁跨高比为 $l/h=8\sim12$；简支次梁跨高比 $l/h=12\sim20$；固支梁跨高比为简支梁的 1.5 倍。

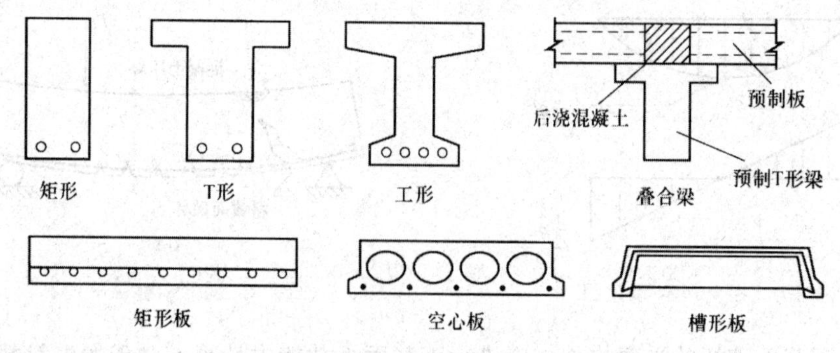

图 3-3　梁、板的常用截面

2. 板的截面尺寸

工程中应用较多为现浇板，常为矩形截面，其跨厚比 l/h 宜符合下列规定：单向板不大于 30；双向板不大于 40；无梁支承的有柱帽的板不大于 35；无梁支承的无柱帽的板不大于 30；预

应力板可适当增加，当板的荷载、跨度较大时宜适当减小。

出于耐久性及施工等多方面考虑，现浇钢筋混凝土板的最小厚度见表 3-1，板的厚度按 10 mm增加。

表 3-1　现浇钢筋混凝土板的最小厚度　　单位：mm

板的类别		最小厚度
单向板	屋面板	60
	民用建筑楼板	60
	工业建筑楼板	70
	行车道下的楼板	80
双向板		80
密肋楼盖	面板	50
	肋高	250
悬臂板(根部)	悬臂长度不大于 500 mm	60
	悬臂长度 1 200 mm	100
无梁楼板		150
现浇空心楼盖		200

二、材料选择

(一)混凝土

现浇钢筋混凝土梁板结构构件的混凝土强度一般选择在 C20～C40 范围内。

(二)钢筋

1. 梁的钢筋

在钢筋混凝土梁中，通常会配置纵向受力钢筋、架立钢筋、弯起钢筋和箍筋，当梁截面较高时，梁侧还应设置腰筋(纵向构造钢筋)等，梁内钢筋布置示意图如图 3-4 所示。

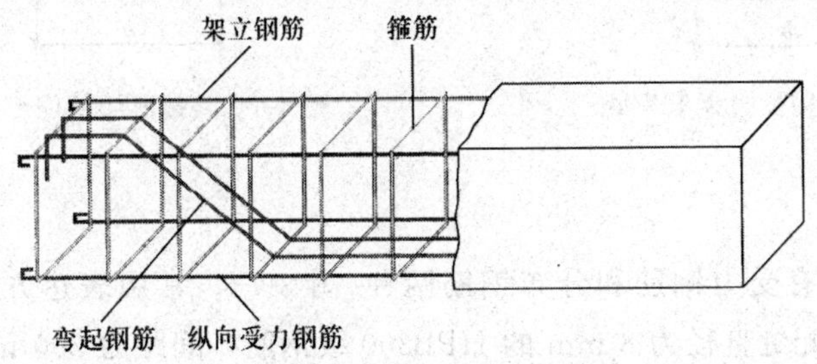

图 3-4　梁内钢筋布置示意图

梁纵向受力筋宜优先采用 HRB400 级、HRB500 级、HRBF400 级和 HRBF500 级或 RRB400 级。常用直径为 12～28 mm。当梁截面高度 $h \geqslant 300$ mm 时，直径不应小于 10 mm；当梁截面高度 $h < 300$ mm 时，直径不应小于 8 mm。由于钢筋伸入支座和绑扎箍筋的要求，因此

梁中纵向受力钢筋不应少于2根。梁中若采用不同直径的钢筋，则级差至少为2 mm，以便施工中能用肉眼识别。

小贴士

为方便浇筑混凝土、保证钢筋周围混凝土的密实性及钢筋和混凝土之间良好的黏结性能，纵向受力钢筋净距如图3-5所示。当钢筋数量较多时，可多层布置。当为双层布置时，内外层钢筋应对齐；当受力筋大于2层时，2层以内钢筋水平方向的中距应比外层钢筋中距大一倍，且各层钢筋之间的净距不小于25 mm和纵筋直径。

当梁截面受压区没有设置受压钢筋时，需设置2根或2根以上的架立钢筋来固定箍筋并与纵向受拉钢筋形成梁的钢筋骨架，同时它还能承受混凝土收缩及温度变化所引起的拉应力。架立筋直径 d 选取与梁的跨度有关：当梁的跨度小于4 m时，d 不宜小于8 mm；当梁的跨度为4～6 m时，d 不宜小于10 mm；当梁的跨度为大于6 m时，d 不宜小于12 mm。梁侧纵向构造钢筋又称腰筋，设置在梁的两个侧面(图3-6)。纵向构造钢筋的作用是承受梁侧面温度变化及混凝土收缩引起的应力，并抑制混凝土裂缝的开展。当梁的腹板高度 $h_w \geqslant 450$ mm时，则应沿截面高度两侧配置间距 s 不大于200 mm的纵向构造筋，每侧腰筋面积不应小于腹板截面面积 bh_w 的0.1%。

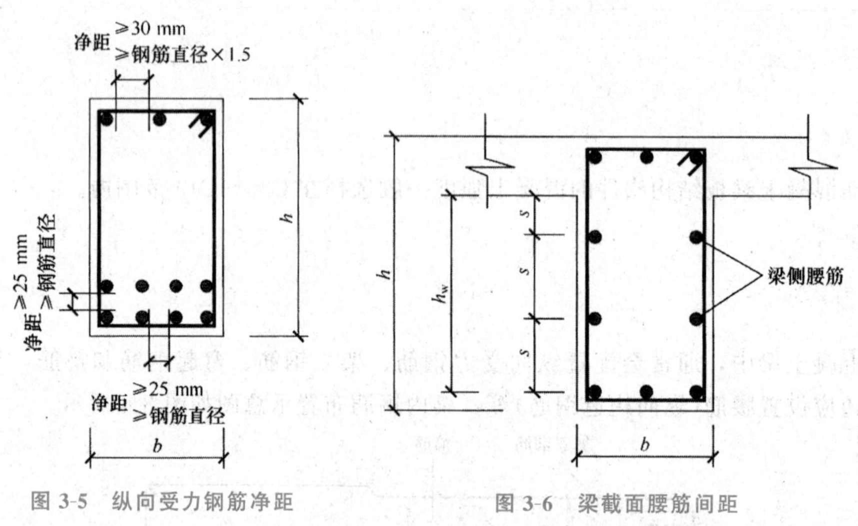

图3-5　纵向受力钢筋净距　　图3-6　梁截面腰筋间距

2. 板的钢筋

板中钢筋一般配置有受力钢筋和分布钢筋两种(图3-7)，常用表达方式为直径和间距。例如，Φ8@200表示板内配置直径为8 mm的HPB300级钢筋，间距为200 mm。

板内受力钢筋配筋面积由受力计算确定。通常采用HPB300级、HRB400级钢筋，也可采用HRB500级和HRBF400级钢筋。常用直径为6～12 mm，当板厚较大时，钢筋直径可用14～18 mm。为防止施工时钢筋被踩下，现浇板的板面钢筋不宜小于8 mm；为保证钢筋周围混凝土的密实性，钢筋不宜过密；为正常分担板的内力，钢筋间距也不能过稀，板内受力钢筋间距一

图 3-7　板中钢筋布置示意图

般为 70～200 mm。当板厚 $h<150$ mm 时，钢筋最大间距不宜大于 200 mm；当板厚 $h>150$ mm时，钢筋最大间距不宜大于 250 mm，且不宜大于 1.5h。分布钢筋是一种构造钢筋，布置在受力钢筋内侧，垂直于受力钢筋方向。其作用是将板的荷载均匀地传递给受力钢筋，并与受力钢筋绑扎在一起形成钢筋网片，在施工时固定受力钢筋的位置，同时还可以抵抗温度变化、混凝土收缩引起的拉应力等。分布钢筋多采用 HPB300 级、HRB400 级钢筋，常用直径为 6 mm 和 8 mm。单位宽度上分布钢筋的配筋面积不宜小于单位宽度上受力钢筋面积的 15%，且不宜小于该方向板截面面积的 0.15%，其直径不宜小于 6 mm，间距不宜大于 250 mm。当温度变化较大或集中荷载较大时，分布筋的截面面积应适当增加，其间距不宜大于 200 mm。

三、混凝土保护层厚度

构件截面最外层钢筋的外表面到截面边缘的垂直距离称为混凝土保护层厚度(concrete cover)，用 c_c 表示(图 3-8)。为防止混凝土中纵向钢筋过早锈蚀，保证钢筋混凝土结构的耐久性、耐火性，并保证级筋和混凝土之间有较好的黏结性能，《混凝土结构设计规范》给出了考虑构件种类和环境类别等因素下的混凝土保护层的最小厚度 c。保护层厚度应满足 $c_c \geqslant c$ 且 $c_c \geqslant d$(d 为纵筋直径)。值得注意的是，梁的混凝土保护层厚度 c_c 应为箍筋外侧到混凝土边缘距离，所以纵向钢筋的保护层厚度为 c_c+d_{sv}(此处 d_{sv} 为箍筋直径)。

关于梁、板的其他构造要求可参阅有关规范和设计手册。

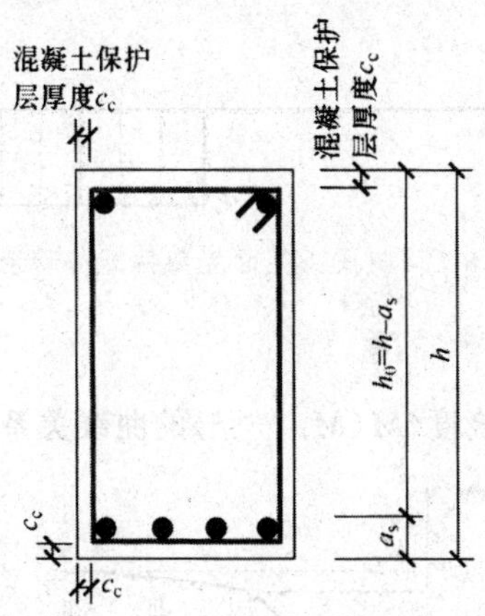

图 3-8　梁混凝土保护层厚度 c_c 示意

任务二　钢筋混凝土受弯构件正截面受力特点

一、受弯构件正截面的受力全过程

(一)试验研究

图 3-9 所示为简支梁正截面受弯性能试验示意图，将对称力 P 加载点位于梁跨度的 $l_0/3$ 处，消除了跨中剪力的影响(忽略自重)，形成纯弯区段。在跨中区域沿梁高侧面等距布置应变片，用来测量沿截面高度的混凝土应变的变化情况。在跨中附近的钢筋表面处预留孔埋电阻应变片，以测量钢筋的应变。两支座分别安装位移计以消除支座下沉的影响，跨中安装位移计测量跨中的挠度 f。从零开始逐级加载，记录各级荷载作用下相应各测点的应变大小和跨中挠度变化情况，观察梁的变形和裂缝的出现及开展情况，直至梁破坏为止。

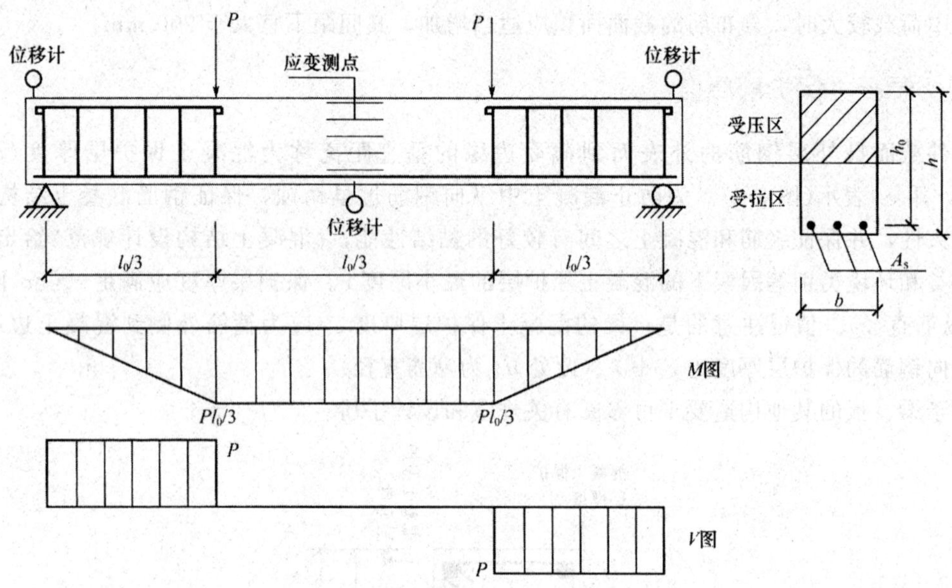

图 3-9　简支梁正截面受弯性能试验示意图

(二)适筋梁正截面受弯的三个阶段

根据试验过程现象及弯矩和挠度($M(M_u)—f$)的曲线关系(图 3-10)，可分为以下三个阶段。

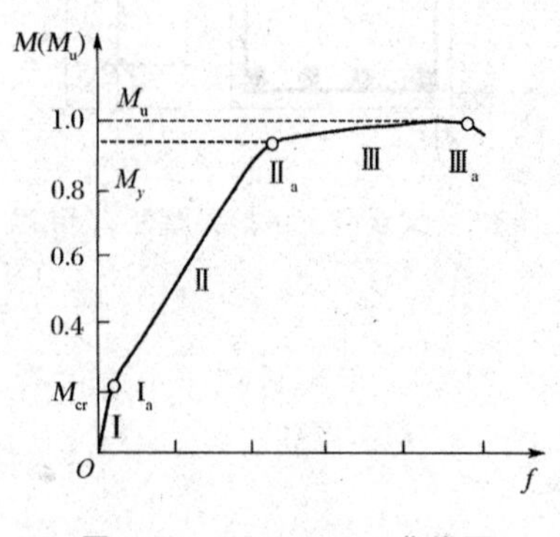

图 3-10　$M(M_u)—f$ 曲线图

(1)第Ⅰ阶段。开始加荷至即将开裂阶段($0<M\leqslant M_{cr}$)。

①工作特点。梁未开裂。

②试验现象及分析。当荷载很小时，弯矩小，截面上的内力很小，应力与应变成正比，截面的应力分布为直线[图 3-11 (a)]，受拉区和受压区混凝土的应力图呈三角形，这种受力阶段称为第Ⅰ阶段。当荷载不断增大时，截面上的内力也不断增大。由于受拉区混凝土的抗拉能力弱，因此在受拉区首先表现出塑性变形特征，受拉区的应力图形呈曲线。

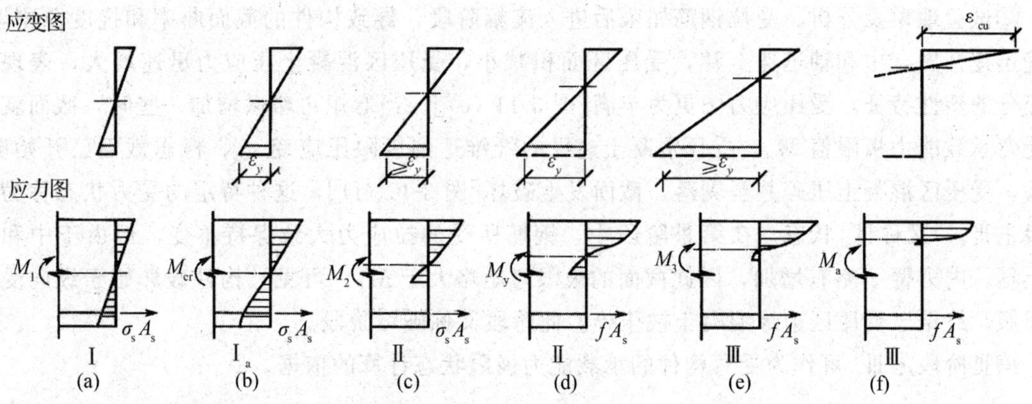

图 3-11　梁各阶段的截面应力—应变分布图

当荷载增大至某一数值使跨中弯矩 M 等于开裂弯矩 M_{cr} 时，受拉区边缘混凝土纤维的应变值可达混凝土受弯时的极限拉应变 ε_{tu}，而应力达到极限抗拉强度 f_t，截面处于开裂前的临界状态[图 3-11 (b)]，这种受力状态称为第Ⅰ阶段末$Ⅰ_a$，又称$Ⅰ_a$状态。此时，测得的受压区边缘纤维压应变还很小，所以受压区混凝土仍处于弹性工作阶段，受压区的应力分布图形为三角形，中和轴略有提高。此阶段 $M—f$ 曲线表现为线性，称为弹性工作阶段。

第Ⅰ阶段末$Ⅰ_a$可作为混凝土构件抗裂度计算的依据。

(2)第Ⅱ阶段。混凝土开裂——钢筋屈服阶段($M_{cr}<M\leqslant M_y$)。

①工作特点。带裂缝工作。

②试验现象及分析。当 $M=M_{cr}$ 时，受拉区混凝土最外边缘的拉应变 $\varepsilon_t=\varepsilon_{tu}$，当应变持续增加时，在纯弯段的某一薄弱处，截面出现第一条裂缝，即进入到第Ⅱ阶段。开裂处截面应力发生重分布，裂缝处混凝土退出工作，原来由这部分混凝土承担的拉应力转移给与裂缝相交的钢筋承担，导致钢筋的拉应力突然增大较多，故裂缝出现时就具有一定的宽度。此时，梁的挠度和截面曲率也都会突然增大，裂缝沿梁高上升到一定的高度，截面的中和轴位置也随之上移。中和轴以下的小部分区域由于未达到抗拉强度，因此仍可以承担一小部分拉应力，但拉应力主要由钢筋承担。

随弯矩的增大，受拉区的裂缝不断出现，当裂缝基本稳定后才向上扩展，受压区混凝土也渐渐出现明显的塑性变形，压应力图形呈曲线[图 3-11 (c)]，这种受力阶段称为第Ⅱ阶段。此时，受压混凝土压应变和钢筋拉应变随荷载增加而不断增长，如跨过几条裂缝，测得其沿截面高度的变化规律仍能符合平均应变的平截面假定。

荷载继续增加，裂缝进一步开展，钢筋和混凝土的应力不断增大。当荷载增加到某一数值时，钢筋应力达到其屈服强度 f_y，受拉区纵向受力钢筋开始屈服[图 3-11 (d)]，这种特定的受力状态称为第Ⅱ阶段末Ⅱ$_a$，又称Ⅱ$_a$状态。此阶段 $M—f$ 曲线表现为向右倾斜，挠度 f 的增速加快，称为带裂缝工作阶段。

第Ⅱ阶段中当挠度和裂缝发展到一定值时，可作为正常使用状态下的极限值情况，用于验算使用阶段的变形和裂缝开展宽度的依据。

(3)第Ⅲ阶段。钢筋屈服后——梁受压区混凝土被压碎破坏($M_y<M\leqslant M_u$)。

①工作特点。受拉钢筋屈服。

②试验现象及分析。受拉钢筋屈服后进入流幅阶段，导致构件的截面曲率和挠度急剧增加，裂缝迅速开展，中和轴迅速上移，受压区面积减小，受压区混凝土压应力迅速增大，表现出更为充分的塑性特征，受压应力图更为丰满[图 3-11 (e)]。当弯矩再略微增加一些时，截面就达到了受弯承载能力极限值 M_u，受压混凝土边缘的纤维达到极限压应变 ε_{cu}，标志截面已开始破坏。最后，受压区混凝土压碎甚至剥落，截面发生破坏[图 3-11 (f)]，这种特定的受力状态称为第Ⅲ阶段末Ⅲ$_a$，又称Ⅲ$_a$状态。在第Ⅲ阶段中，钢筋所受的拉应力大致保持不变，但由于中和轴逐步上移，内力臂 z 略有增加，因此截面的极限弯矩略大于 M_y。可见，构件破坏始于纵向受拉钢筋屈服，终结于受压区边缘混凝土被压碎。此阶段又称破坏阶段。

第Ⅲ阶段末Ⅲ$_a$可作为受弯构件的承载能力极限状态计算的依据。

二、钢筋混凝土梁正截面的破坏形式

在上一节的试验中，梁的破坏特征是受拉钢筋首先达到屈服，然后混凝土受压而破坏。这种情况是发生在一定的配筋率范围内的适筋梁情况。

(一)纵向受拉钢筋的配筋率 ρ

配筋率为混凝土构件中，配置的钢筋面积(或体积)与规定的混凝土截面面积(或体积)的比值。对于受弯构件，配筋率 ρ 为纵向受拉钢筋面积与规定的混凝土截面面积的比值，有

$$\rho=\frac{A_s}{bh_0} \tag{3-1}$$

式中　A_s——纵向受拉钢筋截面面积；

b——梁宽；

h_0——截面有效高度，$h_0=h-a_s$，a_s 为受拉钢筋合力点到截面受拉区边缘的距离。

配筋率 ρ 在一定程度上标志了正截面上纵向受拉钢筋与混凝土截面的面积比率，对梁的受力性能有很大的影响。

(二)梁的破坏形式

对于给定截面尺寸和材料强度的钢筋混凝土梁，增大或减小受拉钢筋的面积 A_s，即改变配筋率 ρ，不仅会使其极限承载能力 M_u 发生数量上的改变，而且将影响梁受力阶段的破坏现象，极端情况下(ρ 过大或过小时)甚至会改变梁的破坏特征和性质。根据梁的破坏特征不同，梁的破坏形式可划分为以下三类。

(1)适筋梁破坏。当梁的配筋率 ρ 适中时，逐级加载后，梁的破坏始于纵向受拉钢筋屈服，中和轴上移，受压区面积减小。受压区混凝土达到极限压应变被压碎而破坏[图 3-12 (a)]。由于该过程钢筋要经历较长的流幅阶段，中间有一个较长的破坏过程，会引起裂缝急剧开展和挠度

的激增，给人以明显的破坏预兆，因此属于延性破坏(塑性破坏)。

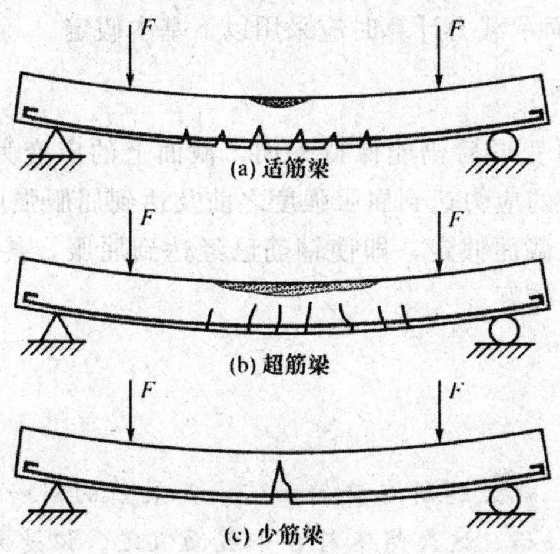

图 3-12　梁正截面的三种破坏形态

(2)超筋梁破坏。当梁的配筋率 ρ 过大时，逐级加载后，梁破坏时受拉钢筋并未达到屈服强度，受压区混凝土就已经达到极限压应变而被压碎[图 3-12 (b)]所示。此时，受拉区混凝土裂缝宽度小且延伸不高，构件的挠度较小。由于破坏时钢筋并未屈服，因此其强度未能得到充分利用，梁的承载能力取决于混凝土的抗压强度。破坏是在没有明显预兆的情况下因混凝土被压碎而突然发生，属于脆性破坏。

(3)少筋梁破坏。当梁的配筋率 ρ 过小时，加载不久，梁一旦开裂，主裂缝宽度即很大，混凝土开裂转嫁给钢筋的拉应力使得配置较少的钢筋无法承担，钢筋马上屈服，裂缝处的钢筋会迅速经过流幅阶段而进入强化阶段，甚至被拉断[图 3-12 (c)]。梁的承载能力取决于混凝土的抗拉强度，属于脆性破坏。

(三)界限破坏情况

当配筋率 ρ 刚好使钢筋的拉应力 $\sigma_s = f_y$ 时，同时受压区混凝土的压应变 $\varepsilon_c = \varepsilon_{cu}$，即受压区混凝土刚好被压碎。这种适筋梁和超筋梁破坏界限时的配筋率即适筋梁的最大配筋率 ρ_{max}。当配筋率 ρ 刚好使钢筋在梁一开裂时，正好达到屈服强度值 f_y，即 $M_u = M_{cr}$。这种适筋梁和少筋梁破坏界限时的筋率即适筋梁的最小配筋率。超筋梁虽配置过多的受拉钢筋，但由于其拉应力低于屈服强度，因此不能充分发挥作用，造成钢材的浪费。这不仅不经济，而且破坏前毫无预兆，故设计中不允许采用超筋梁。从承载能力需求出发，少筋梁的截面尺寸选定过大会不经济，同时梁的承载力取决于混凝土的抗拉强度，而混凝土的抗拉强度远低于抗压强度，因承载力太低而不能适应实际需要。因此，工程中需要的是 $\rho_{min} \leqslant \rho \leqslant \rho_{max}$，破坏呈延性的适筋梁。

任务三　钢筋混凝土受弯构件正截面承载力

一、正截面承载力计算的基本假定

钢筋混凝土受弯构件正截面承载力是以适筋梁破坏的第Ⅲ阶段末Ⅲ$_a$ 时的受力状态为计算依

据的。由于结构材料受力的复杂性而不利于工程应用，因此为简化计算，《混凝土结构设计规范》规定进行受弯构件正截面承载力计算时应采用以下基本假定。

（一）截面应变保持平面

假定构件正截面在弯曲变形后仍能保持平面，截面上的应变大小与中和轴的距离成正比。试验表明，在纵向受拉钢筋的应力达到屈服强度之前及达到屈服强度后的一定塑性转动范围内，截面的平均应变基本符合平截面假定，即使钢筋已经达到屈服，甚至进入强化阶段时也还是可行的，计算值与实验值符合较好。

小贴士

构件受拉区开裂后，就裂缝所在截面而言，开裂前的同一截面，开裂后劈裂为二，钢筋与混凝土发生相对位移，这显然不符合平截面假定。但是大量试验表明，当受拉区的应变采用跨越几条裂缝的长标距应变片量测时，其平均应变是符合平截面假定的。

（二）不考虑混凝土的抗拉强度

认为截面受拉区的拉力全部由钢筋来承担，这是因为裂缝顶端的混凝土在中和轴附近，能承担拉应力的面积很小，合力作用点离中和轴很近，内力臂小，对截面受弯承载能力影响不大，所以忽略其抗拉能力的影响。

（三）已知混凝土的应力—应变关系

将混凝土受压的应力—应变关系进行简化。

（四）纵向受拉钢筋的极限拉应变取 0.01

极限拉应变的规定是限制钢筋的极限抗拉强度。《混凝土结构设计规范》把纵向受拉钢筋的极限拉应变规定为0.01，其意义有两层：一是表示设计采用的钢筋的极限拉应变不得小于0.01，以保证构件具有必要的延性；二是对有物理屈服点的钢筋，该值相当于钢筋应变已经进入屈服台阶，对无明显屈服点的钢筋，该强度是以条件屈服点为依据，剩余的强度计算时不再考虑。钢筋的应力—应变关系可采用完全的弹塑性模型，屈服前应力—应变服从胡克定律 $\sigma_s = E_s \xi_s$，屈服后应力保持为常数 $\sigma_s = f_y$。

二、等效矩形应力图

当受弯构件正截面接近破坏时，从图 3-11 中的Ⅲ$_a$状态可见，受压混凝土的塑性变形已丰满，截面高度上各处压应力大小也不一样，如果要通过实际压应力曲线积分求出合力大小及合力与中和轴的距离，再通过力的平衡关系求出截面极限承载力及配筋，计算过程十分复杂不便。但是在计算中，主要关心的是受压区合力大小及其位置，所以国内外规范多采用等效矩形应力图形对受压区计算进行简化(图 3-13)。

（一）等效条件

(1)受压区混凝土合力 C 大小相等，即等效应力图形的面积与受压区混凝土受压理论图形面积相等。

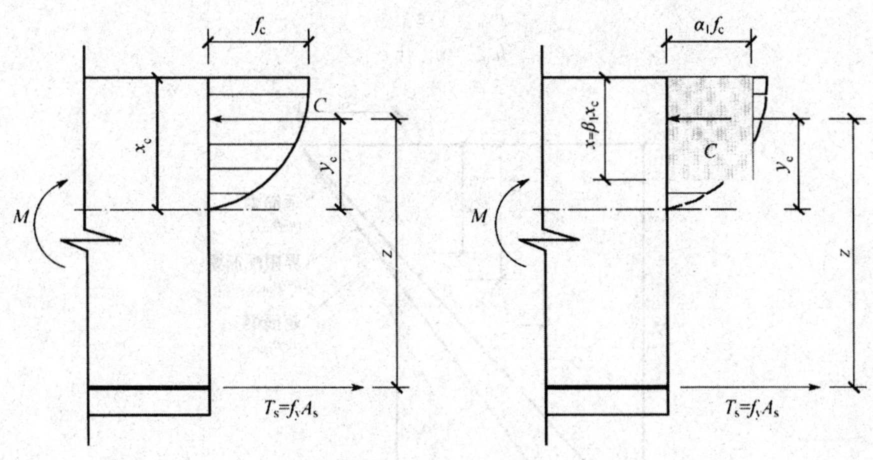

图 3-13　理论应力图和等效矩形应力图

(2)受压区混凝土合力 C 作用点位置不变，即等效应力图形的形心与理论图形形心位置相同。

(二)等效矩形应力图形的表示方法

用等效矩形应力图形系数 α_1 和等效矩形受压高度系数 β_1 表示，等效矩形应力图的应力值设为 $\alpha_1 f_c$，等效矩形应力图的高度设为 $x=\beta_1 x_c$。根据以上假定及试验研究和理论分析，混凝土受压区等效矩形应力图形系数见表 3-2。

表 3-2　混凝土受压区等效矩形应力图形系数

系数	≤C50	C55	C60	C65	C70	C75	C80
α_1	1.0	0.99	0.98	0.97	0.96	0.95	0.94
β_1	0.8	0.79	0.78	0.77	0.76	0.75	0.74

(三)正截面承载力的基本计算公式

根据力的平衡条件：

$$\sum N=0：\alpha_1 f_c bx=f_y A_s \tag{3-2}$$

根据力矩的平衡条件，对 A_s 合力点取矩：

$$\sum M_{A_s}=0：M_u=\alpha_1 f_c bx(h_0-0.5x) \tag{3-3}$$

对混凝土合力点 C 取矩：

$$\sum M_C=0：M_u=f_y A_s(h_0-0.5x) \tag{3-4}$$

令 $\xi=x/h_0$ 称为相对界限受压区高度，则式(3-2)、式(3-3)、式(3-4)为

$$\alpha_1 \xi f_c bh_0=f_y A_s \tag{3-5}$$

$$M_u=\alpha_1 f_c b\xi(1-0.5\xi)h_0^2=f_y A_s(1-0.5\xi)h_0 \tag{3-6}$$

(四)界限相对受压区高度

ξ_b 在纵向受拉钢筋屈服达到屈服应变 ε_y 的同时，受压区混凝土刚好发生受压破坏，此时发生界限破坏。设界限破坏时中和轴高度为 $x_c=x_{cb}$(图 3-14)，根据相似三角形原理，则有

$$\frac{x_{cb}}{h_0}=\frac{\varepsilon_{cu}}{\varepsilon_{cu}+\varepsilon}$$

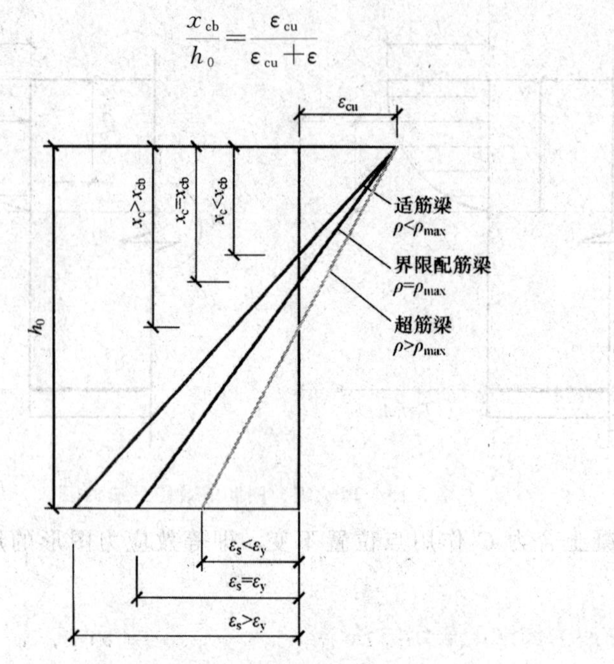

图 3-14 适筋梁、界限配筋梁、超筋梁破坏时的正截面平均应变图

把 $x_b=\beta_1 x_{cb}$ 代入上式得 $\frac{x_b}{\beta_1 h_0}=\frac{\varepsilon_{cu}}{\varepsilon_{cu}+\varepsilon_y}$，而相对界限受压区高度 $\xi_b=x_b/h_0$，且 $\varepsilon_y=f_y/E_s$，则有

$$\xi_b=\frac{\beta_1\varepsilon_{cu}}{\varepsilon_{cu}+\varepsilon_y}=\frac{\beta_1}{1+\frac{f_y}{\varepsilon_{cu}E_s}} \tag{3-7}$$

对于没有明显屈服点的钢筋，应变为

$$\varepsilon_s=0.002+\varepsilon_y=0.002+f_y/E_s$$

相对界限受压区高度 ξ_b 为

$$\xi_b=\frac{\beta_1\varepsilon_{cu}}{\varepsilon_{cu}+(0.002+\varepsilon_y)}=\frac{\beta_1}{1+\frac{0.002}{\varepsilon_{cu}}+\frac{f_y}{E_s\varepsilon_{cu}}} \tag{3-8}$$

可见，相对界限受压区高度 ξ_b 仅与材料性能有关，而与截面尺寸无关。ξ_b 与 ε_{cu} 和 E_s 有关，故不同钢筋级别和不同混凝土强度等级的 ξ_b 取值不同。代入常见钢筋的弹性模量、屈服强度和各种等级的混凝土强度值，得到相对界限受压区高度 ξ_b，见表 3-3。

表 3-3 相对界限受压区高度 ξ_b

钢筋种类	混凝土强度等级						
	≤C50	C55	C60	C65	C70	C75	C80
HPB300	0.576	0.566	0.556	0.546	0.537	0.528	0.518
HRB335 HRBF335	0.550	0.541	0.531	0.522	0.512	0.503	0.493

续表

钢筋种类	混凝土强度等级						
	≤C50	C55	C60	C65	C70	C75	C80
HRB400 HRBF400	0.518	0.508	0.499	0.490	0.481	0.472	0.463
HRB500 HRBF500	0.482	0.473	0.464	0.455	0.447	0.438	0.429

（五）配筋率

(1)最大配筋率ρ_{max}。当受弯构件纵向受拉筋配筋率$\rho=\rho_{max}$时，发生适筋梁和超筋梁的界限破坏，此时受拉钢筋屈服的同时，受压区混凝土刚好被压碎，这是适筋梁的上限，超过此配筋率后纵筋将不能屈服。此时，根据矩形截面上力的平衡公式(3-2)得到

$$A_s=\frac{\alpha_1 f_c bx}{f_y},\ A_s=\frac{\alpha_1 f_c bx}{f_y}\Rightarrow\frac{A_s}{bh}=\frac{\alpha_1 f_c bx}{f_y bh},\ A_s=\frac{\alpha_1 f_c b\xi h_0}{f_y}$$

即得配筋率

$$\rho=\frac{A_s}{bh_0}=\frac{\alpha_1 f_c}{f_y}\cdot\xi \tag{3-9}$$

当$\xi=\xi_b$时，$\rho=\rho_{max}$，即

$$\rho_{max}=\frac{\alpha_1 f_c}{f_y}\cdot\xi_b \tag{3-10}$$

代入各钢筋强度等级和混凝土强度等级，以及构件截面的高度和有效高度，即可计算受弯构件各种情况下的最大配筋率。当$\rho\leqslant\rho_{max}$或$\xi\leqslant\xi_b$($x\leqslant\xi_b h_0$)时，钢筋在破坏时拉应力$\sigma_s=f_y$，属“适筋梁破坏”；当$\rho>\rho_{max}$或$\xi>\xi_b$($x>\xi_b h_0$)时，钢筋在破坏时拉应力$\sigma_s<f_y$，属“超筋梁破坏”；当$\xi=\xi_b$时，为界限情况，相应的界限配筋率为ρ_{max}。可见，ξ_b是用来衡量构件破坏时钢筋强度能否被充分利用的一个特征值。

(2)最小配筋率ρ_{min}。少筋梁的特点是一裂就坏，所以从理论上讲，纵向受拉钢筋的最小配筋率ρ_{min}应该按照第Ⅰ阶段末Ⅰ$_a$时的承载能力计算。此时，钢筋混凝土受弯构件正截面承载能力与素混凝土受弯构件计算得到的正截面受弯承载力相等(图 3-15)。由条件钢筋混凝土构件的M_u=素混凝土构件的M_{cr}确定的最小配筋率为

$$\rho_{min}=\frac{A_{smin}}{bh}=0.45\frac{f_t}{f_y}$$

但是考虑到混凝土抗拉强度的离散性及收缩等因素的影响，根据传统工程经验，最小配筋率应取 0.20%。因此，最小配筋率ρ_{min}应为

$$\rho_{min}=\max\left(45\frac{f_t}{f_y}\%,\ 0.20\%\right) \tag{3-11}$$

(3)经济配筋率。当弯矩设计值M确定以后，即可设计出不同截面尺寸的梁。在适筋梁范围内，当配筋率ρ小些时，截面尺寸就要大些；当配筋率ρ大些时，截面尺寸就可小些。为保证总造价较低，必须根据钢材、水泥、砂石及施工费用来确定较低造价。根据我国生产实践经验，板的经济配筋率范围是 0.3%～0.8%，单筋矩形梁的经济配筋率介于 0.6%～1.5%，T 形截面

梁的经济配筋率为0.9%～1.8%。

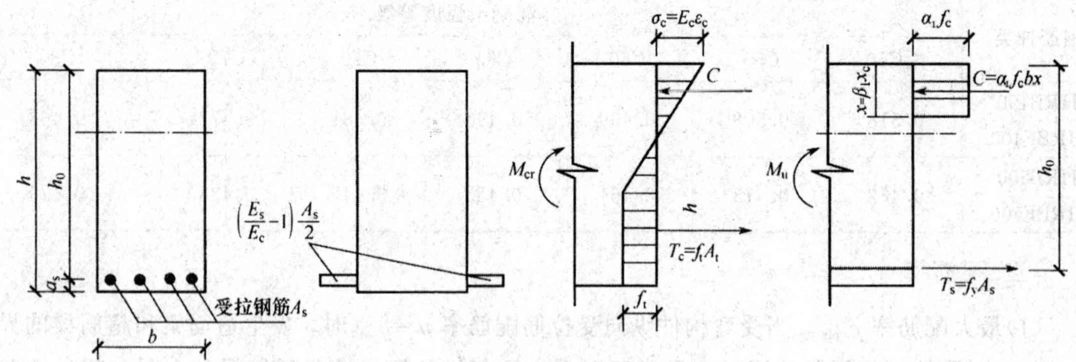

图 3-15　确定受拉钢筋最小配筋率的基本条件

三、单筋矩形截面受弯构件正截面承载力计算

根据受力钢筋的配置情况，矩形截面受弯构件可分为单筋矩形截面受弯构件和双筋矩形截面受弯构件。当纵向受拉钢筋配置在混凝土的受拉区，受压区仅配置架立钢筋，不考虑其承压能力时[图 3-16 (a)]，称为单筋矩形截面受弯构件；当受压区配置按设计所需的受压钢筋 A'_s，协同混凝土共同承担截面压应力时，称为双筋矩形截面受弯构件[图 3-16 (b)]。

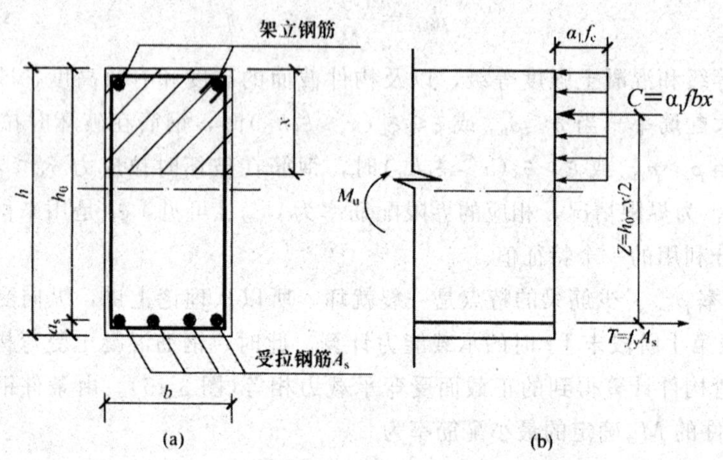

图 3-16　单筋矩形截面梁正截面承载力计算简图

(一)单筋矩形截面受弯构件正截面计算公式

(1)基本计算公式。根据受弯构件正截面等效矩形应力图，可列出其基本方程，即式(3-2)～(3-4)。计算时，构件所受外荷载产生的效应不应大于构件截面的抗力，截面才能处于安全有效的可靠状态，即要求

$$M=\gamma_0 S_d\leqslant M_u \tag{3-12}$$

(2)系数计算公式。

令

$$\alpha_s=\xi(1-0.5\xi) \tag{3-13}$$

$$\gamma_s=1-0.5\xi \tag{3-14}$$

式中　α_s——截面抵抗矩系数；

γ_s——内力臂系数。

引入系数 α_s、γ_s 后，式(3-6)成为

$$M_u=\alpha_s\alpha_1 f_c bh_0^2 \tag{3-15}$$

$$M_u=f_y A_s \gamma_s h_0 \tag{3-16}$$

(3)适用条件。上述公式是针对适筋梁破坏情况推导出来的，设计中应避免出现超筋构件和少筋构件。

①为防止超筋破坏，保证构件破坏时纵向受拉钢筋首先屈服，应满足

$$\xi\leqslant\xi_b(\text{或 } x\leqslant\xi_b h_0) \tag{3-17a}$$

或

$$\alpha_s\leqslant\alpha_{s,\max}(\text{或 } \rho\leqslant\rho_{\max}) \tag{3-17b}$$

或

$$M\leqslant M_{u,\max}=\alpha_{s,\max}\alpha_1 f_c bh_0^2 \tag{3-17c}$$

②为防止少筋破坏，避免“一裂即坏”，应满足

$$A_s\geqslant\rho_{\min}bh \text{ 或 } \rho=\frac{A_s}{bh}\geqslant\rho_{\min} \tag{3-18}$$

(二)截面设计

已知截面设计弯矩 M(或者荷载情况)、构件截面尺寸 $b\times h$、混凝土强度 f_t 和 f_c、钢筋强度 f_y，求纵向受拉钢筋面积 A_s(钢筋直径和根数)。

解决思路：令 $M=M_u$，观察基本式(3-2)和式(3-3)，求出 x，进而求出 A_s。

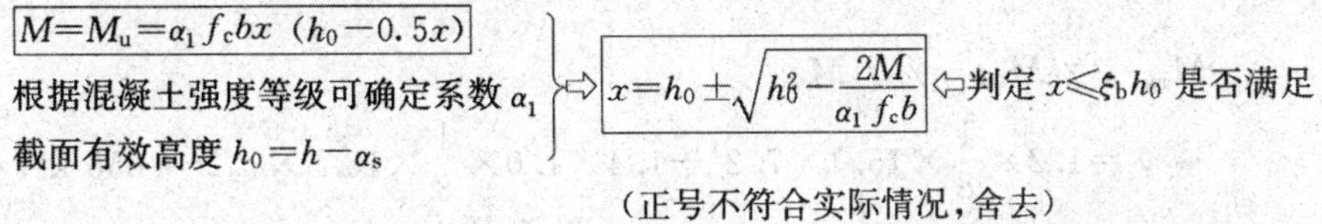

$M=M_u=\alpha_1 f_c bx\ (h_0-0.5x)$
根据混凝土强度等级可确定系数 α_1
截面有效高度 $h_0=h-\alpha_s$
$x=h_0\pm\sqrt{h_0^2-\frac{2M}{\alpha_1 f_c b}}$
判定 $x\leqslant\xi_b h_0$ 是否满足

(正号不符合实际情况，舍去)

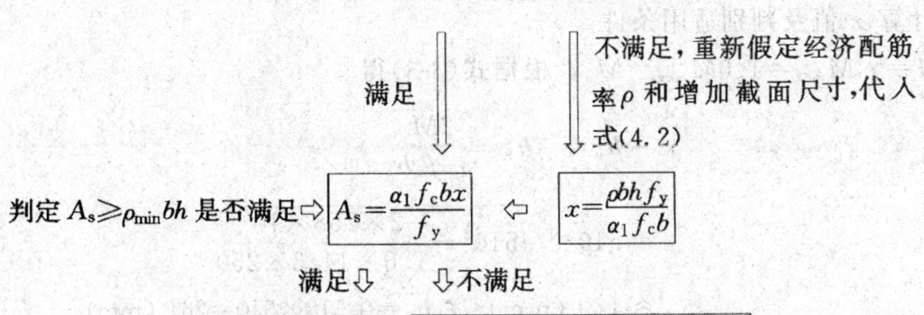

不满足，重新假定经济配筋率ρ和增加截面尺寸，代入式(4.2)

$x=\frac{\rho bh f_y}{\alpha_1 f_c b}$

选择钢筋，完成

计算步骤见例 3-1。

【例 3-1】某教学楼一矩形截面钢筋混凝土简支梁，工作环境为一类，设计使用年限为 50 年，计算跨度 $l_0=7.2\text{m}$，梁承受永久荷载标准值 $g_k=15.1\ \text{kN/m}$(包含梁自重)，可变荷载标准值 $q_k=15.5\ \text{kN/m}$，梁的截面尺寸为 $b\times h=250\ \text{mm}\times550\ \text{mm}$(图 3-17)，采用 C30 混凝土、

HRB400 级钢筋。试设计纵向受力钢筋 A_s。

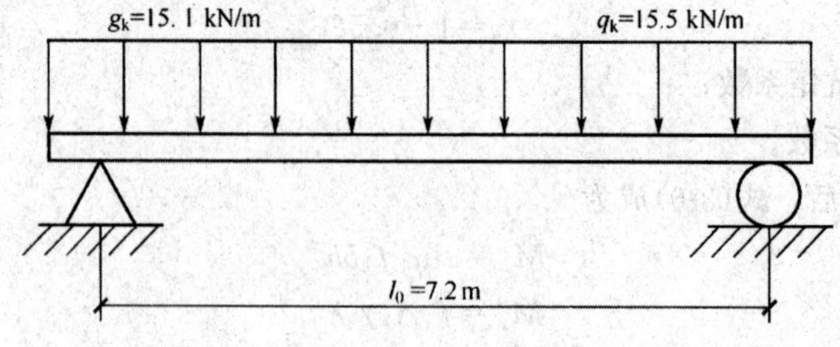

图 3-17　例 3-1 图

【解 1】

利用基本公式求解。

(1)列出计算所需的参数。

根据题目条件，已知

$$l_0=7.2\ \text{m}$$
$$b\times h=250\ \text{mm}\times 550\ \text{mm}$$

可得

$$\alpha_1=1.0,\ f_t=1.43\ \text{N/mm}^2$$
$$f_c=14.3\ \text{N/mm}^2,\ f_y=360\ \text{N/mm}^2$$

可知 $\xi_b=0.518$，$c=20$ mm。

假定放置一排受拉钢筋：

$$h_0=h-a_s=h-c-d_{sv}-d/2$$
$$\approx 550-20-10-10=550-40=510\ (\text{mm})$$

(2)内力计算。设计时，按可变载起控制作用下的荷载效应的基本组合情况计算梁跨中弯矩最大值：

$$M_{\max}=\gamma_G M_{G\text{k}}+\gamma_Q\gamma_L M_{Q\text{k}}$$
$$=1.2\times\frac{1}{8}\times 15.1\times 7.2^2+1.4\times 1.0\times\frac{1}{8}\times 15.5\times 7.2^2=258\ \text{kN}\cdot\text{m}$$

(3)计算 x 值及判别适用条件。

令 $M=\gamma_0 M_{\max}=1.0M_{\max}=M_u$，根据式(3-3)得

$$x=h_0-\sqrt{h_0^2-\frac{2M}{\alpha_1 f_c b}}$$
$$=510-\sqrt{510^2-\frac{2\times 258\times 10^6}{1.0\times 14.3\times 250}}$$
$$\approx 170\ (\text{mm})<\xi_b h_0=0.518\times 510=264\ (\text{mm})$$

不发生超筋破坏。

(4)计算 A_s 值及构造要求。

由式(3-2)得

$$A_s=\frac{\alpha_1 f_c bx}{f_y}=\frac{1.0\times 14.3\times 250\times 170}{360}\approx 1\,688\ (\text{mm}^2)$$

可选择 2Φ22+2Φ25，$A_s=760+982=1\,742$ (mm^2)。钢筋截面布置如图 3-18 所示。

验算净距要求：

$$(20+10)\times2+3\times25+2\times22+2\times25=229\ (\text{mm})<250\ \text{mm}$$

满足一排布置假设。

验算最小配筋率要求：

$$\rho_{\min}=\left\{0.20\%,\ 0.45\times\frac{f_t}{f_y}\right\}_{\max}=\left\{0.20\%,\ 0.45\times\frac{1.43}{360}\right\}_{\max}=\{0.20\%,\ 0.179\%\}_{\max}=0.20\%$$

$$\rho_{\min}bh=0.20\%\times250\times550=275\ (\text{mm}^2)<A_s=1\,742\ \text{mm}^2$$

不发生少筋梁破坏。

【解 2】

利用系数计算公式求解。

(1)列出计算所需条件。方法同解 1。

(2)计算 α_s 值及判别条件。

令 $M=\gamma_0 M_{\max}=M_u$，根据式(3-15)得

$$\alpha_s=\frac{M}{\alpha_1 f_c bh_0^2}=\frac{258\times10^6}{1.0\times14.3\times250\times510^2}\approx0.277$$

由式(3-13)解得

$$\xi=1-\sqrt{1-2\alpha_s}=1-\sqrt{1-2\times0.277}=0.332<\xi_b=0.518$$

不超筋。

$$\gamma_s=1-0.5\xi=1-0.5\times0.332=0.834$$

(3)计算 A_s 值及构造要求。

由 $M=M_u=f_yA_s\gamma_s h_0$ 得

$$A_s=\frac{M}{f_y\gamma_s h_0}=\frac{258\times10^6}{360\times0.834\times510}\approx1\,685\ (\text{mm}^2)$$

余下同解 1。

(三)截面复核题(承载力校核)

已知截面设计弯矩 M(或者荷载情况)、构件截面尺寸 $b\times h$、混凝土强度 f_t 和 f_c、钢筋强度 f_y 及纵向受拉钢筋面积 A_s(钢筋直径和根数)，求截面是否安全(即 $M\leqslant M_u$ 是否满足)。

解决思路：求出 M_u，进行比较。

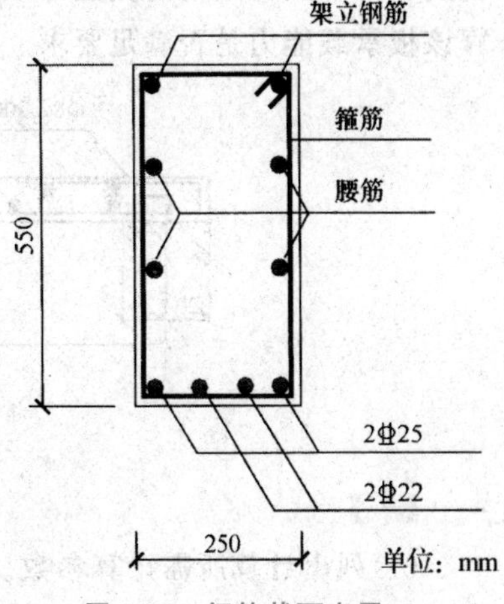

图 3-18　钢筋截面布置

判定 $A_s \geqslant \rho_{min}bh$ 是否满足 —不满足⇦— 令 $A_s=\rho_{min}bh$

满足⇩

$x=\dfrac{f_y A_s}{\alpha_1 f_c b}$

⇩

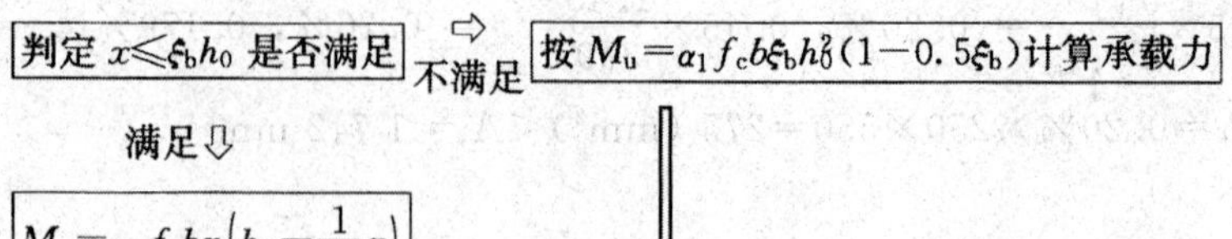

判定 $x\leqslant \xi_b h_0$ 是否满足 —⇨不满足— 按 $M_u=\alpha_1 f_c b\xi_b h_0^2(1-0.5\xi_b)$ 计算承载力

满足⇩

$M_u=\alpha_1 f_c bx\left(h_0-\dfrac{1}{2}x\right)$

满足⇩

比较 $M\leqslant M_u$ 是否满足

满足⇩　　　⇩不满足

截面安全　　截面不安全⇦重新设计截面

计算步骤见例 3-2。

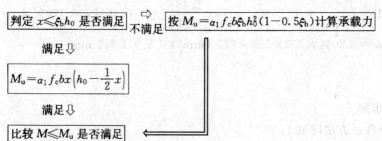

【例 3-2】某办公楼的内走廊为两端简支在砖墙上的现浇钢筋混凝土板(图 3-19)。计算跨度 $l_0=3.0$ m。板的构造做法为：板面水磨石地面及细石混凝土垫层共 30 mm 厚(重力密度 22 kN/m^3)，板厚 80 mm，板底找平后粉刷白灰砂浆共 15 mm 厚(重力密度 16 kN/m^3)。板上作用的均布活荷载标准值为 2.5 kN/m^2，已知板底配置 Φ8@80 的 HPB300 级受力钢筋，使用环境类别为一类，结构的安全等级为二级，设计使用年限为 50 年，混凝土强度等级为 C25。试验算该板承载能力是否满足要求。

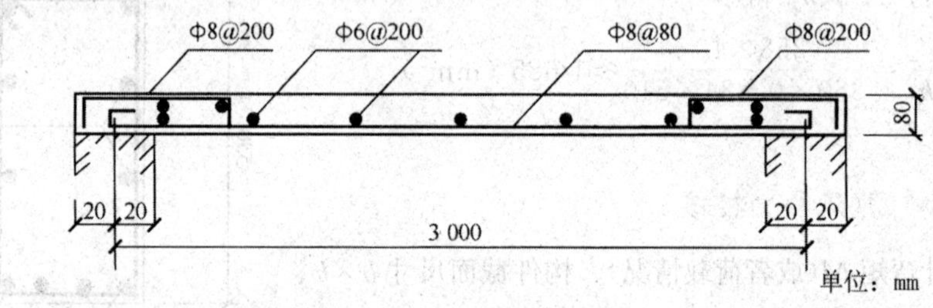

图 3-19　例 3-2 图

【解】

(1)列出计算所需计算参数。

根据题目条件已知 $l_0=3.0$ m，$h=80$ mm，计算时板宽取 $b=1\ 000$ mm。查表可得 $\alpha_1=1.0$，$f_t=1.27$ N/mm^2，$f_c=11.9$ N/mm^2，$f_y=270$ N/mm^2。查表可知 $\xi_b=0.576$，$c=20$ mm，$A_s=$ 629 mm^2。取 $c_c=c$，则有

$$h_0=h-a_s=h-c-d/2\approx 80-20-8/2=80-24=56\ (\text{mm})$$

(2)内力计算。

①恒荷载标准值 g_k。

水磨石地面及细石混凝土垫层 30 mm 厚：

$$0.03\times22=0.66\ (\mathrm{kN/m^2})$$

80 mm 厚钢筋混凝土板自重：

$$0.08\times25=2.00\ (\mathrm{kN/m^2})$$

板底粉刷白灰砂浆 15 mm 厚：

$$0.015\times16=0.24\ (\mathrm{kN/m^2})$$

合计 2.90 $\mathrm{kN/m^2}$。

取 1 m 板宽，恒载标准值(线荷载集度)：

$$g_k=2.90\times1=2.90\ (\mathrm{kN/m})$$

②活荷载标准值。

$$q_k=2.5\times1=2.5\ (\mathrm{kN/m})$$

③荷载设计值。

$$g+q=\gamma_0(1.2g_k+1.4\gamma_L q_k)=1.0\times(1.2\times2.90+1.4\times1.0\times2.5)=6.98\ (\mathrm{kN/m})$$

$$\begin{aligned}g+q&=\gamma_0(1.35g_k+1.4\times0.7\gamma_{Lqk})\\&=1.0\times(1.35\times2.90+0.98\times1.0\times2.5)\\&=6.365\ (\mathrm{kN/m})\end{aligned}$$

二者取大值：

$$g+q=6.98(\mathrm{kN/m})$$

④弯矩设计值。板的计算简图及内力如图 3-20 所示，最大弯矩为

$$M_{\max}=\frac{1}{8}(g+q)l_0^2=\frac{1}{8}\times6.98\times3^2=7.85\ (\mathrm{kN\cdot m})$$

(3)验算适用条件及承载力要求。

验算最小配筋率要求：

$$45f_t/f_y=45\times1.27/270=0.21>0.20$$

$$\rho_{\min}=\max\left(45\times\frac{f_t}{f_y}\%,\ 0.20\%\right)=\max(0.21\%,\ 0.20\%)=0.21\%$$

$$\rho_{\min}bh=0.21\%\times1\ 000\times80=168\ (\mathrm{mm^2})<A_s=629\ \mathrm{mm^2}$$

不少筋。

由式(3-2)得

$$\begin{aligned}x&=\frac{f_yA_s}{\alpha_1f_cb}=\frac{270\times629}{1.0\times11.9\times1\ 000}=14.3\ (\mathrm{mm})\\&<\xi_bh_0=0.576\times56=32.3\ (\mathrm{mm})\end{aligned}$$

不超筋。

根据式(3-3)计算极限弯矩：

$$\begin{aligned}M_u&=\alpha_1f_cbx(h_0-0.5x)=1.0\times11.9\times1\ 000\times14.3\times(56-0.5\times14.3)\\&=8.31\times10^6(\mathrm{N\cdot mm})=8.31\ \mathrm{kN\cdot m}>M_{\max}=7.85\ \mathrm{kN\cdot m}\end{aligned}$$

该板配筋能够满足承载力要求。

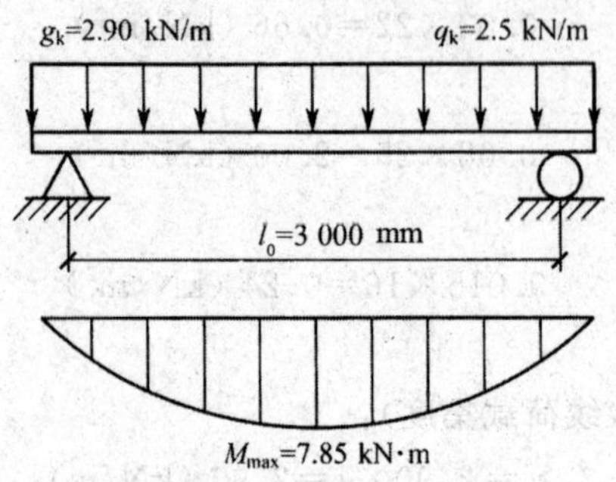

图 3-20　板的计算简图及内力

四、双筋矩形截面受弯构件正截面受弯承载力

双筋受弯构件一般只在以下情况采用。

(1)当外荷载产生的弯矩 M 很大时，按单筋截面设计的截面尺寸 b 和 h 受到限制，混凝土材料强度不能更改(f_c 不变)，此时过多的配筋会使 $\xi>\xi_b$，造成超筋梁，而梁的最大承载能力 $M_{u,max}=\alpha_{s,max}\alpha_1 f_c bh_0^2$，无论配置多少钢筋都不会改变，此时承载力不能满足，应在受压区配置受压钢筋设计成双筋受弯构件。

(2)连续梁支座截面承担负弯矩，有跨中钢筋已伸进支座(图 3-21)。

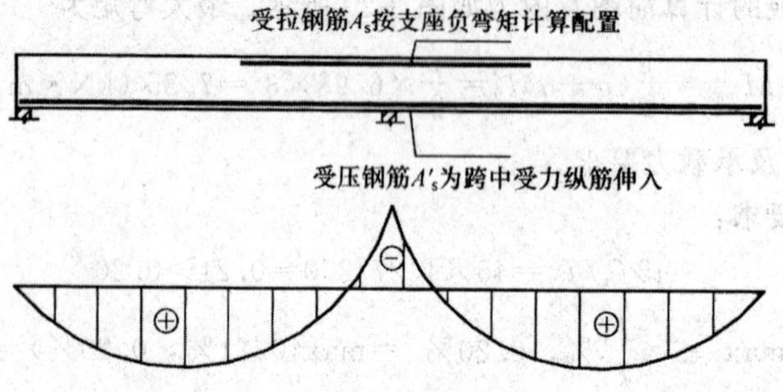

图 3-21　连续梁配筋示意

(3)在不同的荷载组合下，截面承受异号弯矩(图 3-22)。

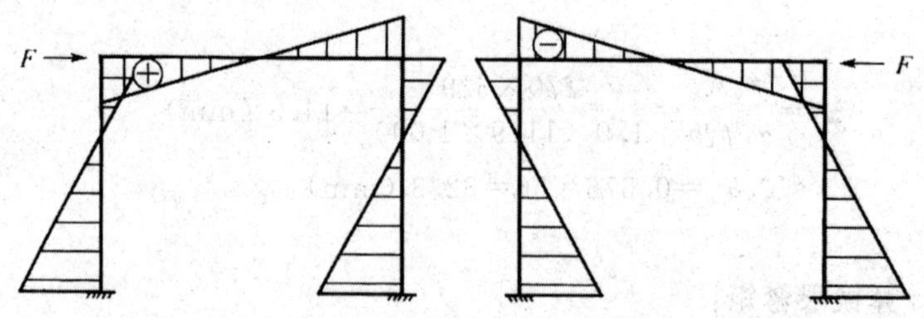

图 3-22　框架梁内力反向示意

小贴士

受压钢筋的存在可提高截面的延性，在使用阶段可减小构件在短期荷载和长期荷载作用下的变形。应该说明，双筋截面的用钢量比单筋截面多。因此，为节约钢材，应尽可能地不要将截面设计成双筋截面，用配置受压钢筋来承担压应力是不经济的。

(一)双筋矩形截面受弯构件正截面计算公式

双筋矩形截面梁受弯与单筋矩形截面梁相似，区别仅在于受压区是否配置有受压纵筋。受压纵筋能起多大的作用，是否能屈服，这是首先会关心的问题。

(1)受压筋是否屈服。沿用单筋矩形截面受弯构件承载力计算中的各项假定，根据平截面假定(图 3-23)：

$$\frac{\varepsilon'_s}{\varepsilon_{cu}}=\frac{x_c-a'_s}{x_c}$$

应有

$$\frac{\varepsilon'_s}{\varepsilon_{cu}}=\frac{x_c-a'_s}{x_c}$$

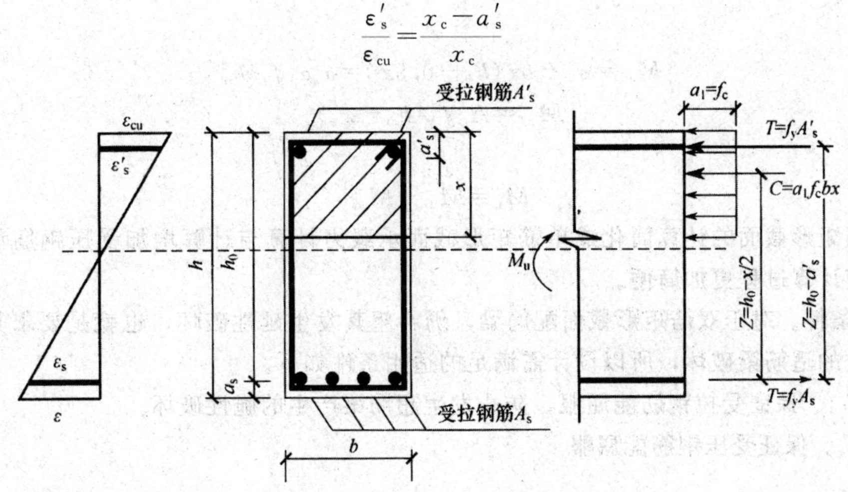

图 3-23　双筋矩形截面梁正截面承载力计算简图

由三角比例关系代入 $x=0.8x_c$，$\varepsilon_{cu}=0.0033$，得到

$$\varepsilon'_s=\left(1-\frac{0.8a'_s}{x}\right)\times 0.0033$$

若取

$$a'_s=0.5x\varepsilon'_s=(1-0.4)\times 0.0033\approx 0.002$$

则

$$\sigma_s=E_s\varepsilon'_s=2.1\times 10^5\times 0.002\approx 420\ (\mathrm{N/mm^2})$$

因此，HPB300、HRB400 和 HRB500($f'_y=410\ \mathrm{N/mm^2}$)均能达到其受压屈服强度取值 f'_y。在双筋梁计算中，只要

$$x\geqslant 2a'_s \tag{3-19}$$

受压钢筋是能够达到受压屈服强度的，此时受压钢筋位置不低于受压应力矩形图的形心。

反之，如果计算所得 $x<2a'_s$，说明受 A'_s 的压应变 ε'_s 太小，压应力达不到屈服强度设计值 f'_y。

(2)基本计算公式。根据截面力的平衡条件：

$$\sum N=0,\ \alpha_1 f_c bx+A'_s f'_y=f_y A_s \tag{3-20}$$

根据截面力矩的平衡条件对 A_s 取矩：

$$\sum M_{A_s}=0,\ M_u=\alpha_1 f_c bx(h_0-0.5x)+A'_s f'_y(h_0-a'_s) \tag{3-21}$$

(3)参数计算公式。

令

$$A_{s1}=\frac{\alpha_1 f_c bx}{f_y} \tag{3-22}$$

$$A_{s2}=\frac{A'_s f'_y}{f_y} \tag{3-23}$$

则有

$$A_s=A_{s1}+A_{s2} \tag{3-24}$$

又令

$$M_{u1}=\alpha_1 f_c bx(h_0-0.5x)=\alpha_s\alpha_1 f_c bh_0^2$$

$$M_{u2}=A'_s f'_y(h_0-a'_s) \tag{3-25}$$

则有

$$M_u=M_{u1}+M_{u2} \tag{3-26}$$

这样就把双筋矩形截面的计算简化成单筋矩形截面承载力计算与计算增加受压钢筋承载力提高之和，可以使计算过程更加简便。

(4)适用条件。对于双筋矩形截面配筋梁，仍希望其发生延性破坏，也就是要求其发生受拉钢筋屈服性质的适筋梁破坏，所以设计需满足的适用条件如下。

①$x\leqslant\xi_b h_0$。保证受拉钢筋能屈服，防止发生超筋梁产生的脆性破坏。

②$x\geqslant 2a'_s$。保证受压钢筋能屈服。

小贴士

若计算出 $x<2a'_s$，表明受压钢筋离中和轴位置太近，其压应力 σ'_s 达不到屈服强度，此时受压钢筋承担的压应力不大，可忽略其影响。近似认为受压钢筋的合力作用点与混凝土合力作用点位置重合，$x=2a'_s$，根据截面力矩的平衡条件对 C 取矩：

$$\sum M_C=0,\ M_u=f_y A_s(h_0-a'_s) \tag{3-27}$$

(二)截面设计

在双筋矩形截面梁的设计中，可能会有两种情况：一种是纵向受拉钢筋 A_s 和受压钢筋 A'_s 均为未知的情况；另一种是受压钢筋 A'_s 已知而纵向受拉钢筋 A_s 未知的情况。下面分开讨论。

情况 1　已知截面设计弯矩 M（或者荷载情况）、构件截面尺寸 $b\times h$、混凝土强度 f_t 和 f_c、

钢筋强度 f_y 和 f'_y，求纵向受拉钢筋 A_s 和受压钢筋 A'_s(钢筋直径和根数)。

解决思路：从式(3-20)、式(3-21)中会发现两个计算公式中有三个未知数 x、A_s 和 A'_s，就可能会有多组解，需要引入补充条件($A_s+A'_s$)最小即最优解。可理解为让受压区混凝土最大限度受压，不满足的部分才由受压钢筋来承担。

根据公式可得

$$A'_s=\frac{M-\alpha_1 f_c bx(h_0-0.5x)}{f'_y(h_0-a'_s)} \tag{3-28}$$

$$A_s=\frac{\alpha_1 f_c bx}{f'_y}+\frac{A'_s f'_y}{f'_y} \tag{3-29}$$

式(3-29)+式(3-28)，得

$$A'_s+A_s=\frac{\alpha_1 f_c bx}{f'_y}+2\frac{M-\alpha_1 f_c bx(h_0-0.5x)}{f'_y(h_0-a'_s)}$$

将上式对 x 求导，令$\frac{\mathrm{d}(A'_s+A_s)}{\mathrm{d}x}=0$，得到($A_s+A'_s$)的极值，有

$$\frac{\alpha_1 f_c b}{f'_y}-2\frac{\alpha_1 f_c bh_0}{f'_y(h_0-a'_s)}+2\frac{\alpha_1 f_c bx}{f'_y(h_0-a'_s)}=0$$

$$(h_0-a'_s)-2h_0+2x=0$$

$$-h_0-a'_s+2x=0$$

$$x=\frac{1}{2}(h_0+a'_s)$$

得到

$$\xi=\frac{x}{h_0}=\frac{1}{2}\left(1+\frac{a'_s}{h_0}\right)$$

在 HPB300、HRB400 和 HRB500 级钢筋及常用的 a'_s/h_0 值下计算出的 $\xi\geqslant\xi_b$，为使受拉钢筋屈服，取 $\xi=\xi_b$(此时用钢量稍有增加)，则可得到

$$A'_s=\frac{M-\alpha_1\alpha_{s,\max}f_c bh_0^2}{f'_y(h_0-a'_s)}$$

$$A_s=\frac{\alpha_1 f_c b\xi_b h_0}{f_y}+\frac{A'_s f'_y}{f_y}$$

最后验算受拉钢筋是否满足 $A_s\geqslant\rho_{\min}bh$ 的要求(双筋截面配筋较大，常可省略)。

情况 2　已知截面设计弯矩 M(或者荷载情况)、构件截面尺寸 $b\times h$、混凝土强度 f_t 和 f_c、钢筋强度 f_y 和 f'_y、受压钢筋 A'_s，求纵向受拉面积 A_s(钢筋直径和根数)。

解决思路：在式(3-21)中先求出

$$M_{u2}=A'_s f'_y(h_0-a'_s)$$

然后根据式(3-26)和式(3-15)得到 $M_{u1}=M_u-M_{u2}=\alpha_s\alpha_1 f_c bh_0^2$，据此求出

$$\alpha_s=\frac{M_{u1}}{\alpha_1 f_c bh_0^2}$$

再根据式(3-13)解得

$$\xi=1-\sqrt{1-2\alpha_s}$$

判定是否满足。

当 $x \leqslant \xi_b h_0$ 时，验算是否 $x \geqslant 2a'_s$。

(1)当 $x \geqslant 2a'_s$ 时：

$$A_s=\frac{\alpha_1 f_c bx}{f_y}+\frac{A'_s f'_y}{f_y}$$

(2)当 $x < 2a'_s$ 时，根据式(3-27)：

$$A_s=\frac{M}{f_y(h_0-a'_s)}$$

当 $x > \xi_b h_0$ 时，说明压筋 A'_s 配置过少，此时应该按照 A_s 和 A'_s 均为未知情况重新进行求解。

【例 3-3】某办公楼层高 3.6 m，净高要求 3.1 m，梁截面对设计确定为 $b=200$ mm，$h=500$ mm，采用 C40 混凝土、HRB400 级钢筋，经计算梁承受的弯化设计值为 334 kN·m，使用环境类别为一类。试计算该梁所需的纵向受力筋情况。

【解】

(1)列出计算所需计算参数。根据题目条件，已知梁截面 $b \times h=200\ \text{mm} \times 500\ \text{mm}$。查表可得 $\alpha_1=1.0$，$f_t=1.71\ \text{N/mm}^2$，$f_c=19.1\ \text{N/mm}^2$，$f_y=f'_y=360\ \text{N/mm}^2$。查表可知 $\xi_b=0.518$，$c=20$ mm。

假定受压钢筋放置一排，取 $a'_s=40$ mm。

假定受拉钢筋放置两排，取 $a_s=65$ mm，$h_0=h-a_s=500-65=435$ (mm)。

(2)选择设计截面类型。对于单筋矩形截面梁，由式(3-13)得

$$\alpha_{s,\max}=\xi_b(1-0.5\xi_b)=0.518\times(1-0.5\times0.518)=0.384$$

根据式(3-15)得

$$M_{u,\max}=\alpha_{s,\max}\alpha_1 f_c bh_0^2=0.384\times1\times19.1\times200\times435^2=277.57\ (\text{kN}\cdot\text{m})$$
$$<M=334\ \text{kN}\cdot\text{m}$$

表明该梁不能设计为单筋矩形截面梁，由于净高限制不能加大截面尺寸，因此考虑设计为双筋矩形截面梁。

(3)双筋矩形截面梁配筋计算。计算时令 $M_u=M=334$ kN·m。

A'_s 和 A_s 均为未知，取 $\xi=\xi_b$，得 $\alpha_{s,\max}=0.384$。

根据式(3-21)得到

$$A'_s=\frac{M-\alpha_1\alpha_{s,\max}f_c bh_0^2}{f'_y(h_0-a'_s)}$$
$$=\frac{334\times10^6-1\times0.384\times19.1\times200\times435^2}{360\times(435-40)}=397\ (\text{mm}^2)$$

根据式(3-20)得

$$A_s=\frac{\alpha_1 f_c b\xi_b h_0}{f_y}+\frac{A'_s f'_y}{f_y}=\frac{1\times19.1\times200\times0.518\times435}{360}+397=2\ 788\ (\text{mm}^2)$$

梁的纵向受压钢筋选用 2⏀16，$A'_s=402\ \text{mm}^2$；受拉钢筋选用 5⏀25 + 1⏀20，$A_s=2\ 768\ \text{mm}^2$。

$\frac{2\ 788-2\ 768}{2\ 788}=0.7\%<5\%$，可认为梁配筋能满足承载力要求，截面配筋如图 3-24 所示。

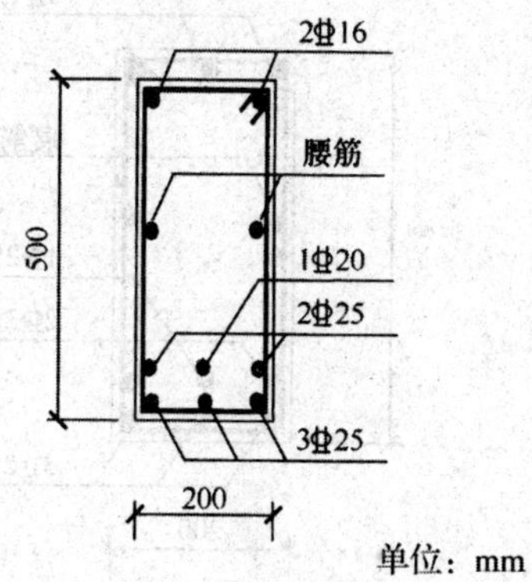

图 3-24　截面配筋

【例 3-4】条件同上例题，但受压区已配置 3⌀16，$A'_s=603\ \text{mm}^2$，求该梁所需的纵向受拉钢筋。

【解】

(1)列出计算所需计算参数，同【例 3-3】。

(2)计算 x 值及判别适用条件。

计算时令$M_u=M=334\ \text{kN}\cdot\text{m}$，有

$$M_{u2}=A'_s f'_y(h_0-a'_s)=603\times360\times(435-40)$$
$$=85.75\times10^6(\text{N}\cdot\text{mm})=85.75\ \text{kN}\cdot\text{m}$$

根据式(3-26)，有

$$M_{u1}=M_u-M_{u2}=334-85.75=248.25\ (\text{kN}\cdot\text{m})$$

根据式(3-15)有

$$\alpha_s=\frac{M_{u1}}{\alpha_1 f_c bh_0^2}=\frac{248.25\times10^6}{1\times19.1\times200\times435^2}=0.343$$

$$\xi=1-\sqrt{1-2\alpha_s}=1-\sqrt{1-2\times0.343}=0.44<\xi_b=0.518$$

满足受拉钢筋屈服，梁不超筋要求。

$$\xi h_0=0.44\times435=191.4\ (\text{mm})>2a'_s=2\times40=80\ (\text{mm})$$

满足受压筋屈服要求。

代入式(3-22)，有

$$A_{s1}=\frac{\alpha_1 f_c bx}{f_y}=\frac{1\times19.1\times200\times191}{360}=2\ 027\ (\text{mm}^2)$$

代入式(3-23)，有

$$A_{s2}=\frac{A'_s f'_y}{f_y}=603\ \text{mm}$$

代入式(3-24)，有

$$A_s=A_{s1}+A_{s2}=2\ 027+603=2\ 630\ (\text{mm}^2)$$

受拉钢筋选用 4⌀25＋2⌀22，$A_s=2\ 742\ \text{mm}^2$。截面配筋如图 3-25 所示。

注：通过例 3-3、例 3-4 比较可知，令 $\xi=\xi_b$ 时求出的总用钢量 A'_s+A_s 比已知 A'_s 时求出的总用钢量 A'_s+A_s 要小。

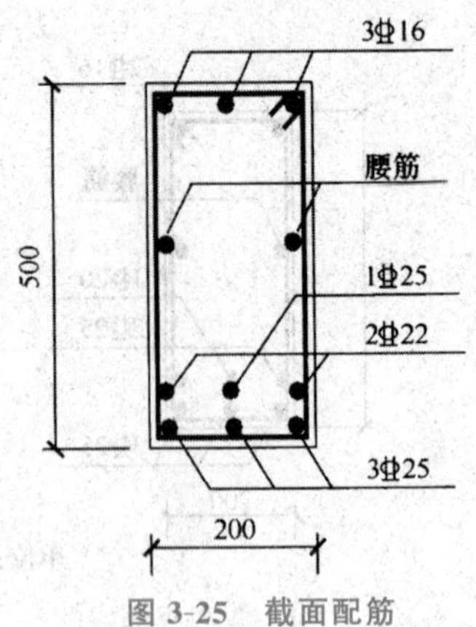

图 3-25　截面配筋

（三）截面复核题

已知截面设计弯矩 M（或者荷载情况）、构件截面尺寸 $b\times h$、混凝土强度 f_t 和 f_c、钢筋强度 f_y 和 f'_y、纵向受拉面积 A_s 和受压钢筋 A'_s，求截面是否安全（即 $M\leqslant M_u$ 是否满足）。

解决思路：根据式(3-20)得到

$$x=\frac{f_yA_s-A'_sf'_y}{\alpha_1 f_c b}$$

当 $2a'_s\leqslant x\leqslant \xi_b h_0$ 时，把 x 代入式(3-21)中求出 M_u，判别 $M_u\geqslant M$ 是否满足，即可得到结果。

当 $x<2a'_s$ 时，把 $x=2a'_s$ 代入式(3-27)中求出 M_u，判别 $M_u\geqslant M$ 是否满足，即可得到结果。

当 $x>\xi_b h_0$ 时，取 $x=\xi_b h_0$ 代入式(3-21)中求出 M_u，判别 $M_u\geqslant M$ 是否满足，即可得到结果。

【例 3-5】某已建成建筑楼面梁，因改变使用用途，要求梁承受弯矩设计值为 115 kN·m，梁截面尺寸确定为 $b\times h=200\ \text{mm}\times 400\ \text{mm}$，采用 C25 混凝土、HRB335 级钢筋，受压钢筋配置为 2Φ16，受拉钢筋配置为 3Φ25，使用环境类别为一类。试验算该梁正截面是否安全。

【解】

(1)列出计算所需计算参数。

根据题目条件，已知梁截面 $b\times h=200\ \text{mm}\times 400\ \text{mm}$，$A'_s=402\ \text{mm}^2$，$A_s=1\ 473\ \text{mm}^2$。查表可得 $\alpha_1=1.0$，$f_t=1.27\ \text{N/mm}^2$，$f_c=11.9\ \text{N/mm}^2$，$f_y=f'_y=300\ \text{N/mm}^2$。查表可知 $\xi_b=0.550$，$c=25\ \text{mm}$。受压钢筋放置一排，取 $a'_s=43\ \text{mm}$。受拉钢筋放置一排，取 $a_s=47.5\ \text{mm}$，$h_0=h-a_s=400-47.5=352.5\ \text{mm}$。

(2)计算 x 值及判别适用条件。

根据式(3-20)得

$$x=\frac{f_yA_s-A'_sf'_y}{\alpha_1 f_c b}=\frac{300\times 1\ 473-300\times 402}{1\times 11.9\times 200}=135\ (\text{mm})$$

$$x<\xi_b h_0=0.550\times 352.5=194\ (\text{mm})$$

满足受拉钢筋屈服，梁不超筋要求。

$$x>2a'_s=2\times 43=86\ (\text{mm})$$

满足受压筋屈服要求。

根据式(3-21)计算极限弯矩：

$$\begin{aligned}M_u &= \alpha_1 f_c bx\left(h_0-\frac{1}{2}x\right)+A'_s f'_y(h_0-a'_s)\\ &=1.0\times11.9\times200\times135\times(352.5-0.5\times135)+402\times300\times(352.5-43)\\ &=128.90\times10^6(\text{N}\cdot\text{mm})=128.90\ \text{kN}\cdot\text{m}>M=115\ \text{kN}\cdot\text{m}\end{aligned}$$

该梁改变使用用途后能保证截面安全。

五、T 形截面受弯构件正截面承载力计算

(一)T 形截面的定义及翼缘计算宽度的取值

受弯构件在弯曲破坏时，受拉区混凝土早已开裂而脱离工作，故理论上可将受拉区混凝土去掉一部分，把原有纵向钢筋集中布置在梁肋中，所得到的截面受弯承载力计算值与原有矩形截面完全相同，这样可以节约混凝土并减轻自重。余下部分就形成了 T 形截面梁(图 3-26)。

小贴士

T 形截面的伸出部分称为翼缘，其宽度为 b'_f，厚度为 h'_f；中间部分称为梁肋或腹板，肋宽为 b，高为 h，有时为了需要，也采用翼缘在受拉区的倒 T 形截面或 I 形截面。由于不考虑受拉区翼缘混凝土受力，因此 I 形截面按 T 形截面计算。

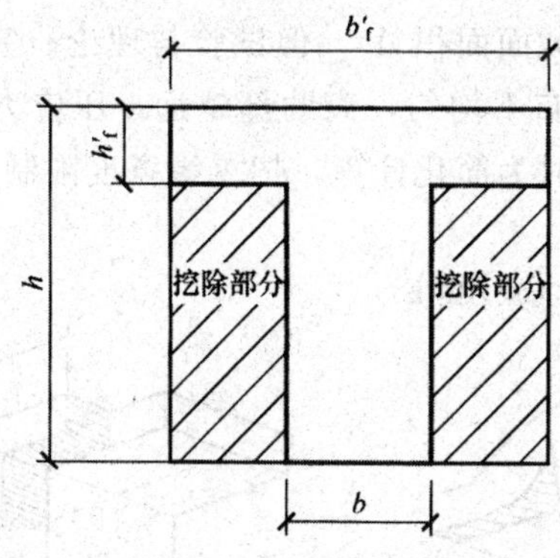

图 3-26　T 形截面梁的形成

按 T 形截面设计的工程实例有以下几种。

(1)现浇楼盖结构中现浇板和梁形成 T 形截面。在跨中区域，翼缘处于受压区，应按 T 形截面受弯构件设计；在支座区域，翼缘位于受拉区，混凝土开裂后不再起作用，应按肋宽为 b 的矩形截面受弯构件设计(图 3-27)。

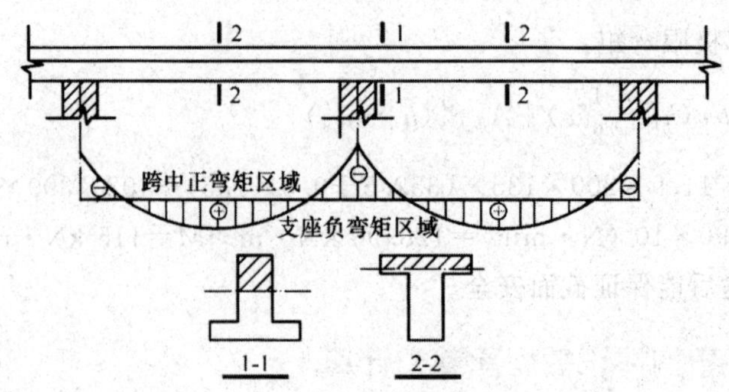

图 3-27　现浇楼盖连续梁截面计算选用图

(2)T 形吊车梁、I 形梁、箱形梁和预制空心板(图 3-28)等构件，按截面面积、惯性矩和形心位置三者都不变的原则换算为一个相应力学性能的 T 形和 I 形截面梁，截面配筋计算时都按 T 形截面梁进行。

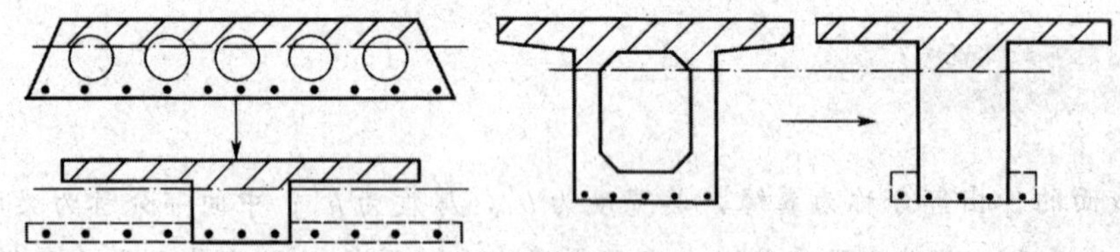

图 3-28　空心板、箱形梁等效 T 形梁计算示意

理论上讲，在弯矩 M 作用下，T 形截面翼缘宽度 b_f' 越大，受压区高度 x 越小，则内力臂增大，计算时可减小受拉钢筋的截面面积 A_s。但试验与理论研究证明，T 形截面受弯构件翼缘的纵向压应力沿翼缘宽度方向分布不均匀，离肋部越远，压应力越小，故实际上参与梁肋共同工作的翼缘宽度是有限的。设计时为简化计算，把翼缘宽度限制在一定范围内，并假定 b_f' 范围内的压应力均匀分布(图 3-29)。

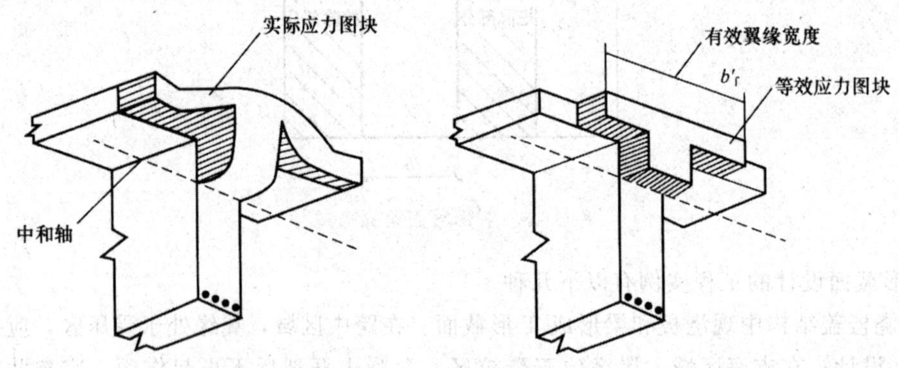

图 3-29　T 形截面梁翼缘应力情况

试验证明，T 形截面翼缘计算宽度 b_f' 的取值与翼缘厚度、梁跨度和受力情况等许多因素有关。《混凝土结构设计规范》规定按表 3-4 中有关规定的最小值取用。

表 3-4　T 形、I 形及倒 L 形截面受弯构件翼缘计算宽度 b'_f

情况		T形、I形截面		倒L形截面
		肋形梁(板)	独立梁	肋形梁(板)
1	按计算跨度 l_0 考虑	$l_0/3$	$l_0/3$	$l_0/6$
2	按梁(纵肋)净距 s_n 考虑	$b+s_n$	—	$b+s_n/2$
3	按翼缘高度 h'_f 考虑	$b+12h'_f$	b	$b+5h'_f$

注：1. 表中 b 为腹板宽度。

2. 肋形梁在梁跨内设有间距小于纵肋间距的横肋时，则可不考虑表列情况 3 的规定。

3. 加腋的 T 形、I 形和倒 L 形截面，当受压区加腋的高度 $h_h \geqslant h'_f$ 且加腋的长度 $b_h \leqslant 3h_h$ 时，其翼缘计算宽度可按表中情况 3 的规定分别增加 $2b_h$(T 形、I 形截面)和 b_h(倒 L 形截面)。

4. 独立梁受压区的翼缘板在荷载作用下经验算沿纵肋方向可能产生裂缝时，其计算宽度应取腹板宽度 b。

(二)计算公式与适用条件

(1)两类 T 形截面基本计算公式。计算 T 形截面梁时，按中和轴位置不同，可分为以下两类。

①第Ⅰ类 T 形截面梁如图 3-30 (a)所示，中和轴位于翼缘内，即 $x \leqslant h'_f$，根据截面力和力矩的平衡条件得到计算公式为

$$\sum N=0,\ \alpha_1 f_c b'_f x = f_y A_s \tag{3-30}$$

$$\sum M_{A_s}=0,\ M_u=\alpha_1 f_c b'_f x\left(h_0-\frac{x}{2}\right) \tag{3-31}$$

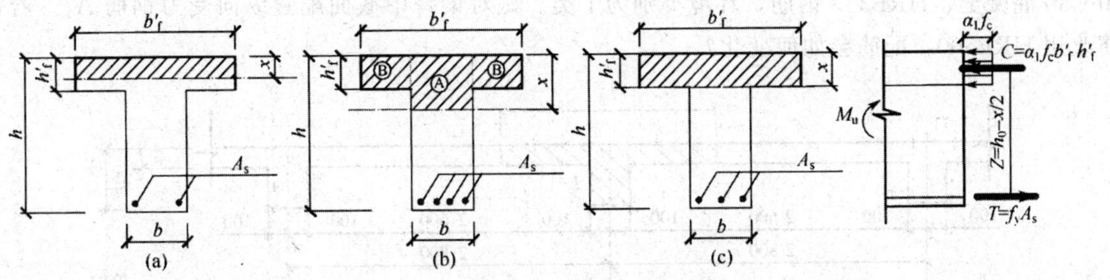

图 3-30　各类 T 形截面中和轴位置

②第Ⅱ类 T 形截面梁如图 3-30 (b)所示，中和轴位于梁肋内，即 $x>h'_f$，把受压区混凝土截面面积划分为 A、B 两个部分。A 面积混凝土截面宽度同梁肋宽 b，受压区高度为 x；B 面积混凝土截面宽度为(b'_f-b)，高度为 h'_f。根据截面力的平衡条件得到计算公式为

$$\sum N=0,\ \alpha_1 f_c bx+\alpha_1 f_c(b'_f-b)h'_f=f_y A_s \tag{3-32}$$

$$\sum M_{A_s}=0,\ M_u=\alpha_1 f_c bx\left(h_0-\frac{x}{2}\right)+\alpha_1 f_c(b'_f-b)h'_f\left(h_0-\frac{h'_f}{2}\right) \tag{3-33}$$

(2)适用条件。

①要求 $\xi \leqslant \xi_b$，保证受拉钢筋屈服，不发生超筋梁破坏。对于第 T 类 T 形截面梁，由于 h'_f/h_0较小，而且 $x<h'_f$ 通常可以满足要求，因此可不验算；对于第Ⅱ类 T 形截面梁，$x>h'_f$，容易发生超筋情况，应予以验算。

②要求 $A_s \geqslant A_{s,min}$，在前文中，最小配筋率 ρ_{min} 是根据开裂后梁截面的抗弯强度应等于同样截面素混凝土梁抗弯承载能力 $M_{cr}=M_u$ 这一条件得出的，而素混凝土梁的抗弯承载能力主要取决于受拉区混凝土的抗拉能力。因此，对于 T 形截面梁来说，$A_{s,min}=\rho_{min}bh$；对于 I 形截面梁来说，$A_{s,min}=\rho_{min}[bh+(b_f-b)h_f]$。

（三）截面承载能力计算

截面承载能力计算可分为截面设计和截面复核两类问题。

1. 截面设计题

已知截面设计弯矩 M(或者荷载情况)、构件截面尺寸 $b\times h\times b'_f\times h'_f$、混凝土强度 f_t 和 f_c、钢筋强度 f_y，求 f 纵向受拉钢筋面积 A_s(钢筋直径和根数)。

解题思路：在计算之前，必须要先知道会发生哪类 T 形截面梁破坏的情况，才能确定计算所需公式，所以应先进行第Ⅰ类、第Ⅱ类 T 形截面梁的判别。而二者的界限为 $x=h'_f$［图 3-30 (c)］，有

$$\sum N=0,\ \alpha_1 f_c b'_f h'_f = f_y A_s \tag{3-34}$$

$$\sum M_{A_s}=0,\ M_{hf}=\alpha_1 f_c b'_f h'_f\left(h_0-\frac{h'_f}{2}\right) \tag{3-35}$$

当 $M\leqslant M_{hf}$ 时，为第Ⅰ类 T 形截面梁，用第Ⅰ类 T 形截面梁的计算公式进行计算；当 $M>M_{hf}$ 时，为第Ⅱ类 T 形截面梁，用第Ⅱ类 T 形截面梁的计算公式进行计算。计算过程详见例3-6。

【例 3-6】有一现浇楼盖的连续梁，计算跨度为 $l_0=4.2$ m，梁间距(板跨)为 2.8 m，截面尺寸如图 3-31 所示，经计算得到某一跨的跨中截面承担的最大弯矩设计值为 $M=88$ kN·m，梁采用 C30 混凝土、HRB335 钢筋，环境类别为Ⅰ类。试对梁跨中截面配置纵向受力钢筋 A_s。若钢筋改用 HRB500，配筋会如何变化？

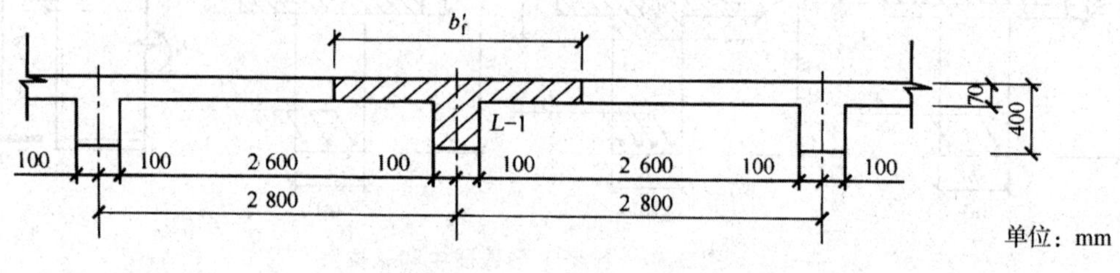

图 3-31　例 3-6 图

【解】

(1)列出计算所需计算参数。根据题目条件，已知板厚 $h=70$ mm，梁的 $b=200$ mm，$h=400$ mm，$l_0=4.2$ m，$s_n=2.6$ m。查表可得 $\alpha_1=1.0$，$f_c=14.3\ \text{N/mm}^2$，$f_y=300\ \text{N/mm}^2$。查表可知 $\xi_b=0.550$，$c=20$ mm。

受拉钢筋放置一排，取 $\alpha_s=40$ mm，则 $h_0=h-A_s=400-40=360$ (mm)。

(2)确定翼缘计算宽度 b'_f。由表 3-4 可知，当梁按计算跨度 l_0 考虑时，有

$$b'_f=l_0/3=4\ 200/3=1\ 400(\text{mm})$$

当按梁肋净距 s_n 考虑时，有

$$b'_f=b+s_n=200+2\ 600=2\ 800\ (\text{mm})$$

当按翼缘高度 h'_f 考虑时，有

$$b'_f=b+12h'_f=200+12\times70=1\ 040\ (\text{mm})$$

b'_f 应取上述三者中的最小值，取 $b'_f=1\ 040$ mm。

(3)判别T形截面类型。

$$M_{hf}=\alpha_1 f_c b'_f h'_f(h_0-0.5h'_f)=1.0\times14.3\times1\ 040\times70\times(360-0.5\times70)$$
$$=338.3\times10^6(\text{N}\cdot\text{mm})=338.3\ \text{kN}\cdot\text{m}>M=88\ \text{kN}\cdot\text{m}$$

为第Ⅰ类T形截面梁，采用第Ⅰ类T形截面梁的计算公式进行计算。

(4)计算 x 值及判别条件。令 $M=M_u$，根据公式 $M_u=\alpha_1 f_c b'_f x\left(h_0-\dfrac{x}{2}\right)$ 得

$$\alpha_s=\frac{M}{\alpha_1 f_c b'_f h_0^2}=\frac{88\times10^6}{1.0\times14.3\times1\ 040\times360^2}=0.045\ 7$$

根据公式 $\alpha_s=\xi(1-0.5\xi)$ 得

$$\xi=1-\sqrt{1-2\alpha_s}=1-\sqrt{1-2\times0.045\ 7}=0.046\ 8$$
$$<\xi_b=0.550$$

满足受拉钢筋屈服条件，不发生超筋破坏。

(5)计算 A_s 值及构造要求。由式(3-28)得

$$A_s=\frac{\alpha_1 f_c b'_f \xi h_0}{f_y}=\frac{1.0\times14.3\times1\ 040\times0.046\ 8\times360}{300}=835\ (\text{mm}^2)$$

可选择 Φ20+1Φ18，$A_s=628+254=882\ (\text{mm}^2)$。

$$\rho_{\min}=\left\{0.20\%,\ 0.45\frac{f_t}{f_y}\right\}_{\max}$$
$$=\left\{0.20\%,\ 0.45\times\frac{1.43}{300}\right\}_{\max}$$
$$=\{0.20\%,\ 0.21\%\}_{\max}=0.21\%$$
$$A_s=882\ \text{mm}^2>\rho_{\min}bh=0.21\%\times200\times400=168\ (\text{mm}^2)$$

满足适筋梁要求，不发生少筋破坏，若采用HRB500级钢筋，$f_y=435\text{N/mm}^2$，有

$$A_s=\frac{\alpha_1 f_c b'_f \xi h_0}{f_y}=\frac{1.0\times14.3\times1\ 040\times0.046\ 8\times360}{435}=576\ (\text{mm}^2)$$

查表可选 2Φ20，$A_s=628\ \text{mm}^2$。

当采用HRB500级钢筋时，比采用HRB335级钢筋面积减少了 254 mm²，可见当截面配筋率较大时，采用强度比较高的钢筋能有效降低配筋面积，达到更加经济的效果。

2. 截面复核题

已知截面设计弯矩 M（或者荷载情况）、构件截面尺寸 $b\times h\times b'_f\times h'_f$、混凝土强度 f_t 和 f_c、钢筋强度 f_y、纵向受拉钢筋面积 A_s，求截面是否安全(即 $M\leqslant M_u$ 是否满足)。

解决思路：首先进行判断属于哪一类T形截面。

当 $M\leqslant M_{hf}$ 时，为第Ⅰ类T形截面梁，代入已知求 M_u 与 M 比较即可；当 $M>M_{hf}$ 时，为第Ⅱ类T形截面梁。对于第Ⅱ类T形截面梁，在式(3-33)中令

$$A_{s1}=\frac{\alpha_1 f_c(b'_f-b)h'_f}{f_y}$$

则有

$$A_{s2}=A_s-A_{s1}$$

根据 $f_yA_{s2}=\alpha_1 f_c bx$ 得到 x。若 $x\geqslant\xi_b h_0$，则由式(3-33)计算 M_u，最后用 M_u 与 M 比较即可；若 $x>\xi_b h_0$，应令 $x=\xi_b h_0$，由式(3-33)计算 M_u，最后用 M_u 与 M 比较。

【例 3-7】某 T 形截面梁，截面尺寸如图 3-32 所示。已知受拉区配置有 8⌀22 钢筋，采用 C30 混凝土和 HRB400 级钢筋，承担的设计弯矩为 712 kN·m，环境类别为 II_a 类，试验算该梁是否安全。

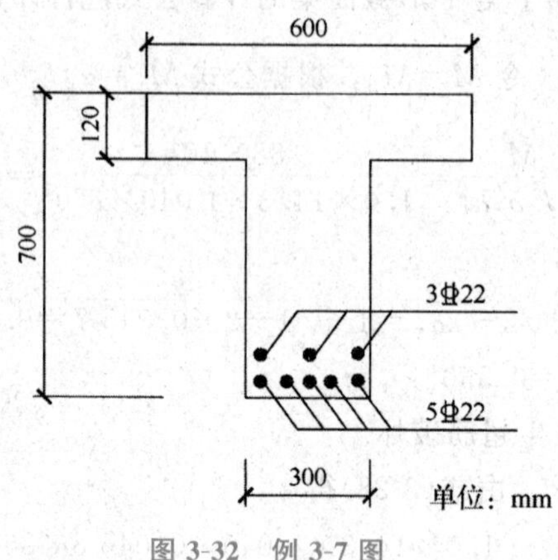

图 3-32　例 3-7 图

【解】

(1)列出计算所需计算参数。已知梁 $b\times h\times b_f'\times h_f'=300\ \text{mm}\times700\ \text{mm}\times600\ \text{mm}\times120\ \text{mm}$，$A_s=3\ 041\ \text{mm}^2$。查表可得 $\alpha_1=1.0$，$f_c=14.3\ \text{N/mm}^2$，$f_y=360\ \text{N/mm}^2$。查表可知 $\xi_b=0.518$，$c=25\ \text{mm}$。受拉钢筋放置两排，取 $a_s=70\ \text{mm}$，$h_0=h-a_s=700-70=630\ (\text{mm})$。

(2)判别 T 形截面类型。

$$\begin{aligned}M_{hf}&=\alpha_1 f_c b_f' h_f'(h_0-0.5h_f')=1.0\times14.3\times600\times120\times(630-0.5\times120)\\&=586\times10^6(\text{N}\cdot\text{mm})=586\ \text{kN}\cdot\text{m}<M=712\ \text{kN}\cdot\text{m}\end{aligned}$$

表明内力较大，先按第Ⅱ类 T 形截面梁的计算公式进行计算。

(3)计算 x 值及判别条件。

令

$$A_{s1}=\frac{\alpha_1 f_c(b_f'-b)h_f'}{f_y}=\frac{1.0\times14.3\times(600-300)\times120}{360}=1\ 430\ (\text{mm}^2)$$

$$A_{s2}=A_s-A_{s1}=3\ 041-1\ 430=1\ 611\ (\text{mm}^2)$$

根据 $f_yA_{s2}=\alpha_1 f_c bx$ 得

$$x=\frac{f_yA_{s2}}{\alpha_1 f_c b}=\frac{360\times1\ 611}{1.0\times14.3\times300}=135\ (\text{mm})>h_f'=120\ \text{mm}$$

公式使用正确。

$$x=135\ \text{mm}<\xi_b h_0=0.518\times630=326\ (\text{mm})$$

满足适筋梁要求。

(4)计算截面承载力。根据式(3-33)计算极限承载力，得

$$M_u=\alpha_1 f_c bx\left(h_0-\frac{x}{2}\right)+\alpha_1 f_c(b_f'-b)h_f'\left(h_0-\frac{h_f'}{2}\right)$$

$$=1.0\times14.3\times300\times135\times\left(630-\frac{135}{2}\right)+1.0\times14.3\times(600-300)\times120\times\left(630-\frac{120}{2}\right)$$

$$=619.21\times10^6(\mathrm{N\cdot mm})=619.21\ \mathrm{kN\cdot m}<M=712\ \mathrm{kN\cdot m}$$

该梁不安全，应重新设计。

任务四　钢筋混凝土受弯构件斜截面承载力

受弯构件斜截面的破坏通常来得较为突然，具有脆性性质。因此，在受弯构件的设计中如何保证斜截面的承载能力是非常重要的。

一、裂缝的形成及分类

为什么会形成斜裂缝？首先来分析梁的截面应力的情况。当外荷载较小时，剪力由整个截面承担，梁基本处于弹性工作阶段，可以将钢筋混凝土梁视为均质弹性体，按材料力学公式分析其应力。利用变形协调条件，把梁内纵向钢筋截面面积换算成等效混凝土面积。根据受拉纵筋形心处的拉应变等于同一高度处混凝土的拉应变 $\varepsilon_s=\varepsilon_{ct}$，再由虎克定律 $\varepsilon_s=\sigma_s/E_s$ 和 $\varepsilon_{ct}=\sigma_c/E_c$，并令 $\alpha_E=E_s/E_c$，则得

$$\sigma_s=\frac{E_s}{E_c}\sigma_{ct}=\alpha_E\sigma_{ct} \tag{3-36}$$

由此即可推断出受拉钢筋配筋面积 A_s 所承担的拉应力相当于同一高度处面积为 $\alpha_E A_s$ 的混凝土承担的拉力，所以原先钢筋占构件截面面积 A_s，换算为混凝土后增加面积 $(\alpha_E-1)A_s$，这样就换算成了单一材料的混凝土面积，换算截面在纵向受拉钢筋处截面变宽，剪应力在这里有明显突变(图 3-33)。

截面内任意一点的应力为

$$\begin{cases}\sigma=\dfrac{M_{y0}}{I_0} & \text{(正应力)}\\[2ex] \tau=\dfrac{VS_0}{I_0 b} & \text{(剪应力)}\end{cases} \tag{3-37}$$

式中　I_0——换算截面惯性矩；

y_0——计算点到换算截面形心的距离；

V——剪力；

S_0——计算点以外换算截面面积对换算截面形心的面积矩(静矩)。

在 σ、τ 组合下产生主拉应力和主压应力：

$$\begin{cases}\sigma_{tp}=\dfrac{\sigma}{2}+\sqrt{\dfrac{\sigma^2}{4}+\tau^2} & \text{(主拉应力)}\\[2ex] \sigma_{cp}+\dfrac{\sigma}{2}-\sqrt{\dfrac{\sigma^2}{4}+\tau^2} & \text{(主压应力)}\end{cases} \tag{3-38}$$

主应力的作用方向与梁轴线的夹角为

$$\alpha=\frac{1}{2}\arctan\left(-\frac{2\tau}{\sigma}\right)$$

结合图 3-34 的应力单元，分析可得出：力 F 作用点右侧的纯弯段，截面上只有拉应力，σ_{tp}

与方向重合，$\alpha=0$；力 F 作用点和支座之间为弯剪段，由 M、V 共同作用，在梁的上部、中部、下部各取一微元体。

(1)梁上部。剪压区，微元体 2，σ 为压力，σ_{cp}大，σ_{tp}小，$\alpha>45°$。

(2)梁中部。中和轴处，微元体 1，$\sigma=0$，$\tau=\tau_{max}$，$\alpha=45°$。

(3)梁下部。剪拉区，微元体 3，σ 为拉力，σ_{tp}大，σ_{cp}小，$\alpha<45°$。

因此，得出主压应力轨迹线和主拉应力轨迹线(图 3-34)，用实线表示主拉应力迹线方向，用虚线表示主压应力迹线方向。主拉应力迹线在弯剪区段的方向是倾斜的，所以会出现斜裂缝。但是，在截面下边缘，剪应力 $\tau=0$，主拉应力还是水平方向，所以当弯矩较大时，这些区段仍可能首先出现较短的垂直裂缝，然后向上延伸成斜裂缝，表现为下宽上小，称该特征裂缝为弯剪裂缝[图 3-35 (a)]。在 I 形截面梁中，当梁腹很薄，剪力作用明显时，斜裂缝也可能在梁腹中和轴附近先出现，然后上下斜向延伸，表现为中间大两头细的形状，称该特征裂缝为腹剪裂缝[图 3-35 (b)]。

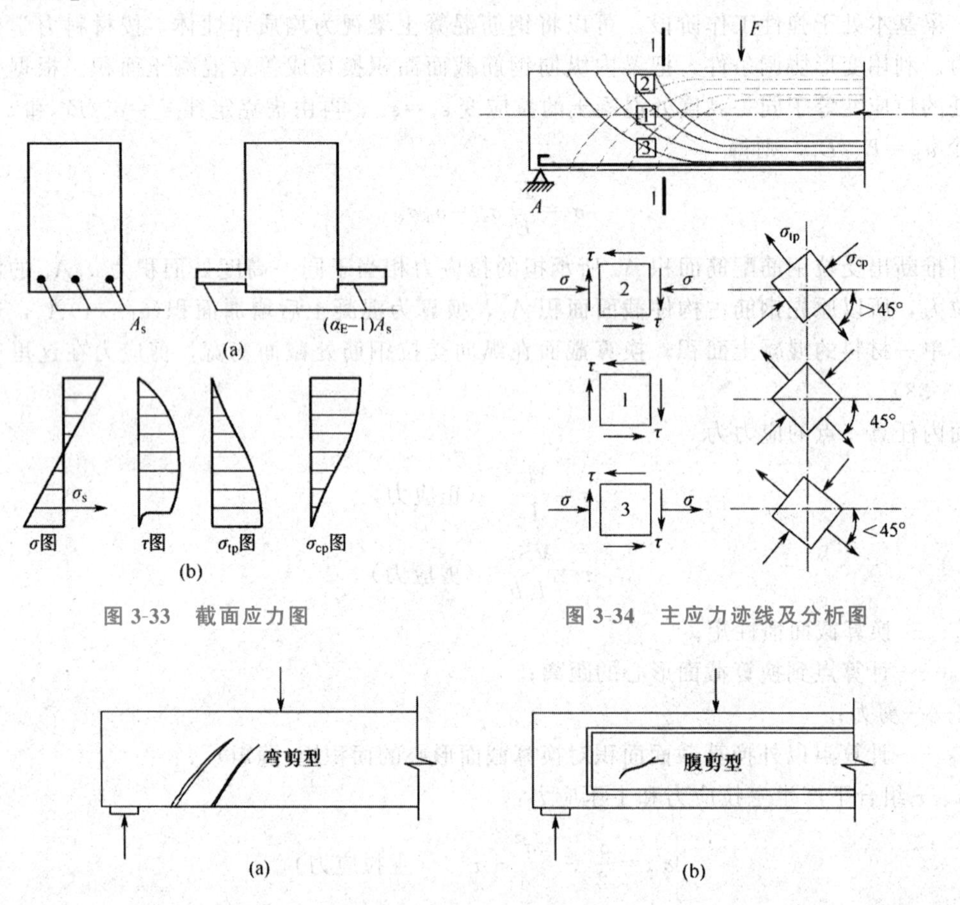

图 3-33　截面应力图

图 3-34　主应力迹线及分析图

图 3-35　斜裂缝形态图

二、腹筋种类及构造

为保证梁斜截面的安全，应设置腹筋来承担这个斜向的主拉应力。在钢筋混凝土梁中，保证斜截面抗剪的腹筋主要有箍筋和弯起钢筋两类(图 3-36)。

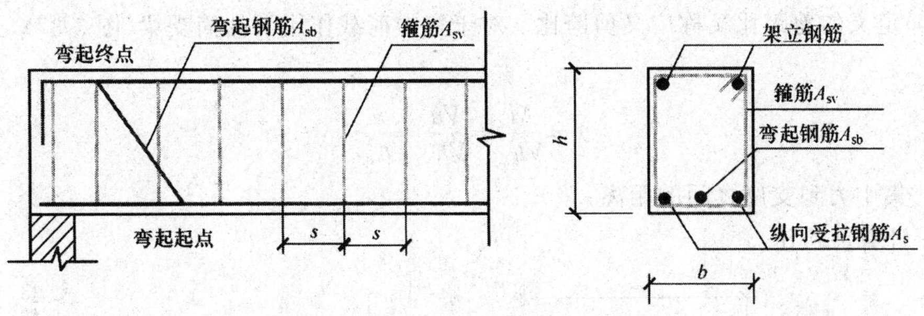

图 3-36 梁的箍筋与弯起钢筋示意图

（一）箍筋

一般采用竖直布置，用来承担主拉应力的竖向分力。理论上，如果箍筋布置与梁内主拉应力方向一致，可有效地限制斜裂缝的开展。但从施工方面考虑，倾斜的箍筋不便于绑扎，与纵向钢筋难以形成牢固的钢筋骨架。

（二）弯起钢筋

可利用正截面受弯的纵向钢筋直接弯起而成。弯起钢筋的方向可与主拉应力方向基本一致，能较好地起到提高斜截面承载力的作用。但因其传力较为集中，所以有可能引起弯起处混凝土的劈裂裂缝。在工程中，首先选用竖直箍筋，然后再考虑采用弯起钢筋。选用的弯筋位置不宜在梁侧边缘，且直径不宜过粗。

配有腹筋的梁称为有腹筋梁，未配置腹筋的梁称为无腹筋梁。

三、配箍率与剪跨比

（一）配箍率

箍筋的配筋率称为配箍率，由下式定义：

$$\rho_{sv}=\frac{A_{sv}}{bs}=\frac{nA_{sv1}}{bs} \tag{3-39}$$

式中 A_{sv}——配置在同一截面内箍筋各肢的全部面积，$A_{sy}=nA_{sv1}$，n 为该截面内箍筋的肢数，A_{sv1}为单肢箍筋的截面面积；

b——矩形截面的宽度；

s——箍筋沿构件方向的间距。

从箍筋的抗剪情况来看，只有竖肢起到受力作用，横肢起到的是锚固作用。因此，确定体积含箍率时可认为一个箍筋中有 n 个竖肢起作用，箍筋含量为$nA_{sv1}h$，其管辖混凝土体积是bsh的范围，因此得到单位体积内的配箍率。

（二）剪跨比

从以上分析可知，受弯构件斜截面上的弯矩 M 和剪力 V 相对大小情况，也就是正应力 σ 与剪应力 τ 的相对大小情况，决定了主拉应力和主压应力迹线方向会影响梁的截面破坏形式和承载力。因此，采用一个无量纲的计算参数剪跨比 λ 来反映其影响情况：

$$\lambda=\frac{M}{Vh_0} \tag{3-40}$$

式(3-40)定义的剪跨比又称广义剪跨比。对于集中荷载作用下的简支梁(图 3-37)，可以进一步简化为

$$\lambda=\frac{M}{Vh_0}=\frac{Va}{Vh_0}=\frac{a}{h_0} \tag{3-41}$$

式中　a——集中力到支座之间的距离；

λ——计算剪跨比。

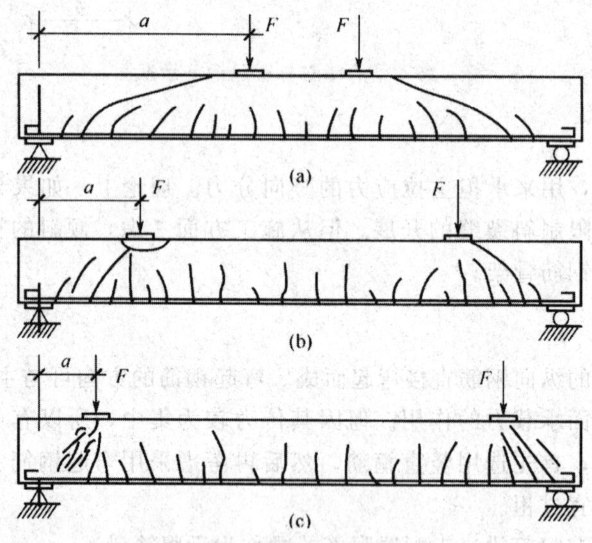

图 3-37　梁斜截面破坏的主要形态

计算剪跨比又称狭义剪跨比，它直观体现为剪跨 a 与梁的有效高度 h_0 的比值。

(三)梁沿斜截面破坏的三种主要形态

由于剪跨比、配箍率等因素的不同，因此梁的斜截面破坏也有多种形态，主要有以下三种破坏形式。

(1)斜拉破坏。当构件剪跨比较大($\lambda>3$)时，无腹筋梁或腹筋配置很少的有腹筋梁，易发生斜拉破坏。梁在荷载作用下首先在梁底产生竖向垂直裂缝，并向上形成斜裂缝。一旦出现斜裂缝，裂缝将很快延伸至加载边缘形成临界斜裂缝，把梁劈裂成两部分而破坏。破坏是混凝土斜向拉应力引起的，破坏面比较光滑，称为斜拉破坏[图 3-37 (a)]。斜拉破坏属于脆性破坏，构件承载力低，其大小取决于混凝土的抗拉强度。当为有腹筋梁时，箍筋甚至可能被拉断。

小贴士

在设计时应设计成有腹筋梁并限制其最小配箍率来保证不发生斜拉破坏。

(2)斜压破坏。在构件剪跨比较小($\lambda<1$)或剪跨比适中但腹筋配置过多及梁腹板很薄的 T 形、I 形梁内，特别是在剪力大而弯矩小的区段，易发生斜压破坏。在受剪时，支座和集中荷载之间的混凝土犹如斜向受压的短柱，承受压力作用，破坏时首先在梁的腹部出现若干条平行的斜裂缝(即腹剪型斜裂缝)，随荷载增加，梁腹被这些斜裂缝分割为若干斜向“短柱”，最后混凝

土腹部发生类似短柱的压碎破坏，称为斜压破坏[图 3-37（c）]。发生斜压破坏时，破坏荷载大而变形小，承载力主要取决于混凝土的抗压强度，属于脆性破坏。若为有腹筋梁，破坏时箍筋并未屈服，钢筋强度没有得到充分发挥。

因此，设计时应通过限制最小截面尺寸保证不发生斜压破坏。

(3)剪压破坏。当构件剪跨比适中（$1<\lambda<3$），或当腹筋配置适中时，逐级增加荷载时，梁下部先会出现多条斜裂缝，后来会形成一条临界裂缝，逐渐延伸至加载垫块下方，形成剪压区，最后剪压区出现许多平行的水平短裂缝和混凝土碎渣，在剪力和压力的共同作用下达到其复合受力强度而破坏。由于这种破坏是剪压面上混凝土压碎引起的破坏，因此称为剪压破坏。破坏荷载较出现斜裂缝时的荷载提高较大，破坏时与斜裂缝相交的箍筋屈服，有一定的前兆，但与适筋梁的正截面破坏的延性相比，剪压破坏仍属于脆性破坏。

对于有腹筋梁，只要配箍适量，即使 $\lambda>3$，也可避免斜拉破坏而转为剪压破坏。因为斜裂缝产生后，与裂缝相交的箍筋不会立即受拉屈服，起到了限制斜裂缝开展的作用，从而避免了斜拉破坏。只有当箍筋屈服后，斜裂缝迅速向上发展，使上端剩余截面缩小，才会形成剪压破坏。

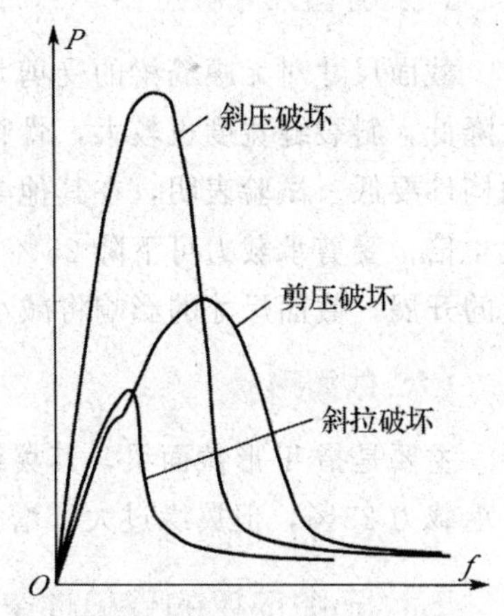

图 3-38　三种破坏形态时的 $P—f$ 曲线

在发生以上三种破坏时，斜截面受剪承载力各不相同（斜拉<剪压<斜压），但它们在达到峰值荷载时，跨中挠度都不大，破坏时荷载都会迅速下降，都属脆性破坏类型。其中，斜拉破坏为受拉脆性破坏，脆性性质最显著；斜压破坏为受压脆性破坏；剪压破坏界于受拉和受压脆性破坏之间（图 3-38）。

由此可见，对有腹筋梁来说，只要截面尺寸合适、箍筋配置得当，基本上都可以设计成剪压破坏的形式来充分利用箍筋和混凝土以获得较高的承剪能力。同时还需注意通过构造措施来避免纵筋的锚固破坏、支座处的局部挤压破坏等情况。

四、影响受剪承载力的因素

由梁斜截面破坏形式及破坏过程特征可见，影响截面受剪承载力的因素如下。

（一）剪跨比 λ

随着剪跨比的增加，梁的破坏形态从斜压破坏（$\lambda<1$）到剪压破坏（$1<\lambda<3$）再到斜拉破坏（$\lambda>3$）演变，其受剪承载力逐步减弱。试验证明，当 $\lambda>3$ 时，剪跨比的影响将不明显。

（二）混凝土强度 f_t

斜截面破坏是混凝土达到极限强度而破坏的，所以混凝土强度对受剪承载力有很大的影响。试验表明，随着混凝土强度的提高，受剪承载能力 V_u 与混凝土抗拉强度 f_t 近似成正比。事实上，斜拉破坏取决于 f_t，剪压破坏也基本取决于 f_t，只有在剪跨比很小时，斜压破坏取决于 f_c，而斜压破坏可认为是受剪承载力的上限。

（三）箍筋的配箍率 ρ_{sv}

在一定范围内，随着配箍率的增大，梁的抗剪强度增大，二者呈线性关系。但当箍筋过多时，梁将发生斜压破坏，其抗剪强度将不再增加。当梁的截面尺寸及混凝土强度一定时，梁有一个最大抗剪承载力 $V_{u,max}$。

（四）纵筋配筋率 ρ

试验表明，梁的受剪承载力随纵向钢筋配筋率 ρ 的提高而增大，因为纵筋的受剪产生销栓力，可限制斜裂缝的开展，增大斜裂面间的骨料咬合作用，从而扩大了剪压区的高度，提高了梁的受剪承载力。

（五）截面尺寸效应

截面尺寸对无腹筋梁的受剪承载力有影响，尺寸大的构件，撕裂裂缝较明显，销栓作用大大降低，斜裂缝宽度也较大，骨料咬合作用削弱。破坏时的平均剪应力 $\tau=V/(bh_0)$，比尺寸小的构件要低。试验表明，在其他参数(混凝土强度、纵筋配筋率、剪跨比)保持不变时，梁高扩大 4 倍，受剪承载力可下降 25%～30%。对于高度较大的有腹筋梁，配置梁腹纵筋可控制斜裂缝的开展，截面尺寸的影响将减小。

（六）截面形状

主要是指 T 形截面梁，其翼缘大小对受剪承载力有一定影响。适当增加翼缘宽度可提高受剪承载力 25%，但翼缘过大，增大作用就趋于平缓。另外，翼缘增厚也可提高受剪承载力。

五、无腹筋梁的受剪性能

在工程应用中出现的受弯构件中，梁一般均配有腹筋，只有梁高小于 150 mm 时或在板类构件中通常可不配腹筋。一般楼盖板的抗剪能力远大于抗弯能力，无须计算斜截面承载能力，只有板上承受较大冲切力或板厚较大，需要配置弯起钢筋时，才进行斜截面承载能力计算，如无梁楼盖的楼面板、地下室顶板和片筏基础底板等。

影响无腹筋梁受剪承载力的因素很多，破坏形态复杂，很难逐一做出定量分析，且其破坏都具有脆性性质。《混凝土结构设计规范》根据大量的试验结果，取具有一定可靠度的试验实测值分布的偏下限情况得到经验公式，计算构件的受剪承载力：

$$\begin{cases} V \leqslant 0.7\beta_h f_t b h_0 \\ \beta_h = \left(\dfrac{800}{h_0}\right)^{1/4} \end{cases} \tag{3-42}$$

式中　β_h——截面高度影响系数。

当 $h_0<800$ mm 时，取 $h_0=800$ mm；当 $h_0>2\ 000$ mm 时，取 $h_0=2\ 000$ mm。

式(3-42)中计算的截面抗剪能力接近斜裂缝开裂荷载，0.7 的可靠度系数也使构件在正常使用荷载作用下一般不会出现斜裂缝。

六、有腹筋梁的受剪性能

（一）受力模型分析

在无腹筋梁中，纵筋与混凝土共同工作可采用带拉杆的梳形拱模型（图 3-39）进行研究。拱顶是斜裂缝以上的剪压区混凝土，钢筋是拉杆，拱顶到支座的斜压混凝土是拱体。拱顶部分的截面尺寸小，承受的应力很大，成为受力薄弱环节，而拱体部分靠近支座截面积较大，有继续承载的潜力。

图 3-40（a）所示为在梁中配置腹筋，当受拉区混凝土受力开裂后，与斜裂缝相交的箍筋应力突然增大，承担斜向主拉应力的竖向分力，梁中一部分剪力由斜压混凝土形成的弧拱Ⅰ直接传递到支座上，另一部分剪力由斜裂缝形成的混凝土斜压杆Ⅱ、Ⅲ以斜压内力的形式参与工作，通过箍筋或弯起钢筋把被斜裂缝分割成齿块的Ⅱ或Ⅲ上的内力依靠“悬吊”作用再传到临界斜裂缝上的基本拱体Ⅰ上，使拱体能更多地传递内力，从而减轻了基本拱顶的负担，使薄弱环节的应力集中得到缓和，增加了抗剪能力。有腹筋梁在出现斜裂缝后，梁的剪力传递机构可形成拱形桁架模型[图 3-40（b）]。这一受力机制与无腹筋梁梳形拱模型相比，其主要区别在于考虑了箍筋的受拉作用，且考虑了裂缝间混凝土的受压作用。

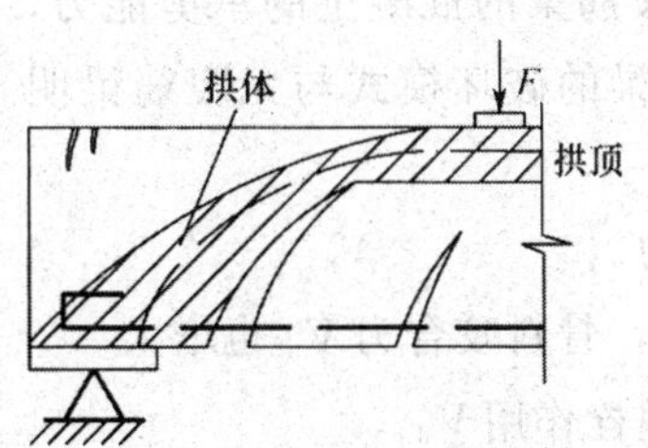

图 3-39　带拉杆的梳形拱模型

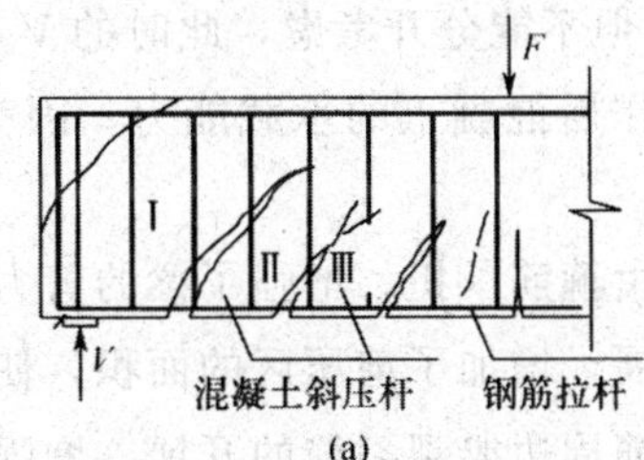

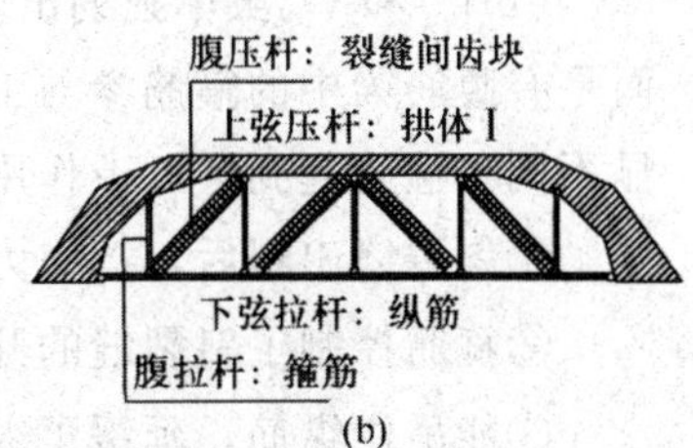

图 3-40　有腹筋梁拱形桁架模型

实际上，腹筋的存在还起到了限制斜裂缝的开展、提高混凝土骨料间的咬合力并阻止纵向钢筋的竖向位移、增强纵筋的销栓力的作用，所以腹筋对梁承剪能力的提高不仅是钢筋本身的受力作用，而且使梁的受力模式发生了改变。

（二）受剪承载力的计算公式

1. 计算原理与计算公式

由于混凝土受弯构件剪切破坏的影响因素众多，破坏形态复杂，对混凝土结构受剪机理的认识尚未充分，因此至今未能像正截面承载力计算一样建立一套完整的理论体系。国外各主要规范及国内各行业标准中斜截面承载力计算方法各异，计算模式也不尽相同。我国与世界多数国家目前采用的方法还是依靠试验研究，分析梁受剪的一些主要影响因素，忽略一些次要的影响较小的因素，从中建立起半理论半经验的实用计算公式。

取简支梁发生剪压破坏时的脱离体（图 3-41）。脱离体上作用有支座剪力 V，抗力有混凝土剪压区的剪力和压力、箍筋和弯起钢筋的抗拉能力、纵筋抗拉能力和销栓力、骨料间的咬合力等。取其竖向力平衡，可得

$$\sum Y=0,\ V_u=V_c+V_{sv}+V_{sb}+V_d+V_a \tag{3-43}$$

式中 V_c——剪压区混凝土承担的剪力；

V_v——与斜裂缝相交箍筋所承担的剪力；

V_{sb}——与斜裂缝相交的弯起钢筋所承担的剪力；

V_d——纵筋销栓力；

V_a——破坏界面上混凝土骨料咬合力的竖向分力。

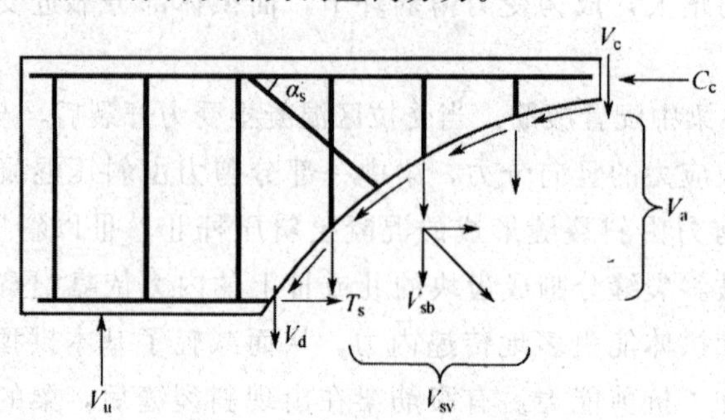

图 3-41 脱离体受力分析简图

在式(3-43)中，需注意以下几项。

(1)V_c 和 V_{sv} 虽单独列出，但不能分开考虑，此时的 V_c 不是无腹筋梁的混凝土的承剪能力，而是有腹筋梁中的箍筋参与工作后混凝土的承载能力，因为有腹筋梁的破坏模式与无腹筋梁明显不同。箍筋起到了以下作用。

①斜裂缝出现后，拉应力由箍筋承担，增强了梁的剪力传递能力。

②箍筋控制了斜裂缝的开展，增加了剪压区的面积，使 V_c 增加，骨料咬合力 V_a 也增大。

③能吊住纵筋，延缓了纵筋周边撕裂裂缝的开展，增强了纵筋销栓作用 V_d。

④箍筋参与斜截面的受弯，使斜裂缝出现后纵筋应力 σ_s 的增量减小。

小贴士

箍筋的配置对斜裂缝开裂荷载没有影响，也不能提高斜压破坏的承载力。也就是说，对小剪跨比情况，箍筋的上述作用很小；对大剪跨比情况，箍筋配置如果超过某一限值，则产生斜压杆压坏，继续增加箍筋也没有作用。因此，在剪压破坏范围内，混凝土的承剪能力与箍筋的强度和配箍率有关，也就是在 V_c 中的一部分是配置箍筋后得到了提高，《混凝土结构设计规范》中提高的部分放在箍筋的承剪能力 V_{sv} 中体现，V_c 沿用素混凝土的抗剪承载力。

(2)斜裂缝处的骨料咬合力和纵筋的销栓力不予考虑。因为骨料咬合力和纵筋的销栓力虽然对抗剪能力有一定贡献，但是在有腹筋梁中，其所占比值在20%以下，远小于箍筋的抗剪作用，而且会随裂缝的开展而减小，所以在受剪承载能力计算中可以不予考虑。

(3)截面的尺寸效应和截面形状影响不予考虑。二者的影响对于无腹筋梁较为明显，对有腹筋梁的影响不明显。

(4)剪压破坏时，要考虑到拉应力可能不均匀，与裂缝相交处靠近剪压区的箍筋或弯起钢筋可能达不到屈服强度，因此计算中采用屈服强度时应进行折减。

(5)剪跨比λ的影响仅在计算受集中荷载为主的独立梁时才考虑。当简支梁承受均布荷载时，设l为计算截面离支座的距离，则λ为跨高比l/h_0的函数：

$$\lambda=\frac{M}{Vh_0}=\frac{\beta-\beta^2}{1-2\beta}\times\frac{l}{h_0} \tag{3-44}$$

式中，前项为一固定的系数值，所以在均布荷载作用下，其为一数值，不用考虑剪跨比的影响。

2. 计算表达公式

通过对大量实验数据的回归分析发现，若以名义剪应力$V_u/(bh_0)$为分析对象，在其他条件不变的情况下，名义剪应力(全截面平均剪应力)与混凝土的抗拉强度f_t成正比，也与箍筋的配箍率和强度的乘积$\rho_{sv}f_{yv}$成正比，即

$$\frac{V_u}{bh_0}=\alpha_{cv}f_t+\alpha_{sv}\rho_{sv}f_{yv}$$

上式可改写为

$$V_u=\alpha_{cv}f_tbh_0+\alpha_{sv}\frac{A_{sv}}{s}f_{yv}h_0 \tag{3-45}$$

式中　α_{cv}——斜截面混凝土受剪承载能力系数，对一般受弯构件取0.7，对集中荷载作用下(包括作用多种荷载，其中集中荷载对支座截面或节点边缘所产生的剪力值占总剪力值75%以上的情况)的独立梁取$\alpha_{cv}=\frac{1.75}{\lambda+1}$，$\lambda$为计算截面的剪跨比，可取$\lambda=a/h_0$，$\lambda<1.5$时取$\lambda=1.5$，$\lambda>3$时取$\lambda=3$。

α_{sv}——箍筋受剪承载能力系数，取$\alpha_{sv}=1.0$，从结构可靠性考虑时，与裂缝相交的箍筋不能全部屈服，系数α_{sv}应小于1，而式中取$\alpha_{sv}=1$是考虑了在箍筋的作用下混凝土抗剪能力得到提高的部分。

针对不同情况，计算公式可表达如下。

对于矩形、T形、I形截面的一般受弯构件，当仅配箍筋时：

$$V_u=V_{cs}=V_c+V_s=0.7f_tbh_0+f_{yv}\frac{A_{sv}}{s}h_0 \tag{3-46}$$

对于集中荷载作用下的矩形、T形、I形截面独立梁(包括作用多种荷载，其中集中荷载对支座截面或节点边缘所产生的剪力值占总剪力值75%以上的情况)，当仅配置箍筋时：

$$V_u=V_{cs}=V_c+V_s=\frac{1.75}{\lambda+1}f_tbh_0+f_{yv}\frac{A_{sv}}{s}h_0 \tag{3-47}$$

式中　V_{cs}——仅配有箍筋时，梁的斜截面受剪承载力。

式(3-47)中，$\frac{1.75}{\lambda+1}=0.44\sim0.7$，说明随剪跨比$\lambda$的增大，梁的承载能力降低，这与前面所讲的知识是相符的，需要注意的是以下几点。

(1)以上两个公式都适用于T形截面梁和I形截面梁，并不是说明截面形状对承载能力没有影响，只是说明其影响不大。对于厚腹的T形截面梁，剪压区面积受压翼缘的参与要比同样宽度b的矩形截面的大，其受剪承载力比同条件的矩形截面的要高(大约高20%以内)，但翼缘的

这一作用是有限的。当翼缘超过肋宽的 2 倍时，受剪承载力不再提高。因此，当荷载作用时，按上式计算将提高 T 形及 I 形截面的受剪承载力储备；当 T 形和 I 形截面的梁腹高而薄时，腹板中的剪应力较大，可能在梁腹发生斜压破坏，其受剪承载力随腹板高度的增加而降低，此时翼缘宽度对受剪承载力影响甚微，不能提高梁的抗剪承载力。

(2)现浇楼盖和装配整体式楼盖中的主梁虽然主要承受集中荷载，但并不是独立梁。独立梁指的是梁独立制作，不与楼板整体浇筑的梁。

3. 设有弯起钢筋时斜截面承剪能力计算公式

当梁上承受较大剪力时，如仅配置箍筋，可能不得不选用强度高、直径大的箍筋，或导致箍筋布置间距过密，这时若考虑采用受弯纵筋在受弯承载力富余处弯起承担剪力，形成弯起钢筋承剪的形式可有效地节约钢筋。与裂缝相交的弯起钢筋承剪能力可表达为

$$V_{sb}=0.8f_yA_{sb}\sin\alpha_s \tag{3-48}$$

式中 V_{sb}——与斜裂缝相交的弯起钢筋受剪承载力设计值；

f_y——弯起钢筋的抗拉强度计值；

A_{sb}——弯起钢筋的截面面积；

α_s——弯起钢筋与梁轴线夹角，一般当梁高 $h>800$ mm 时，取 60°。

0.8——对弯起筋受剪承载力的折减，这是考虑到弯起钢筋与斜裂缝相交时有可能已接近受压区，钢筋强度在梁破坏时不可能全部发挥作用的缘故。

因此，当配置有箍筋和弯起钢筋时，构件斜截面承剪能力计算公式为

$$V_u=V_{cs}+V_{sb}=\alpha_{cv}f_tbh_0+\frac{A_{sv}}{bs}f_{yv}bh_0+0.8f_yA_{sb}\sin\alpha_s \tag{3-49}$$

(三)受剪承载力计算公式适用范围

对于梁的三种斜截面破坏形态，在工程设计时都应设法避免，因为其发生的都是脆性破坏，如果梁发生破坏，应该是发生受弯构件正截面延性破坏，这就说明梁的斜截面承载力要保证足够大。但三种斜截面破坏的防止方式又是有差别的：对于剪压破坏，其承载能力由式(3-49)计算确定；对于斜压破坏，由于其大小取决于混凝土的抗压能力，因此通常通过控制截面最小尺寸来防止；对于斜拉破坏，则通过限制最小配箍率 $\rho_{sv,min}$ 及构造要求来进行控制。

(1)截面最小尺寸(上限值)。当截面尺寸过小，剪力大时，就会造成配箍过多，容易形成斜压破坏。为避免斜压破坏，同时也防止梁在使用阶段斜裂缝过宽(针对薄腹梁)，就必须限制梁的截面尺寸。

当 $h_w/b\leqslant4$(一般梁)时，即

$$V\leqslant0.25\beta_cf_cbh_0 \tag{3-50}$$

当 $h_w/b\geqslant6$(薄腹梁)时，即

$$V\leqslant0.20\beta_cf_cbh_0 \tag{3-51}$$

当 $4<h_w/b<6$ 时，按线性内插法取用，即

$$V\leqslant0.025\left(14-\frac{h_w}{b}\right)\beta_cf_cbh_0 \tag{3-52}$$

式中 V——构件斜截面上的最大剪力设计值。

β_c——混凝土强度影响系数，混凝土强度等级不超过C50时取$\beta_c=1.0$，混凝土强度等级为C80时取$\beta_c=0.8$，其间按线性内插法取用。

b——截面的宽度，T形截面或I形截面的腹板宽度。

h_w——截面的腹板高度(图3-42)。

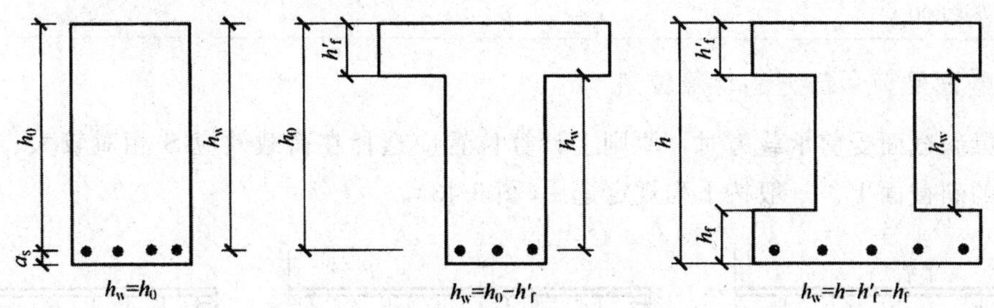

图3-42　各类截面腹板高度取值

小贴士

在设计中，如果不满足最小截面尺寸条件，应加大构件截面尺寸或提高混凝土强度等级，直到满足为止。对于T形或I形截面的简支受弯构件，当有实践经验时，式(3-50)中的系数可改用0.3。

(2)箍筋的最小含量(最小配箍率$\rho_{sv,min}$、最大间距s_{max}和最小直径$d_{sv,min}$)(下限值)。当箍筋含量过小时，斜裂缝出现后，箍筋因不能承担斜裂缝截面混凝土退出工作释放出来的拉应力而很快达到屈服，甚至箍筋被拉断，导致构件产生斜拉破坏，其受剪承载力与无腹筋梁基本相同。为防止这种少筋破坏，《混凝土结构设计规范》规定梁中箍筋最大间距s_{max}和最小直径$d_{sv,min}$满足表3-5和表3-6的要求。

当$V>0.7f_tbh_0$时，还应满足最小配箍率要求，即

$$\rho=\frac{A_{sv}}{bs}\geqslant\rho_{sv,min}=0.24\frac{f_t}{f_{yv}} \tag{3-53}$$

表3-5　梁中箍筋最大间距s_{max}　　单位：mm

梁高h	$V>0.7f_tbh_0$	$V\leqslant0.7f_tbh_0$
$150<h\leqslant300$	150	200
$300<h\leqslant500$	200	300
$500<h\leqslant800$	250	350
$h>800$	300	400

表 3-6　箍筋最小直径 $d_{sv,min}$　　单位：mm

梁高 h	箍筋直径	配置有受压钢筋时，$d_{sv,min} \geqslant d'_{max}/4$（$d'_{max}$为受压钢筋最大直径）
$h \leqslant 800$	6	
$h > 800$	8	

（四）斜截面受剪承载力的计算位置

在计算梁斜截面受剪承载力时，原则上计算位置应选择在荷载效应 S 相对较大、结构抗力 R 相对较小的斜截面上。一般按下列规定选用(图 3-43)。

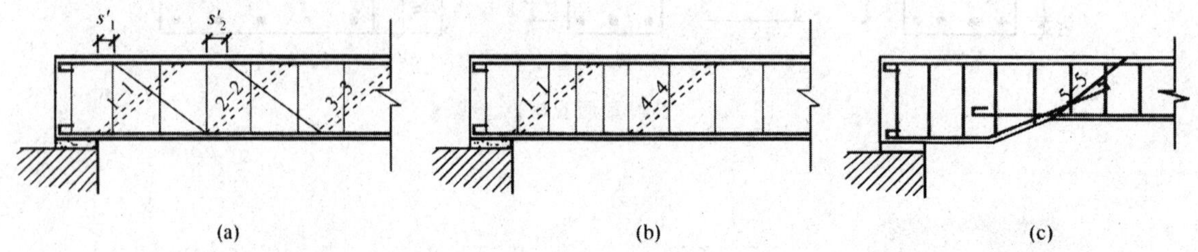

图 3-43　斜截面承载能力计算位置

(1)支座边缘处截面(1-1 截面)。该截面承受的剪力值最大，常用来确定 1-1 截面的所需箍筋和第一排弯起钢筋。

(2)受拉区弯起钢筋弯起点处截面(2-2 截面和 3-3 截面)。此处的斜截面没有与裂缝相交的弯起钢筋作用，或作用弯起钢筋改变，此时靠跨内的弯起钢筋起作用，靠支座的弯起钢筋不起作用。

(3)箍筋截面面积或间距改变处截面(4-4 截面)。此处结构抗力变小。

(4)高度或腹板宽度改变处截面(5-5 截面)。此处结构抗力变小。

注意：在设计时，弯起钢筋距支座边缘距离的 s_1 及弯起钢筋之间的距离 s_2[图 3-43(a)]均不应大于箍筋最大间距 s_{max}，以保证可能出现的斜裂缝与弯起钢筋能够相交。

（五）斜截面受剪承载力计算

梁斜截面受剪承载力计算在工程设计中通常遇到的是截面设计和截面复核(承载力校核)两类问题。

1. 截面设计

已知截面设计剪力 V(或者荷载情况)、构件截面尺寸 $b \times h$、混凝土强度 f_t 和 f_c、钢筋强度 f_y、箍筋强度 f_{yv}，求箍筋面积 A_{sv}(钢筋直径和间距)或弯起钢筋面积 A_{sb}。

解题思路：(1)在梁斜截面承载能力的计算之前，一般应先进行正截面承载力设计，即截面尺寸和纵筋都已经初步选定。此时，可先用式(3-50)或式(3-51)检验截面尺寸是否合适，若不合适，应修改截面尺寸后再计算。

(2)根据荷载形式，判别是否需要按计算配箍筋。即当 $V \leqslant 0.7 f_t b h_0$ 或 $V \leqslant \dfrac{1.75}{\lambda+1} f_t b h_0$ 时，直接按构造配筋即可，否则按式(3-46)或式(3-47)计算配置箍筋。

(3)计算配箍时还需判断是否满足最小配箍率，即满足式(3-53)及箍筋最大间距 s_{max} 和最小

直径 $d_{sv,min}$ 的要求。

(4)当纵向钢筋有富余时，还可考虑纵向钢筋弯起形成弯起钢筋，此时的计算要按照计算截面选取原则对所需截面进行承载力计算。

【例 3-8】一钢筋混凝土矩形截面简支梁承受均布荷载作用，截面尺寸为 $b=250$ mm，$h=500$ mm，混凝土强度等级为 C25，箍筋采用 HPB300 级钢筋，纵筋为 4Φ25，支座处截面的剪力最大值为 $V_{max}=172.8$ kN，如图 3-44 所示。求：

(1)只配箍筋时，箍筋所需面积；

(2)配弯起钢筋又配箍筋时，箍筋和弯起钢筋的数量。

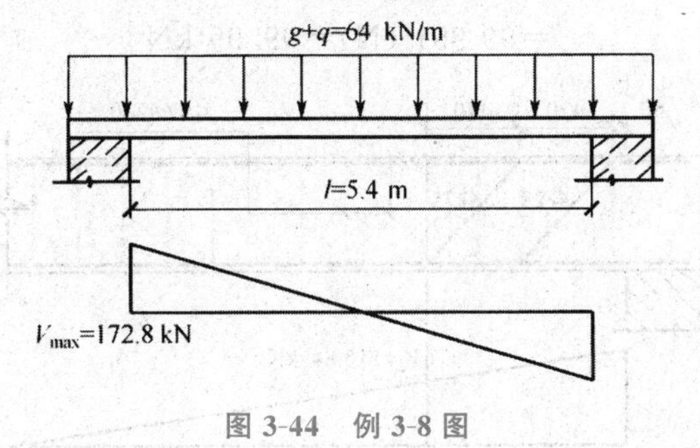

图 3-44　例 3-8 图

【解】

(1)列出计算所需计算参数。

根据所给题目条件，已知梁截面 $b\times h=250\ \text{mm}\times 500\ \text{mm}$，$V_{max}=172.8$ kN，$A_s=1\ 964\ \text{mm}^2$，$A_{sl}=491\ \text{mm}^2$，可得 $f_t=1.27\ \text{N/mm}^2$，$f_c=11.9\ \text{N/mm}^2$，$f_{yv}=270\ \text{N/mm}^2$，$f_y=360\ \text{N/mm}^2$。取受拉钢筋放置一排，取 $a_s=40$ mm，$h_0=h-a_s=500-40=460$ (mm)。

(2)验算截面尺寸。

$$h_w=h_0=460\ \text{mm},\ \frac{h_w}{b}=\frac{460}{250}=1.84<4$$

属厚腹梁。

混凝土强度等级为 C25<C50，故 $\beta_c=1$。

$$0.25\beta f_c bh_0=0.25\times 1\times 11.9\times 250\times 460=342\ 125\ (\text{N})=342.125\ \text{kN}>V_{max}=172.8\ \text{kN}$$

截面尺寸符合要求。

(3)判别是否需要按计算配箍。由于梁承受均布荷载，因此有

$$0.7f_t bh_0-0.7\times 1.27\times 250\times 460-102\ 235\ (\text{N})-102.235\ \text{kN}<V_{max}-172.8\ \text{kN}$$

故需要进行配箍计算。

(4)当只配箍筋时，箍筋面积计算为

$$V_{max}=V_u=0.7f_t bh_0+f_{yv}\times\frac{nA_{sv1}}{s}\times h_0$$

可得

$$\frac{nA_{sv1}}{s}=\frac{172.8\times 10^3-0.7\times 1.27\times 250\times 460}{270\times 460}=0.57$$

为满足构造要求，选用 Φ8 双肢箍，$s=\dfrac{2\times 50.3}{0.57}\approx 176$(mm)，取 $s=170$ (mm)。

实配箍筋 Φ8@170，验算配箍率：

$$\rho_{sv}=\frac{nA_{sv1}}{bs}=\frac{2\times50.3}{250\times170}=0.24\%>\rho_{svmin}=0.24\times\frac{f_1}{f_{yv}}=0.24\times\frac{1.27}{270}=0.11\%$$

满足要求。

(5)既配箍筋又配弯起钢筋时，箍筋和弯起钢筋面积计算。根据已配的 4Φ25 纵向钢筋，可利用 2Φ25 分两批以 45°弯起，如图 3-45 所示，则弯筋承担的剪力为

$$\begin{aligned}V_{sb}&=0.8f_yA_{sb}\sin\alpha_s\\&=0.8\times360\times491\times\sqrt{2}/2\\&=99\,991\ (\text{N})=99.99\ \text{kN}\end{aligned}$$

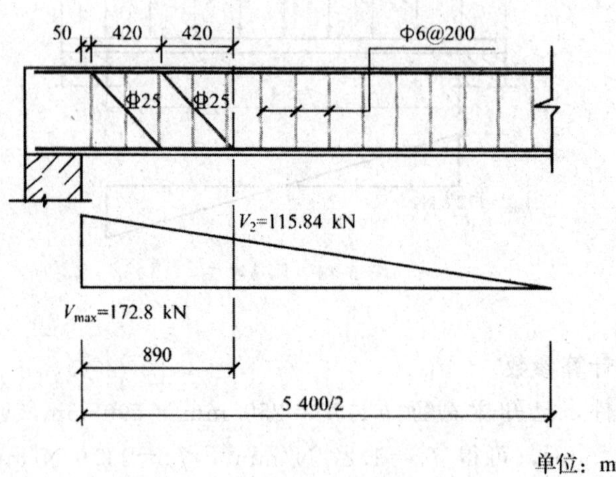

图 3-45　弯起钢筋配筋图

采用 Φ6@200 双肢箍时，支座边缘 1-1 截面承载力为

$$\begin{aligned}V_{u1}&=0.7f_1bh_0+f_{yv}\frac{nA_{sv1}}{s}h_0+0.8A_{sb}f_y\sin\alpha_s\\&=102.235+270\times\frac{2\times28.3}{200}\times460\times10^{-3}+99.99\\&=237.37\ (\text{kN})>172.8\ \text{kN}\end{aligned}$$

配箍满足承载力要求。

第二批弯起钢筋弯起点 2-2 截面承载力为

$$V_2=172.8\times\frac{2.7-0.89}{2.7}=115.84\ (\text{kN})$$

$$\begin{aligned}V_{u2}&=0.7f_tbh_0+f_{yv}\frac{nA_{sv1}}{s}h_0\\&=102.235+270\times\frac{2\times28.3}{200}\times460\times10^{-3}\\&=137.38\ (\text{kN})>115.84\ \text{kN}\end{aligned}$$

配箍满足承载力要求。

2. 截面复核(承载力校核)

已知截面设计剪力 V(或者荷载情况)、构件截面尺寸 $b\times h$、混凝土强度 f_t 和 f_c、钢筋强度

f_y、箍筋强度 f_{yv}、箍筋面积 A_{sv}(钢筋直径和间距)或弯起钢筋面积 A_{sb}，求截面是否安全(即 $V \leqslant V_u$ 是否满足)。

解题思路：(1)在计算梁斜截面承载能力之前，应先根据式(3-50)或式(3-51)检验截面尺寸是否合适，若不合适，应修改截面尺寸后再重新设计。

(2)计算配箍时还需判断是否满足最小配箍率，即满足式(3-53)及箍筋最大间距 s_{max} 和最小直径 $d_{sv,min}$ 要求。

(3)根据构件和荷载类别，按式(3-46)或式(3-47)计算截面承剪能力。

(4)根据 $V \leqslant V_u$ 是否满足，判别截面是否安全。

【例 3-9】钢筋混凝土 T 形截面独立梁如图 3-46 所示，承受两个集中荷载和均布线荷载作用，设计值 $P=100$ kN，均布荷载设计值(包括自重)$q=10$ kN/m，截面尺寸 $b=250$ mm，$h=550$ mm，$b_f'=750$ mm，$h_f'=120$ mm，采用 C25 混凝土和 HPB300 级箍筋，现配置 Φ8@200 双肢箍。假定纵筋配置已满足抗弯承载力要求，求该梁的箍筋能否满足斜截面承载力要求。

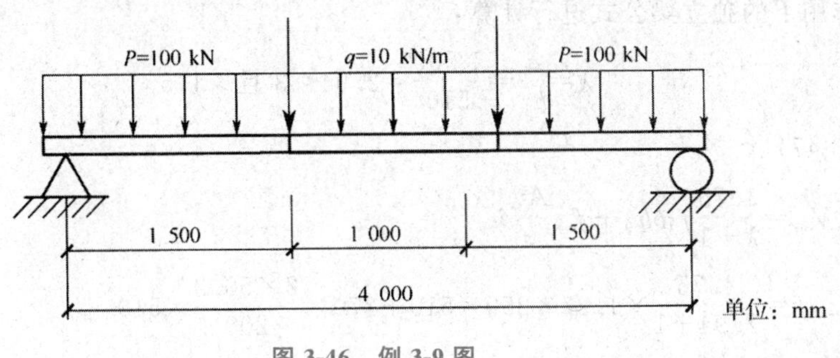

图 3-46　例 3-9 图

【解】

(1)列出计算所需计算参数。

根据题目条件，已知 $b \times h \times b_f' \times h_f' = 250\text{ mm} \times 550\text{ mm} \times 750\text{ mm} \times 120\text{ mm}$，$A_{sv1}=50.3\text{ mm}^2$，可得 $f_t=1.27\text{ N/mm}^2$，$f_c=11.9\text{ N/mm}^2$，$f_{yv}=270\text{ N/mm}^2$。

假定受拉钢筋放置一排，取 $a_s=40$ mm，有

$$h_0=h-a_s=550-40=510\ (\text{mm}),\ h_w=h_0-h_f'=510-120=390\ (\text{mm})$$

剪力设计值如图 3-47 所示。

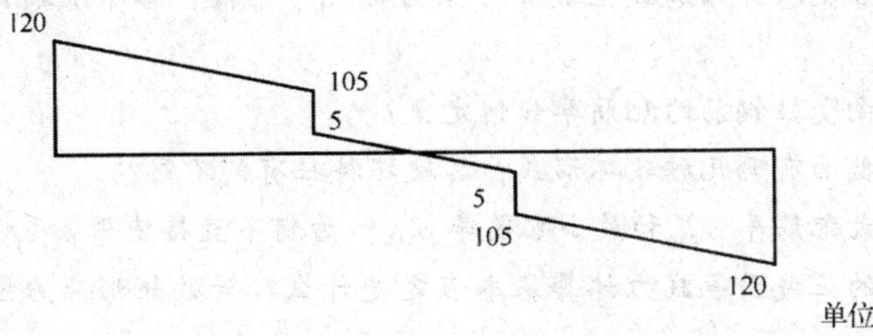

图 3-47　剪力设计值

(2)验算截面尺寸。

$\dfrac{h_w}{b}=\dfrac{390}{250}=1.56<4$，属厚腹梁，且混凝土强度等级为 C25<C50，故 $\beta_c=1$。

$0.25\beta_c f_c bh_0=0.25\times1\times11.9\times250\times510=379\ 312.5(\text{N})=379.31\ \text{kN}>V_{max}=120\ \text{kN}$
截面寸符合要求。

(3)判断是否满足配筋构造要求。

当 $V_{max}=120\ \text{kN}>0.7f_t bh_0=0.7\times1.27\times250\times510=113\ 347.5(\text{N})=113.35\ \text{kN}$ 时，$s=200\ \text{mm}<s_{max}=250\text{mm}$，满足表 3-5 要求。

当 $h=550$ mm 时，$d=8\ \text{mm}>d_{sv,min}=6$ mm，满足表 3-6 要求。

$$\rho_{sv}=\frac{nA_{sv1}}{bs}=\frac{2\times50.3}{250\times200}=0.20\%>\rho_{svmin}=0.24\times\frac{f_t}{f_{yv}}=0.24\times\frac{1.27}{270}=0.11\%$$

满足箍筋的构造要求。

(4)计算截面承载力。该梁既受集中荷载，又受均布荷载，对于集中力在支座产生的剪力比为

$$\frac{V_{集}}{V_{总}}=\frac{100}{120}=83\%>75\%$$

应按集中力作用下的独立梁公式进行计算：

$$\lambda=\frac{a}{h_0}=\frac{1\ 500}{510}=2.94<3\text{ 且}>1.5$$

根据式(3-47)

$$\begin{aligned}V_u&=\frac{1.75}{\lambda+1}f_t bh_0+f_{yv}\frac{A_{sv}}{s}h_0\\&=\frac{1.75}{2.94+1}\times1.27\times250\times510+270\times\frac{2\times50.3}{200}\times510\\&=141\ 184\ (\text{N})=141.18\ \text{kN}>V_{max}=120\ \text{kN}\end{aligned}$$

截面安全。

能力训练

1. 混凝土保护层指的是什么？梁、板保护层厚度在不同环境条件下如何取值？

2. 梁内纵向受拉钢筋布置时，其一排布置根数如何确定？

3. 受弯构件适筋梁从开始加载至破坏可分为哪几个阶段？各个阶段体现出什么主要特征？

4. 受弯构件纵向受拉钢筋的配筋率如何定义？

5. 受弯构件正截面有哪几种破坏形式？其破坏特征有何不同？

6. 如何确定最大配筋率 ρ_{max} 和最小配筋率 ρ_{min}？为何不直接使用 $\rho\leqslant\rho_{max}$ 的条件？

7. 单筋矩形梁的正截面承载力计算基本假定是什么？等效矩形应力图等效的条件是什么？

8. 如何定义等效矩形应力图中的 x？它是否是截面上混凝土的实际受压区高度？

9. 相对受压区高度 ξ 和界限相对受压区高度 ξ_b 是如何定义的？ξ_b 有何作用？其主要与什么因素相关？

项目四　预应力混凝土的基本知识

能力目标

1. 预应力混凝土基本概念。
2. 预应力混凝土的材料。
3. 构件设计一般规定。
4. 预应力混凝土构件的构造要求。

任务一　预应力混凝土基本概念

钢筋混凝土受拉及受弯等构件，由于混凝土本身的抗拉强度及极限拉应变值都很小(混凝土的抗拉强度约为抗压强度 1/10，极限拉应变为极限压应变的 1/12)，其极限拉应变为(0.1～0.15)$\times 10^{-3}$，因此在使用荷载作用下，通常是带裂缝工作的。对使用上不允许出现裂缝的构件，受拉钢筋的应力仅为 20～30 N/mm^2，不能充分利用其强度。对于允许开裂的构件，当裂缝宽度限制在0.2～0.3 mm 时，受拉钢筋的应力也只能在 250 N/mm^2 左右。因此，如果采用高强度的钢筋，在使用阶段钢筋达到屈服时其拉应变很大，在 2×10^{-3} 以上，与混凝土极限拉应变相差悬殊，裂缝宽度将很大，无法满足使用要求。

小贴士

在普通钢筋混凝土结构中采用高强度钢筋是不能充分发挥其作用的。同样，在普通钢筋混凝土构件中，采用高强度的混凝土，由于其抗拉强度提高的很小，因此对提高构件的抗裂性和刚度效果也不明显。另外，对于处于高湿度或侵蚀性环境中的构件，为满足变形和裂缝控制的要求，则须增加构件的截面尺寸和用钢量，这将导致自重过大，使普通钢筋混凝土结构用于大跨度或承受动力荷载的结构成为不可能或很不经济。由此可见，在普通钢筋混凝土构件中，高强混凝土和高强钢筋是不能充分发挥作用的。

一、预应力混凝土的基本原理

为充分利用高强度混凝土和高强度钢筋，避免钢筋混凝土结构的裂缝过早出现，可以在混凝土构件的受拉区预先施加压应力，造成人为的应力状态，来抵消或减小荷载作用所产生的拉应力，使结构构件内的拉应力很小，甚至处于受压状态，从而可避免或推迟裂缝的出现，减小裂缝的宽度，满足使用要求。这种在构件受荷前预先对混凝土受拉区施加压应力，借助混凝土较高的抗压强度来弥补其抗拉强度不足，达到提高截面刚度、抗裂度、推迟混凝土构件截面受拉区开裂目的的结构称为预应力混凝土结构。

现以图 7-1 所示预应力混凝土简支梁受力分析为例，说明预应力混凝土的基本原理。

在外荷载作用前，预先在梁的受拉区施加一对大小相等、方向相反的偏心预压应力 N，使得梁截面下边缘混凝土产生预压应力 σ_c[图 7-1（a）]。当外荷 q 作用时，截面下边缘将产生拉应力 σ_{ct}[图 7-1（b）]。在二者共同作用下，梁的应力分布为上述两种情况的叠加 $\sigma_{ct}-\sigma_c$，梁的下边缘应力可能是数值很小的拉应力[图 7-1（c）]，也可能是压应力。也就是说，由于预压力的作用，可部分抵消或全部抵消外荷载所引起的拉应力，因此延缓了混凝土构件的开裂，提高了构件的抗裂刚度，并可以节约钢材，减轻自重，克服钢筋混凝土的缺点。同时，由于偏心预压力 N 引起的向上的反拱挠度，因此与荷载作用下的挠度叠加后，总的挠度也大为减小。

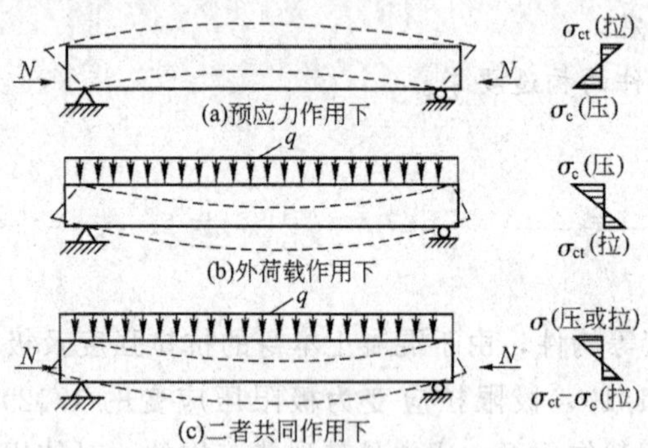

图 4-1　预应力混凝土简支梁的受力分析

二、预应力混凝土的特点和应用

与普通混凝土相比，预应力混凝土结构具有以下特点。

(1)不会过早地出现裂缝，抗裂性能好。

(2)可合理利用高强钢材和混凝土。与钢筋混凝土相比，可节约钢材 30%～50%，减轻结构自重达 30%左右，且跨度越大越经济。

(3)抗裂性能好，提高了结构的刚度和耐久性，加上反拱作用，结构的总挠度大为减小。

(4)扩大了混凝土结构的应用范围。

预应力混凝土结构的缺点是计算烦琐、施工技术要求高、需要专门的材料和设备等。下列结构宜优先采用预应力结构。

①要求裂缝控制等级较高的结构，如水池、油罐、原子能反应堆，以及受到侵蚀性介质作用的工业厂房、水利、海洋、港口工程结构物等。

②对构件的刚度和变形控制要求较高的结构构件，如工业厂房中的吊车梁、码头和桥梁中的大跨度梁式构件等。

③对构件的截面尺寸受到限制，跨度大、荷载大的结构。

三、预应力混凝土的分类

预应力混凝土按预加应力的程度可分为全预应力混凝土和部分预应力混凝土；按预加应力的方法可分为先张法预应力混凝土和后张法预应力混凝土；按预应力钢筋与混凝土的黏结状况可分为有黏结预应力混凝土和无黏结预应力混凝土；按预应力钢筋的位置可分为体内预应力混凝土和体外预应力混凝土。

(一)全预应力混凝土和部分预应力混凝土

全预应力是指在使用荷载作用下，构件截面混凝土不出现拉应力，即全截面受压。

全预应力混凝土具有抗裂性好和刚度大等优点。但也存在着一些缺点：抗裂要求高，预应力钢筋的配筋量取决于抗裂要求，而不是取决于承载力的需要，导致预应力钢筋配筋量增大；张拉应力高，对锚具和张拉设备要求高，锚具下混凝土受到较大的局部压力，需配置较多的钢筋网片或螺旋筋；施加预压力时，构件产生过大反拱，而且由于高压应力下混凝土的徐变，反拱随时间而增长，特别对于恒载小，活荷载较大结构，因此常常影响正常使用；延性较差，由于全预应力混凝土结构构件的开裂荷载与极限荷载较为接近，因此延性较差，对抗震不利。

部分预应力是指在使用荷载作用下，构件截面混凝土允许出现拉应力或开裂，即只有部分截面受压。

小贴士

与全预应力混凝土结构相比，部分预应力混凝土结构虽然抗裂性能稍差，刚度稍小，但克服了全预应力混凝土的缺点，可以合理控制裂缝节约钢材，控制反拱值不致过大。部分预应力混凝土构件由于配置了非预应力钢筋，因此可提高构件延性，有利于结构抗震，改善裂缝分布，减小裂缝宽度。与全预应力混凝土相比，其综合经济效果好。对于抗裂要求不高的结构构件，部分预应力混凝土是一种有应用前途的结构构件。

(二)先张法预应力混凝土和后张法预应力混凝土

先张法指在构件混凝土浇筑之前张拉预应力筋的方法。制作先张法预应力构件一般都需要台座、拉伸机、传力架和夹具等设备(图 4-2)。

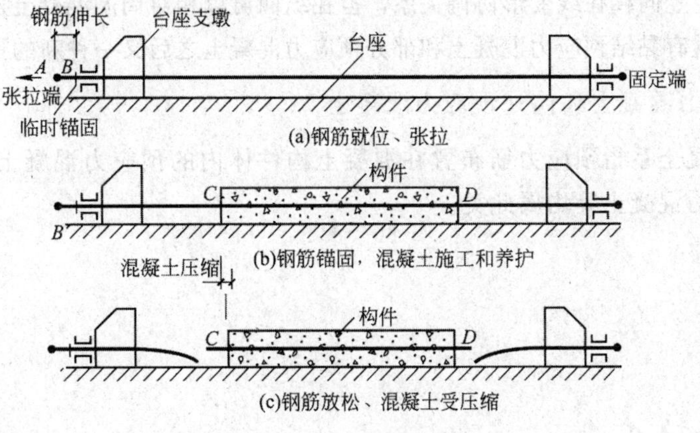

图 4-2　先张法预应力工艺流程

张拉的预应力筋由夹具固定在台座上(此时预应筋的反力由台座承受)，然后浇筑混凝土。待混凝土达到设计强度和龄期(约为设计强度 75%以上，且混凝土龄期不小于 7 d，以保证具有足够的黏结力和避免徐变值过大，简称混凝土强度和龄期双控制)后，放松预应力钢筋，在预应筋回缩的过程中利用其与混凝土之间的黏结力对混凝土施加预压应力。由此可见，先张法预应力混凝土构件中，预应力是靠钢筋与混凝土间的黏结力来传递的。

后张法指在混凝土结硬后在构件上张拉钢筋的方法(图 4-3)，在构件混凝土浇筑之前按预应力筋的设置位置预留孔道。待混凝土达到设计强度后，再将预应力筋穿入孔道，然后利用构件本身作为加力台座，张拉预应力筋使混凝土构件受压。当张拉预应力钢筋的应力达到设计规定值后，在张拉端用锚具锚住钢筋，使混凝土获得预压应力，最后在孔道内灌浆，使预应力钢筋与构件混凝土形成整体。也可不灌浆，完全通过锚具施加预压力，形成无黏结的预应力结构。由此可见，后张法是靠锚具保持和传递预加应力的。

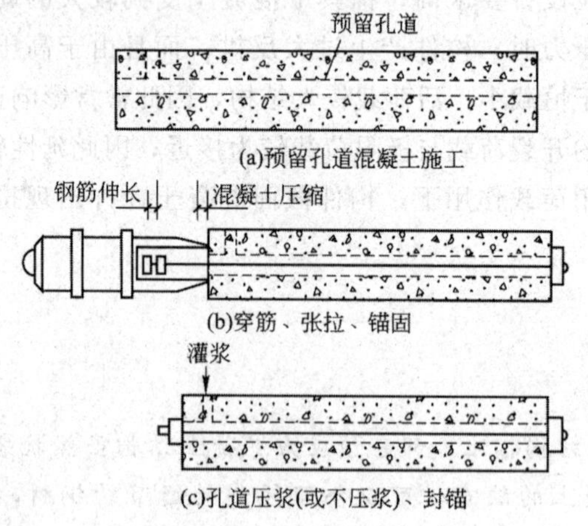

图 4-3　后张法预应力工艺流程

(三)有黏结预应力混凝土和无黏结预应力混凝土

有黏结预应力混凝土系指预应力钢筋与其周围的混凝土有可靠的黏结强度，使得在荷载作用下预应力钢筋与其周围的混凝土有共同的变形。

无黏结预应力混凝土系指预应力钢筋(经涂抹防锈油脂，以减小摩擦力防止锈蚀，用聚乙烯材料包裹制成的专用预应力筋)与其周围的混凝土没有任何黏结强度，在荷载作用下预应力钢筋与其周围的混凝土横向、竖向存在线变形协调关系，但在纵向可以相对周围混凝土发生纵向滑移。无黏结预应力混凝土是继有黏结预应力混凝土和部分预应力混凝土之后又一种新的预应力形式。

(四)体内预应力混凝土和体外预应力混凝土

体内预应力混凝土系指预应力筋布置在混凝土构件体内的预应力混凝土。先张法预应力混凝土和后张法预应力混凝土等均属此类。

小贴士

体外预应力混凝土系指预应力筋布置在混凝土构件体外的预应力混凝土。混凝土斜拉桥与悬索桥属此类特例。

任务二 预应力混凝土的材料

一、预应力钢筋

与普通混凝土构件不同，钢筋在预应力构件中，从构件制作开始，到构件破坏为止，始终处于高应力状态。因此，要求预应力钢筋强度高，有良好的加工性能和一定的塑性，与混凝土间有足够的黏结强度。

常用的预应力钢筋分为中强度预应力钢丝、预应力螺纹钢筋、消除应力钢丝(有光面、螺旋肋、刻痕)和钢绞线四种。

(一)中强度预应力钢丝

《混凝土结构设计规范》列入了中强度预应力钢丝，以补充中等强度预应力钢筋的空缺。这类预应力钢丝主要用于中小跨度的预应力构件，如预应力檩条、楼板、预应力楼(屋)面梁等构件。它分为光面和螺旋肋两类，公称直径有 5 mm、7 mm、9 mm 等。它的极限强度标准值最高达到了 1 270 MPa，抗拉设计强度最高达到了 810 MPa，抗压设计强度为 410 MPa。

(二)预应力螺纹钢筋

《混凝土结构设计规范》列入了大直径的预应力螺纹钢筋(精轧螺纹钢筋)，公称直径有 18 mm、25 mm、32 mm、40 mm 和 50 mm 等。它的极限强度标准值最高达到 1 230 MPa，抗拉设计强度最高达到 900 MPa，抗压设计强度为 410 MPa。这类预应力钢筋主要用于大跨度的预应力构件中。

(三)消除应力钢丝

消除应力钢丝有光面、螺旋肋两种，公称直径有 5 mm、7 mm 和 9 mm 等。它的极限强度标准值最高达到 1 860 MPa，抗拉设计强度最高达到 1 320 MPa，抗压设计强度为 410 MPa。在中小型构件中使用比较多。

(四)钢绞线

钢绞线由三根或七根高强钢丝绞接而成，三股钢绞线的公称直径分为 8.6 mm、10.8 mm 和 12.0 mm 三种，七股钢绞线的公称直径分为 9.5 mm、12.7 mm、15.2 mm、17.6 mm 和 21.6 mm五种。钢绞线强度高，使用方便，它的极限强度标准值最高达到 1 960 MPa，抗拉设计强度最高达到 1 390 MPa，抗压设计强度为 390 MPa，可在受力较大的大中型构件中使用。

二、预应力混凝土构件中的混凝土

根据预应力混凝土构件的受力变化特征，应选择具有以下性能要求的混凝土。

(一)强度高

预应力混凝土必须具有较高的抗压强度，才能承受大吨位的预应力，有效地减小构件截面尺寸，减轻构件自重节约材料。对于先张法构件，高强度的混凝土具有较高的黏结强度，可减少端部应力传递长度；对于后张法构件，采用高强度混凝土，可承受构件端部很高的局部压应力。《混凝土结构设计规范》规定，预应力混凝土构件中采用的混凝土强度等级不宜低于C40级，且不应低于C30级。

(二)收缩和徐变小

收缩和徐变是引起混凝土产生变形不可克服的特性，也是造成预应力损失的主要因素。为有效降低预压力损失，防止预应力构件施工中徐变过大造成预应力徐变损失太大，导致构件损毁，要求选用收缩和徐变小的混凝土。

(三)快硬、早强

快硬、早强混凝土可以加快施工进度、提高设备周转率和工效。

三、孔道及灌浆材料

后张法混凝土构件的预留孔道是通过制孔器来形成的，常用的制孔器的形式有两类：抽拔式制孔器和埋入式制孔器。抽拔式制孔器即在预应力混凝土构件中根据设计要求预留制孔器具，待混凝土初凝后抽拔出制孔器具，形成穿束孔道，常用橡胶抽拔管作为抽拔式制孔器；埋入式制孔器即在预应力混凝土构件中根据设计要求永久埋置制孔器(管道)，形成预留孔道，常用铁皮管或金属波纹管作为埋入式制孔器。

目前，常用的留孔方法是预留金属波纹管。金属波纹管是由薄钢带用卷管机压波后卷成的，具有质量轻、刚度好、弯折和连接简便、与混凝土黏结性好等优点，是预留后张预应力钢筋孔道的理想材料。

小贴士

对于后张预应力混凝土构件，为避免预应力筋腐蚀，保证预应力筋与其周围混凝土共同变形，应向孔道中灌入水泥浆。要求水泥浆密实(水灰比不宜过大)，应具有一定的黏结强度，且收缩也不能过大。

四、预应力混凝土构件的锚具

预应力混凝土结构和构件中锚固预应力钢筋和钢丝的工具通常有锚具和夹具两种。在先张法预应力混凝土构件施工时，锚具是将其固定在生产台座(或设备)上的临时性锚固装置；在后张法预应力混凝土结构施工时，在张拉千斤顶或设备上夹持预应力筋的临时性锚固装置称为夹具(代号J)。夹具根据工作特点分为张拉夹具和锚固夹具。

在后张法预应力混凝土结构中，为保持预应力筋的拉力并将其传递到混凝土上所用的永远锚固在构件端部，与构件联成一体共同受力的锚固装置称为锚具(代号M)。锚具根据工作特点

分为张拉端锚具(张拉和锚固)和固定端锚具(只能固定)。

有时为了方便，将锚具和夹具统称为锚具。根据锚固方式的不同，锚具分为以下几种类型。

(1)夹片式锚具。代号 J，如 JM 型锚具(JM12)。

(2)支承式锚具。代号 L (螺丝)和 D (镦头)，如螺丝端杆锚具(LM)和镦头锚具(DM)。

(3)锥塞式锚具。代号 Z，如钢质锥形锚具(GZ)。

(4)握裹式锚具。代号 W，如挤压锚具和压花锚具等。

锚具的标记由型号、预应力筋直径、预应力筋根数和锚固方式等四部分组成。例如，锚固 6 根直径为 12 mm 预应力筋束的 JM12 锚具，标记为 JM12-6。

(一)夹片式锚具

JM 型和 QM 型夹片式锚具如图 4-4 和图 4-5 所示，是由锚环或锚板和夹片组成的，可锚固钢绞线束或钢丝束。

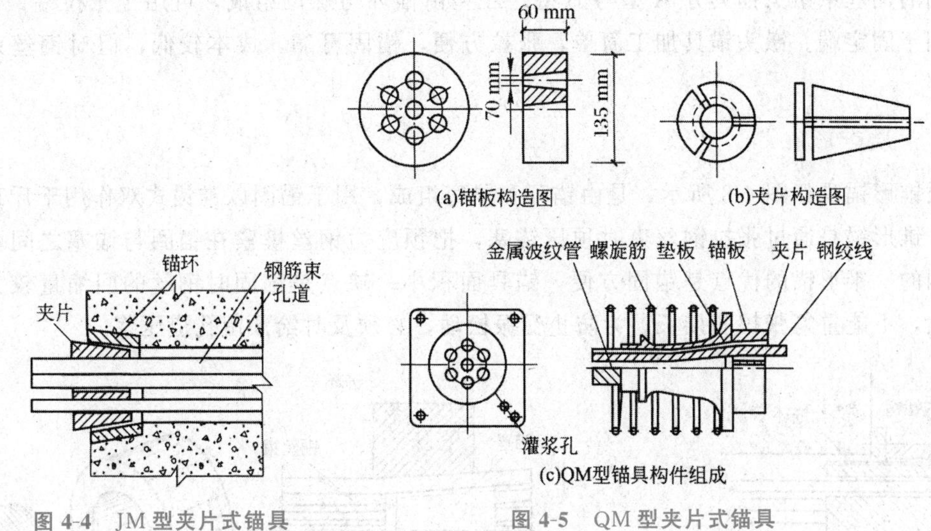

图 4-4 JM 型夹片式锚具　　图 4-5 QM 型夹片式锚具

小贴士

JM 型锚具是我国 20 世纪 60 年代研制的钢绞线夹片锚具。它是利用楔块原理锚固多根预应力筋的锚具，后来又先后研制出了 XM 型锚具、QM 型锚具、OVM 型锚具和夹片式扁锚体系，使其既可作为张拉端的锚具，又可作为固定端的锚具或作为重复使用的工具锚，是目前桥梁、水利、房屋等各种土建结构工程中应用较广泛的锚具型式。

(二)螺丝端杆锚具

螺丝端杆锚具如图 4-6 所示，由螺丝端杆、螺母和垫板三部分组成，主要用于锚固高强粗预应力钢筋，螺丝端杆与预应力筋用对焊连接，预应力钢筋依靠螺母和螺丝端杆的摩擦力将预应力传递到垫板，再由垫板通过承压力传到混凝土构件。螺丝端杆锚具构造简单，施工方便，锚固可靠，预应力损失小，并能重复张拉、放松或拆卸。

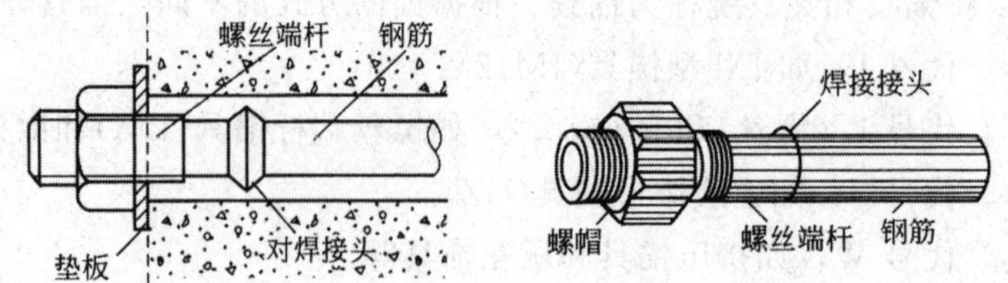

图 4-6 螺丝端杆锚具

（三）镦头锚具

钢丝束镦头锚具如图 4-7 所示，主要用于锚固钢丝束，或锚固直径在 14 mm 以下的钢绞线束。镦头锚具是利用钢丝两端的镦粗头来锚固预应力钢丝的一种锚具。

常用的钢丝束镦头锚具分 A 型与 B 型。A 型由锚环与螺母组成，可用于张拉端；B 型为锚板，可用于固定端。镦头锚具加工简单，张拉方便，锚固可靠，成本较低，但对钢丝束的等长要求较严。

（四）钢质锥形锚具

钢质锥形锚具如图 4-8 所示，是由锚环和锚塞组成，用于锚固以锥锚式双作用千斤顶张拉的钢丝束。锥形锚是通过张拉钢丝束时顶压锚塞，把预应力钢丝楔紧在锚圈与锚塞之间，借助摩阻力锚固的。锥形锚的优点是锚固方便，锚具面积小；缺点是锚固时钢丝的回缩量较大，预应力损失大，不能重复张拉和接长。为防止受振松动，必须及时给预留孔道压浆。

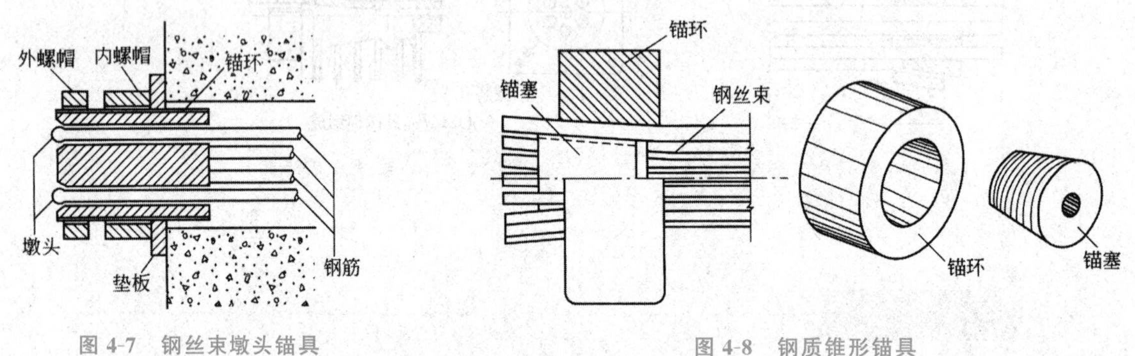

图 4-7 钢丝束镦头锚具

图 4-8 钢质锥形锚具

任务三 构件设计一般规定

一、张拉控制应力

张拉控制应力是指预应力钢筋张拉时所控制达到的最大应力值。其值为张拉设备（如千斤顶上的油压表）所指示的总张拉力除以预应力钢筋截面面积得出的应力值，用 σ_{con} 表示。

根据预应力的基本原理，预应力配筋一定时，σ_{con} 越大，构件产生的有效预应力越大，对构件在使用阶段的抗裂能力及刚度越有利。但当钢筋的 σ_{con} 与其强度标准值的相对比值 σ_{con}/f_{ptk} 过

大时，可能出现下列问题：构件出现裂缝时，预应力钢筋应力将接近于其抗拉强度设计值，使构件在破坏前缺乏明显的征兆，延性较差；σ_{con}过高，将使预应力筋的应力松弛增大，为减小摩擦损失及应力松弛损失，有时需进行超张拉，有可能在超张拉时使个别钢筋(丝)超过屈服(抗拉)强度，产生较大塑性变形或脆断；在施工阶段，会使构件的某些部位受到拉应力(称为预拉区)甚至开裂，对后张法构件可能造成端部混凝土局部破坏。

因此，预应力钢筋的张拉应力必须加以控制。《混凝土结构设计规范》根据国内外设计、施工经验及近年来的科研成果，给出了最大控制应力限值，见表4-1。

表4-1　最大控制应力限值

钢筋种类	最大控制应力限值	钢筋种类	最大控制应力限值
消除应力钢丝	$0.75f_{ptk}$	预应力螺纹钢筋	$0.85f_{pyk}$
中强度预应力钢丝	$0.70f_{ptk}$		

符合下列情况之一时，表4-1中的张拉控制应力限值可提高$0.05f_{ptk}$或$0.05f_{pyk}$。

(1)为提高构件制作、运输及吊装阶段的抗裂性，而在使用阶段受压区设置预应力钢筋。

(2)为部分抵消应力松弛、摩擦、分批张拉及预应力钢筋与张拉台座间的温差等因素产生的预应力损失，对预应力钢筋进行超张拉。

小贴士

为避免将σ_{con}定得过小，《混凝土结构设计规范》规定对消除应力钢丝、钢绞线、中强度预应力钢丝的σ_{con}值不应小于$0.4f_{ptk}$，预应力螺纹钢筋的σ_{con}值不应小于$0.4f_{pyk}$。

二、预应力损失

预应力混凝土构件在制造、运输、安装、使用的各个环节中，由于张拉工艺和材料特性等原因，因此钢筋中的张拉应力逐渐降低。与此同时，混凝土中的预压应力也逐渐降低，这一现象称为预应力损失。经过预应力损失后，预应力钢筋的预应力值才是有效的预应力σ_{pe}，即$\sigma_{pe}=\sigma_{con}-\sigma_l$。

引起预应力损失的因素很多，《混凝土结构设计规范》提出了六项预应力损失，并采用分项计算各项应力损失再叠加的方法来求得预应力混凝土构件的总预应力损失。预应力损失的大小直接影响到预应力的效果，因此准确计算各种因素引起的预应力损失及采取必要措施减小预应力损失是一个非常重要的课题。

(一)张拉端锚具变形和预应力钢筋内缩引起的预应力损失σ_{l1}

预应力钢筋在张拉到σ_{con}后锚固在台座上或构件上时，由于锚具、垫板与构件之间的缝隙被挤紧，或钢筋和螺帽在锚具内的滑移，因此预应力钢筋回缩，使张拉程度降低，应力减小，从而引起预应力损失。其值可按下式计算：

$$\sigma_{l1}=\frac{a}{l}E_s \tag{4-1}$$

式中　a——张拉端锚具变形及钢筋回缩值(mm)，见表4-2；

l——张拉端到锚固端之间的距离(mm)，先张法为台座或钢筋长度，后张法为构件长度；

E_s——预应力钢筋弹性模量(N/mm^2)。

表 4-2 锚具变形和钢筋回缩值 单位：mm

锚具	类别	a
支承式锚具(钢丝束镦头锚具等)	螺帽缝隙	1
	每块后加垫板的缝隙	1
锥塞式锚具(钢丝束的钢质锥形锚具等)	—	5
夹片式锚具	有顶压时	5
	无顶压时	6～8

注：1. 表中的锚具变形和钢筋内缩值也可根据实测数据确定；

2. 其他类型的锚具变形和钢筋内缩值应根据实测数据确定。

锚具的损失只考虑张拉端，对于锚固端，由于锚具在张拉过程中已被挤紧，因此不考虑其引起的预应力损失。

对块体拼成的结构，其预应力损失还应计及块体间填缝材料的预压变形。当采用混凝土或砂浆作为填缝材料时，每条填缝的预压变形值应取 1 mm。

减少 σ_{l1} 损失的措施如下。

(1)选择锚具变形小或使预应力钢筋内缩小的锚具、夹具，尽量少用垫板。

(2)增加台座长度，σ_{l1} 值与台座长度成反比，采用先张法生产的台座，当张拉台座长度为 100 m 以上时，σ_{l2} 可忽略不计。

(3)采用超张拉施工方法。

(二)预应力钢筋与孔道壁之间的摩擦引起的预应力损失 σ_{l2}

后张法构件进行预应力钢筋的张拉时，由于预留孔道位置偏差、内壁粗糙及预应力筋表面粗糙等原因，因此预应力筋在张拉时与孔道壁之间产生摩擦力。摩擦力的积累使预应力筋的应力随距张拉端距离的增大而减小，各截面实际受拉应力与张拉控制应力之间的这种应力差值称为摩擦引起的预应力损失 σ_{l2}。减少 σ_{l2} 损失的措施有以下几种。

(1)对于较长的构件，可在两端进行张拉，则靠原锚固端一侧的预应力筋的应力损失大大减小，损失最大的截面转移到构件的中部，采取两端张拉约可减少一半摩擦损失。

(2)采用超张拉工艺。超张拉工艺一般的张拉程序是从应力为零开始张拉至 $1.1\sigma_{con}$，持续 2 min后，卸载至 $0.85\sigma_{con}$，持续 2 min，再张拉至 σ_{con}。

(3)在接触材料表面涂水溶性润滑剂，以减小摩擦系数。

(4)提高施工质量，减小钢筋位置偏差。

(三)混凝土加热养护时预应力钢筋与台座间温差引起的预应力损失 σ_{l3}

采用先张法构件时，为缩短工期，浇筑混凝土常用蒸汽养护，加快混凝土结硬。加热时预

应力钢筋因温度升高而伸长，而张拉台座与大地相接，且表面大部分暴露于空气中，加热基本不变，从而产生预应力损失 σ_{l3}。待降温时，预应力筋已与混凝土结硬成整体，二者线膨胀系数相近，能够一起回缩，所以预应力损失 σ_{l3} 无法恢复。减小 σ_{l3} 的措施是二次升温养护，即首先按设计允许的温差(一般不超过 20 ℃)养护，待混凝土强度达到 10 N/mm^{2}以后，再升温至养护温度。混凝土强度达到 10 N/mm^{2}后，可认为预应力筋与混凝土之间已结硬成整体，能一起张缩，故第二阶段无预应力损失。

对于在钢模上张拉预应力钢筋的先张法构件，因钢模和构件一起加热蒸汽养护，所以可不考虑此项温度损失。

(四)预应力钢筋的应力松弛引起的预应力损失 σ_{l4}

钢筋在高应力作用下，应力保持不变，应变随时间而增长的现象称为徐变；应变保持不变，应力随时间而降低的现象称为松弛。钢筋的徐变和松弛均将引起钢筋中的应力损失，这种损失称为钢筋应力松损失 σ_{l4}。

根据我国钢材试验结果，预应力钢筋松弛具有的特点是预应力筋的初拉应力越高，其应力松弛越大；预应力钢筋松弛量的大小与钢筋品种有关，一般热轧钢筋松弛较钢丝小，而钢绞线的松弛则比原单根钢丝大；预应力筋松弛与时间有关，开始阶段发展较快，第一小时内松弛量最大，24 h 内完成约为 50%以上，随后逐渐趋于稳定。

减少损失的措施是采用低松弛预应力筋或者采用超张拉方法及增加持荷时间。

(五)混凝土收缩和徐变预应力损失 σ_{l5}

混凝土在一般温度条件下结硬时会发生体积收缩，而在预应力作用下，沿压力方向混凝土发生徐变。二者均使构件长度缩短，预应力钢筋随之回缩，因此引起受拉区和受压区预应力钢筋的预应力损失 σ_{l5} 和 σ'_{l5}。收缩和徐变是伴随产生的，且二者的影响因素相似。同时，收缩和徐变引起钢筋应力的变化规律也是相似的，因此将二者产生的预应力损失合并考虑。

减少 σ_{l5}、σ'_{l5} 损失的措施是采用高标号水泥，控制每立方米混凝土中的水泥用量及混凝土的水灰比；采用级配较好的骨料，加强振捣，提高混凝土的密实性；加强养护，以减小混凝土收缩。

(六)用螺旋式预应力钢筋的环形构件由于混凝土的局部压引起的预应力损失 σ_{l6}

电线杆、水池、油罐、压力管道等环形构件可配置环形或螺旋式预应力钢筋，采用后张法直接在混凝土上进行张拉，混凝土在预应力钢筋的挤压下发生局部压陷，使构件直径减小，引起预应力损失 σ_{l6}。σ_{l6} 与张拉控制应力 σ_{con} 成正比，与环形构件直径 d 成反比。《混凝土结构设计规范》规定只对直径$d \leqslant 3$ m的构件考虑应力损失，并取 $\sigma_{l6}=30$ N/mm^2。减小 σ_{l6} 的措施是做好级配、加强振捣、加强养护，以提高混凝土的密实性。

三、预应力损失值的组合

上述各项预应力损失不是同时产生的，它们有的只发生在先张法构件中，有的只发生在后张法构件中，有的两种构件均有，而且是分批产生的。为分析和计算方便起见，《混凝土结构设计规范》将这些损失按先张法和后张法构件分为两批，发生在混凝土预压以前的称为第一批预应力损失，用 $\sigma_{l\text{I}}$ 表示；发生在混凝土预压以后的称为第二批预应力损失，用 $\sigma_{l\text{II}}$ 表示。见表 4-3。

表 4-3　各阶段预应力损失值组合

预应力损失值的组合	先张法构件	后张法构件
混凝土预压前(第一批)的损失 $\sigma_{l\,\mathrm{I}}$	$\sigma_{l1}+\sigma_{l2}+\sigma_{l3}+\sigma_{l4}$	$\sigma_{l1}+\sigma_{l2}$
混凝土预压后(第二批)的损失 $\sigma_{l\,\mathrm{II}}$	σ_{l5}	$\sigma_{l4}+\sigma_{l5}+\sigma_{l6}$

注：先张法构件由于钢筋应力松弛引起的损失值 σ_{l4} 在第一批和第二批损失中所占的比例，如需区分，可根据实际情况确定。

上述六种损失中没有包括混凝土弹性压缩引起的预应力损失，只是在具体计算中加以考虑。

小贴士

考虑到应力损失计算值可能与实际损失尚有差异，为保证预应力构件抗裂性能，《混凝土结构设计规范》规定了总预应力损失的最小值，即当计算所得的总预应力损失值 σ_l 小于下列数值时，应按下列数值取用。

(1)先张法构件：100 N/mm²。

(2)后张法构件：80 N/mm²。

四、先张法构件预应力钢筋的传递长度

在先张法预应力混凝土构件中，预应力钢筋的预应力是由钢筋与混凝土之间的黏结力逐步建立的。当放松预应力钢筋后，在构件端部，预应力钢筋的应力为零，由端部向中部逐渐增加，必须经过一定的传递长度才能在相应的混凝土截面建立有效的预压应力 σ_{pc}。预应力钢筋中的应力由零增大到最大值的这段长度称为损应力传递长度 l_{tr}，黏结应力(τ)、钢筋拉应力及混凝土预压应力沿构件长度的分布如图 4-9 所示。

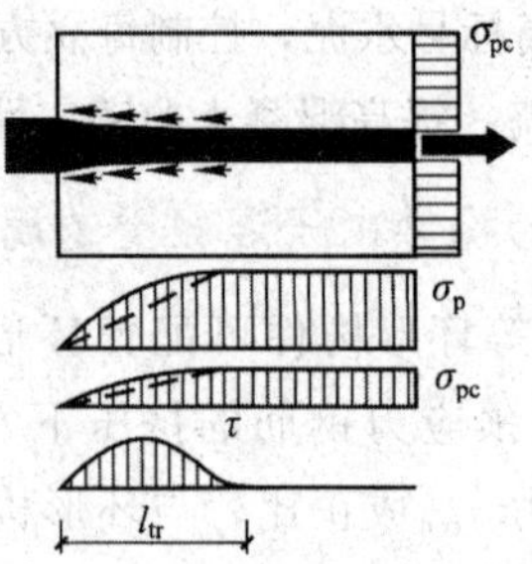

图 4-9　黏结应力(τ)、钢筋拉应力及混凝土预压应力沿构件长度的分布

由图 4-9 可知，在传递长度范围内，应力差由预应力钢筋和混凝土的黏结力来平衡，预应力钢筋的应力按某曲线规律变化(图示实线)。为简化计算，可按线性变化考虑(图 4-9 中虚线所示)。

先张法预应力钢筋的预应力传递长度 l_{tr} 应按下式计算：

$$l_{tr}=\alpha\frac{\sigma_{pe}}{f'_{tk}}d \tag{4-2}$$

式中　σ_{pc}——放张时预应力钢筋的有效预应力；

d——预应力钢筋的公称直径；

α——预应力钢筋的外形系数，见表 4-4；

f'_{tk}——与放张时混凝土立方体抗压强度 f'_{tk} 相应的轴心抗拉强度标准值。

表 4-4 钢筋的外形系数 α

钢筋类型	光面钢筋	带肋钢筋	刻痕钢筋	螺旋肋钢丝	钢绞线	
					三股	五股
α	0.16	0.14	0.19	0.13	0.16	0.17

注：1. 当采用骤然放松预应力钢筋的施工工艺时，l_{tr} 的起点应从距构件末端 $0.25l_{tr}$ 处开始计算。

2. 对热处理钢筋，可不考虑预应力传递长度 l_{tr}。

任务四 预应力混凝土构件的构造要求

预应力混凝土结构构件的构造，除应满足普通钢筋混凝土结构的有关规定外，还应根据预应力张拉工艺、锚固措施、预应力钢筋种类的不同，满足相应的要求。

一、一般规定

(一)截面形式和尺寸

预应力混凝土构件的截面形式应根据构件的受力特点进行合理选择。对于预应力轴心受拉构件，通常采用正方形或矩形截面；对于预应力受弯构件，可采用 T 形、工字形、箱形等截面。此外，截面形式沿构件纵轴也可以根据受力要求变化，如预应力混凝土屋面大梁和吊车梁，其跨中可采用薄壁工形截面，而在支座处，为承受较大的剪力及能有足够的面积布置曲线预应力钢筋和锚具，往往加宽截面厚度。

由于预应力构件的抗裂度和刚度较大，因此其截面尺寸可比普通钢筋混凝土构件小些。对于预应力受弯构件，其截面高度 $h=\frac{l}{20}\sim\frac{l}{14}$，最小可为$\frac{l}{35}$($l$ 为跨度)，大致可取普通钢筋混凝土构件高度的 0.7～0.8。翼缘宽度一般可取$\frac{h}{3}\sim\frac{h}{2}$，翼缘厚度可取$\frac{h}{10}\sim\frac{h}{6}$，腹板宽度尽可能小些，可取$\frac{h}{15}\sim\frac{h}{8}$。

(二)预应力纵向钢筋的布置

预应力纵向钢筋可分为直线布置、曲线布置和折线布置三种形式(图 4-10)。当跨度和荷载不大时，直线布置最为简单，施工时采用先张法或后张法都可以；当跨度和荷载较大时，可布置成曲线形，施工时一般用后张法；当构件有倾斜受拉边的梁时，预应力钢筋可用折线布置，施工时一般采用先张法。

(三)非预应力纵向钢筋的布置

预应力构件中，为防止施工阶段因混凝土收缩和温差及施加预应力引起预拉区出现裂缝，以及防止构件在制作、堆放、运输、吊装时出现裂缝或限制裂缝宽度，可在构件预拉区设置一定数量的非预应力钢筋(图 4-11)。其中，图 4-11 (a)和图 4-11 (b)表示在吊点附近及跨中的预拉

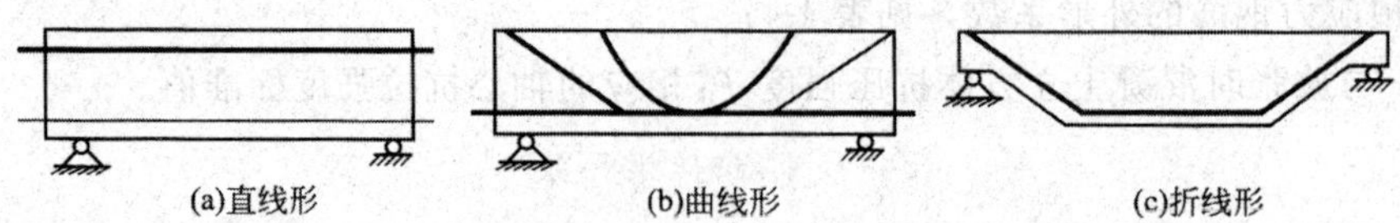

(a)直线形　(b)曲线形　(c)折线形

图 4-10　预应力钢筋的布置

区设置的非预应力钢筋；图 4-11 (c)和图 4-11 (d)表示在受拉区设置的非预应力钢筋。

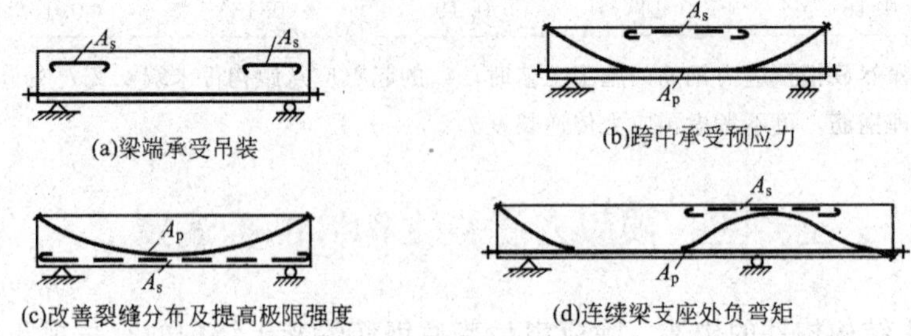

(a)梁端承受吊装　(b)跨中承受预应力

(c)改善裂缝分布及提高极限强度　(d)连续梁支座处负弯矩

图 4-11　非预应力钢筋的布置

(四)预拉区纵向钢筋的配筋率及直径

(1)施工阶段预拉区不允许出现裂缝的构件，预拉区纵向钢筋的配筋率$\frac{A'_s+A'_p}{A}\geqslant 0.2\%$。其中，$A$ 为构件截面面积。对于后张法构件，计算配筋率时可不计入 A'_p。

(2)施工阶段预拉区允许出现裂缝，而在预拉区仅配置非预应力筋($A'_p=0$)的构件。当 $\sigma_{ct}=2f'_{tk}$时，预拉区纵向非预应力钢筋配筋率 $A'_s/A\geqslant 0.4\%$；当 $f'_{tk}<\sigma_{ct}<2f'_{tk}$时，则在 0.2%和 0.4%之间按线性内插法确定。

(3)预拉区非预应力钢筋的直径不宜大于 14 mm，并沿构件预拉区外边缘均匀配置。

二、先张法构件的构造要求

(一)并筋配筋的等效直径

单根配置预应力筋不能满足要求时，采用同直径的钢筋并筋配筋的方式。对双根并筋时的直径，取单根直径的 1.4 倍；对三根并筋时的直径，取单根直径的 1.7 倍。计算并筋后的构件保护层厚度、锚固长度、预应力传递长度，以及构件挠度、裂缝等的验算均应按有效直径考虑。

(二)预应力筋的净间距

先张法预应力钢筋之间的净间距应根据浇筑混凝土、施加预应力及钢筋锚固等要求确定。预应力钢筋净距不应小于其公称直径或等效直径的 2.5 倍和粗骨料最大粒径的 1.25 倍，且应符合下列规定：对预应力钢丝，不应小于 15 mm；对三股钢绞线，不应小于 20 mm；对七股钢绞丝，不应小于 25 mm。当混凝土振捣密实有可靠保证时，净间距可放宽到最大粗骨料粒径的 2.0 倍。

(三)构件端部加强措施

为防止切断预应力筋时在构件端部引起裂缝，要求对预应力筋端部周围的混凝土采取下列局部加强措施。

(1)单根预应力钢筋(如槽形板肋的配筋)，其端部宜设置长度不小于150 mm且不小于4圈的螺旋筋[图4-12 (a)]。当有可靠经验时，亦可利用支垫板插筋代替螺旋筋，此时插筋不小于4根，其长度不小于120 mm[图4-12 (b)]。

(2)分散布置的多根预应力筋，在构件端部10d(d为预应力筋公称直径)范围内，应放置3～5片与预应力钢筋垂直的钢筋网片[图4-12 (c)]。

(3)对用预应力钢丝配置的混凝土薄板，在板端100 mm长度范围内应适量加密横向钢筋[图4-12 (d)]。

(4)对槽形板类构件，应在构件端部100 mm范围内沿构件板面设置附加横向钢筋，其数量不少于2根。

(5)当有可靠经验并能保证混凝土浇筑质量时，预应力孔道可水平并列贴紧布置，但并排的数量不应超过2束。

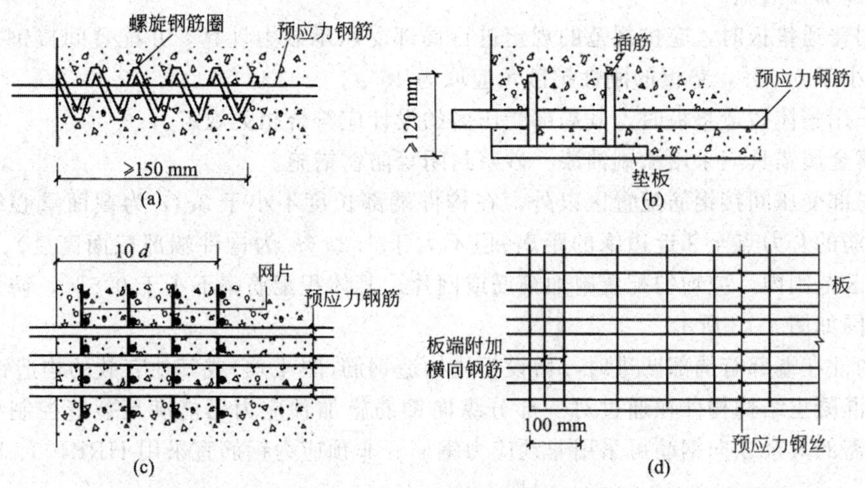

图4-12　构件端部配筋构造要求

(6)对预应力钢筋在构件端部全部弯起的受弯构件或直线配筋的先张法构件，当构件端部与下部支承结构焊接时，应考虑混凝土收缩、徐变及温度变化所产生的不利影响，宜在构件端部可能产生裂缝的部位设置足够的非预应力纵向构造钢筋，以防止预应力构件端部预拉区出现裂缝。

三、后张法构件的构造要求

后张法预应力筋及预留孔道布置应符合下列规定。

(一)预应力筋的预留孔道

预应力筋的预留孔道布置时，应考虑张拉设备的位置、锚具的尺寸及构件端部混凝土局部受压等因素。

(1)预留孔道之间的净距不应小于50 mm，且不宜小于粗骨料粒径的1.25倍；孔道至构件边缘的净距不应小于30 mm，且不宜小于孔道直径的一半。

(2)孔道内径应比预应力钢筋束或钢绞线外径、钢筋对焊接头处外径或需穿过孔道的连接器外径大6～15 mm。

(3)在构件两端及跨中应设置灌浆孔或排气孔，孔距不宜大于 12 m。

(4)凡制作要预先起拱的构件，预留孔道宜随构件同时起拱。

(5)从孔道外壁至构件边缘的净间距，梁底不宜小于 50 mm，梁侧不宜小于 40 mm，裂缝控制等级为二级的梁，梁底、梁侧不宜小于 60 mm 和 50 mm。

(二)曲线预应力钢筋的曲率半径

后张法预应力混凝土构件中，曲线预应力钢丝束、钢绞线束的曲率半径不宜小于 4 m，对折线配筋的构件在预应力钢筋弯折处的曲率半径可适当减小。

(三)端部混凝土局部加强

(1)构件端部尺寸应考虑锚具的布置、张拉设备的尺寸和局部受压的要求，在必要时应适当加大。

(2)在预应力钢筋锚具下及张拉设备的支承处应采用预埋钢垫板及附加横向钢筋网片或螺旋式钢筋等局部加强措施。

(3)采用普通垫板时，应按规范的规定进行局部受压承载力计算，并配置间接钢筋，其体积配筋率不应小于 0.5%，垫板的刚性扩散角应取为 45°。

(4)当采用整体铸造垫板时，其局部受压区的设计应符合相关规定。

(5)外露金属锚具应采用涂刷油漆、砂浆封闭等防锈措施。

(6)在局部受压间接钢筋配置区以外，在构件端部长度不小于 $3e$(e 为截面重心线上部或下部预应力钢筋的合力点至邻近边缘的距离)但不大于 $1.2h$(h 为构件端部截面高度)、高度为 $3e$ 的附加配筋区范围内，应均匀配置附加箍筋或网片，其体积配筋率不小于 0.5%，防止沿孔道劈裂的配筋范围如图 4-13 所示。

(7)当构件在端部有局部凹进时，增设折线构造钢筋(图 4-14)或其他有效的构造钢筋。

预应力混凝土结构构件在通过对一部分纵向钢筋施加预应力已能满足裂缝控制要求时，承载力计算所需的其余纵向钢筋可采用非预应力钢筋。非预应力钢筋宜采用 HRB400、HRBF400。

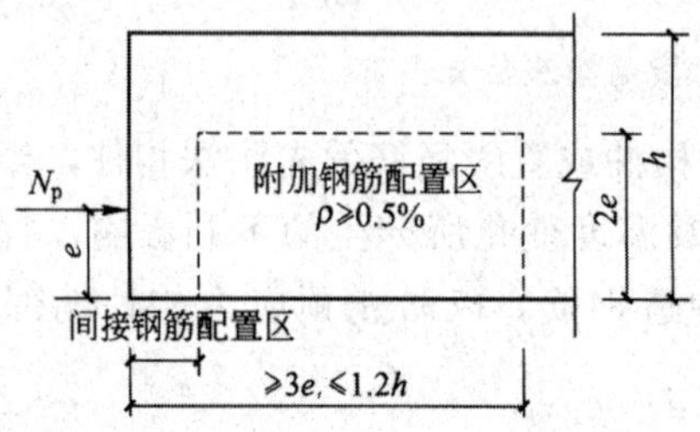

图 4-13　防止沿孔道劈裂的配筋范围

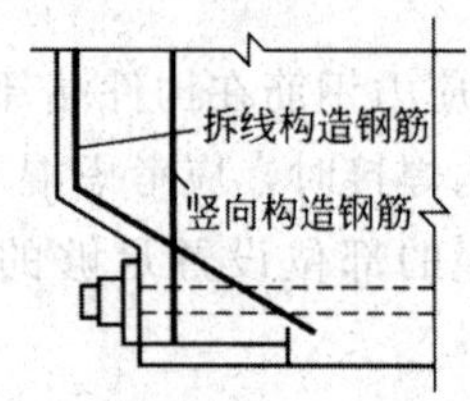

图 4-14　端部凹进处构造钢筋

能力训练

1. 简述预应力混凝土的分类。
2. 如何控制预应力钢筋的张拉应力？
3. 简述预应力混凝土构件的构造要求。

项目五　梁板结构设计

能力目标

1. 充分认识钢筋混凝土梁板结构设计。
2. 掌握单向板肋梁楼盖结构布置和设计计算。
3. 掌握板式楼梯和梁式楼梯的设计计算。
4. 掌握雨篷的设计要点。

任务一　梁板结构的认识

梁板结构是土木工程中常见的结构形式，如楼盖和屋盖、楼梯、雨篷、地下室底板和挡土墙等(图 5-1)，在建筑结构中得到广泛应用，还用于桥梁的桥面结构，以及特种结构中水池的顶盖、池壁和底板等。其中，楼盖和屋盖是最典型的梁板结构。因此，对楼盖形式的合理选择和正确地进行设计计算具有普遍的工程意义。本项目着重讲述建筑结构中的楼(屋)盖设计。

一、楼盖的结构类型

(1)按照施工方法不同，楼盖可分为现浇整体式、装配式和装配整体式楼盖三种。

现浇整体式楼盖是目前应用最为广泛的钢筋混凝土楼盖形式。现浇式楼盖整体性好、刚度大、防水性好、抗震性强，能适用于房间的平面形状、设备管道、荷载或施工条件比较特殊的情况。其缺点是劳动量大、模板用量多、工期长、施工受季节的限制。随着先进施工工艺的不断发展，以上缺点也逐渐被克服。

装配式楼盖是采用预制板，在现浇梁或预制梁上吊装结合而成。它便于工业化生产和机械化施工，模板消耗量少，在多层民用建筑和多层工业厂房中得到了广泛应用。但是，这种楼面由于整体性、防水性和抗震性较差，不便于开设孔洞，因此对于高层建筑、有抗震设防要求的建筑及使用上要求防水和开设孔洞的楼面均不宜采用。

小 贴 士

装配整体式楼盖是在预制构件的搭接部位预留现浇构造，将预制构件在现场吊装就位后，对搭接部位进行现场浇筑。装配整体式楼盖兼具现浇整体式楼盖和装配式楼盖的优点，其整体性比装配式的好，又比现浇式的节省模板和支撑，但这种楼盖需要进行混凝土的二次浇筑，因此对施工进度和造价都带来一些不利影响。

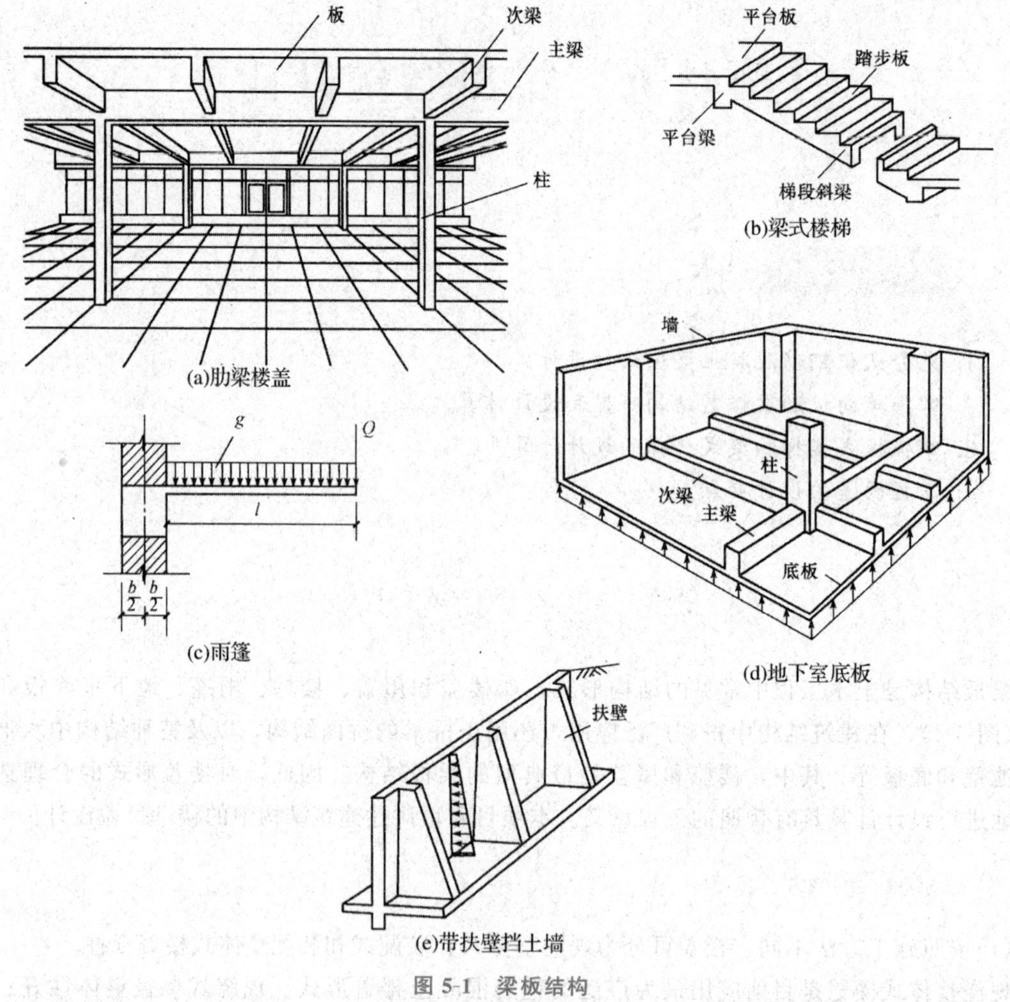

图 5-1 梁板结构

(2)按照施加应力情况不同，楼盖可分为钢筋混凝土楼盖和预应力混凝土楼盖两种。

预应力混凝土楼盖用得最普遍的是无黏结预应力混凝土平板楼盖，当柱网尺寸较大时，它可有效减小板厚，有效减轻结构自重，降低建筑层高，减少裂缝的产生。

(3)按照受力形式不同，楼盖分为单向板肋梁楼盖、双向板肋梁楼盖、井式楼盖、密肋楼盖和无梁楼盖。其中，单向板肋梁楼盖和双向板肋梁楼盖应用最为广泛。

①肋梁楼盖。当楼板板面较大时，可用梁将楼板分成多个区格，从而形成整浇的连续板和连续梁，因为板厚也是梁高的一部分，所以梁的截面形状为 T 形，这种由梁板组成的现浇楼盖通常称为肋梁楼盖。根据板区格平面尺寸比的不同，这种楼盖可分为单向板肋梁楼盖和双向板肋梁楼盖，如图 5-2(a)、(b)所示。

肋梁楼盖由板、次梁和主梁组成，楼面荷载的传递路线是板→次梁→主梁→墙或柱→基础。肋梁楼盖的优点是传力体系明确，结构布置灵活，用钢量较低，可以适应不规则的柱网布置和复杂的工艺及建筑平面要求；其缺点是支模较复杂。

②井式楼盖。井式楼盖由肋梁楼盖演变而成，当两个方向的梁截面相同时，不分主梁和次梁，将楼板划分成若干个正方形或接近正方形的小区格，共同承受板传来的荷载，梁以楼盖四

周的柱或墙作为支承，如图 5-2(c)所示。

井式楼盖的特点是梁的跨度较大，经济合理，施工方便，适用于柱网呈方形的结构，如会议室、礼堂、餐厅及公共建筑的门厅等。

③密肋楼盖。用间距较密的小梁作为楼板的支承构件而形成的楼盖称为密肋楼盖，如图 5-2(d)所示。密肋楼盖一般用于跨度大且梁高受限制的情况，分为单向密肋楼盖和双向密肋楼盖。双向密肋楼盖近年来采用预制塑料模壳克服了支模复杂的缺点，因此应用增多。

④无梁楼盖。不设梁，而将板直接支承在柱上的楼盖称为无梁楼盖，如图 5-2(e)所示，其传力途径是荷载由板传至柱或墙。无梁楼盖的结构高度小、净空大、支模简单，但用钢量较大，常用于仓库、商店等柱网布置接近方形的建筑。当柱网较小(3～4 m)时，柱顶可不设柱帽；当柱网较大(6～8 m)且荷载较大时，柱顶设柱帽，以提高板的抗冲切能力。

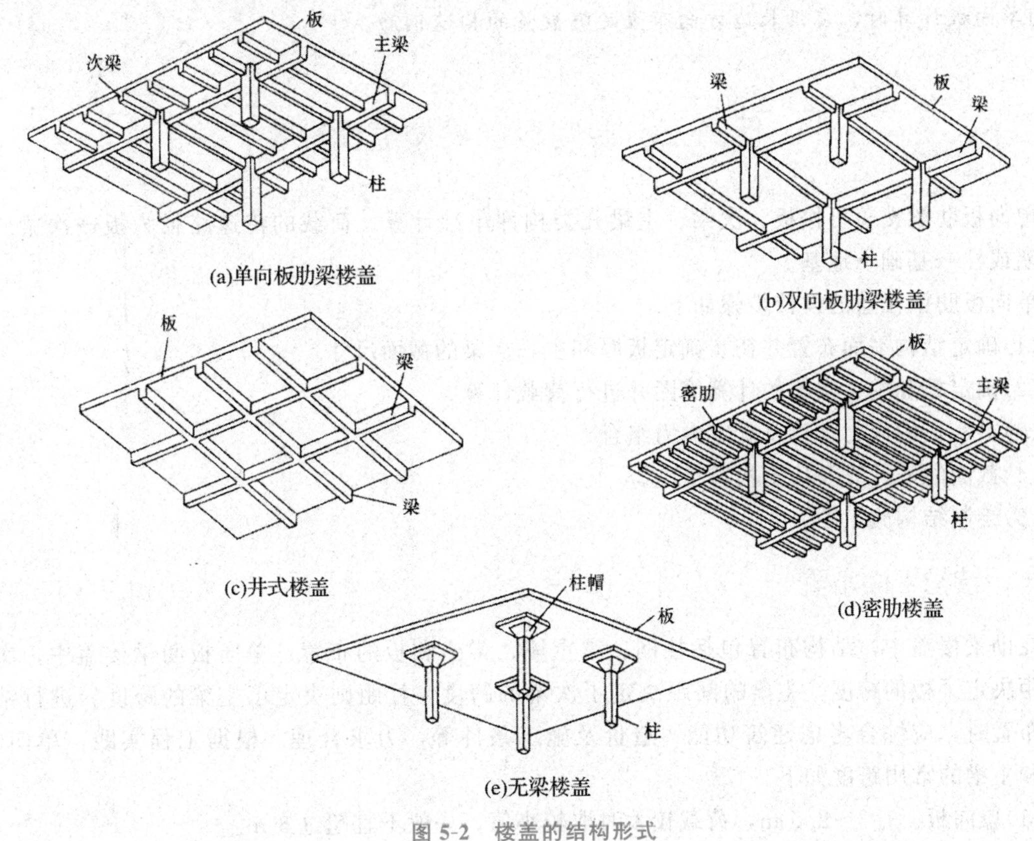

图 5-2 楼盖的结构形式

二、单向板和双向板

肋梁楼盖中每一区格的板一般在四边都有梁或墙支承，形成四边支承板，荷载将通过板的双向受弯作用传到四边支承的构件(梁或墙)上，荷载向两个方向传递得多少将随着板区格的长边与短边长度的比值而变化。

根据板的支承形式及在长、短两个长度上的比值，板可以分为单向板和双向板两个类型，其受力性能及配筋构造都各有其特点。

在荷载作用下，只在一个方向弯曲或者主要在一个方向弯曲的板称为单向板；在荷载作用下，在两个方向弯曲且不能忽略任一方向弯曲的板称为双向板。

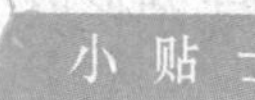
小贴士

为方便设计，混凝土板应按下列原则进行计算。

(1)两对边支承的板和单边嵌固的悬臂板，应按单向板计算。

(2)四边支承的板(或邻边支承或三边支承)，应按下列规定计算。

①当长边与短边长度之比大于或等于3时，可按沿短边方向受力的单向板计算。

②当长边与短边长度之比小于或等于2时，应按双向板计算。

③当长边与短边长度之比介于2和3之间时，宜按双向板计算；当按沿短边方向受力的单向板计算时，应沿长边方向布置足够数量的构造钢筋。

任务二　单向板肋梁楼盖设计

单向板肋梁楼盖可按板、次梁、主梁几类构件单独计算。荷载的传递路径为板→次梁→主梁→墙或柱→基础→地基。

单向板肋梁楼盖的设计步骤如下。

(1)确定结构平面布置并初步确定板厚和主、次梁的截面尺寸。

(2)确定板和主、次梁的计算简图并进行荷载计算。

(3)梁、板的内力计算及确定内力组合。

(4)截面配筋计算及确定构造措施。

(5)绘制结构施工图。

一、结构平面布置

在助梁楼盖中，结构布置包括柱网、承重墙、梁格和板的布置。单向板肋梁楼盖中，次梁的间距决定了板的跨度，主梁的间距决定了次梁的跨度，柱距则决定了主梁的跨度。进行结构平面布置时，应综合考虑建筑功能、造价及施工条件等，力求合理。根据工程实践，单向板、次梁和主梁的常用跨度如下。

(1)单向板。1.7～2.5 m，荷载较大时取较小值，一般不宜超过3 m。

(2)次梁。4～6 m。

(3)主梁。5～8 m。

(一)常用结构平面布置方案

(1)主梁横向布置，次梁纵向布置，如图5-3(a)所示。

(2)主梁纵向布置，次梁横向布置，如图5-3(b)所示。

(3)只布置次梁，不布置主梁，如图5-3(c)所示。

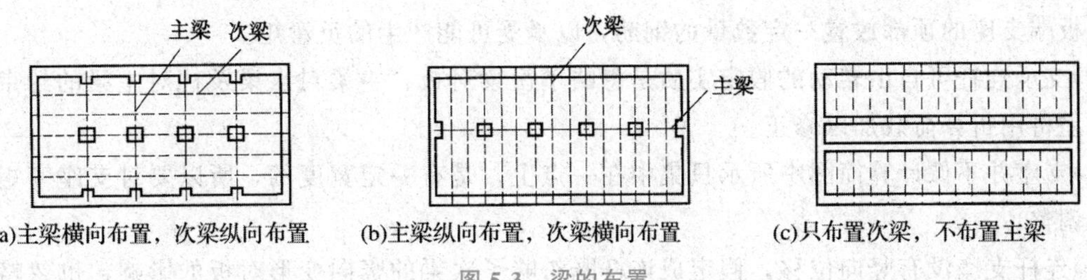

(a)主梁横向布置，次梁纵向布置　(b)主梁纵向布置，次梁横向布置　(c)只布置次梁，不布置主梁

图 5-3　梁的布置

(二)进行楼盖结构平面布置时应注意的问题

1. 受力合理

荷载传递要简捷，梁宜拉通；主梁跨间最好不要只布置一根次梁，以减小主梁跨间弯矩的不均匀；尽量避免把梁特别是主梁搁支在门、窗过梁上；在楼、屋面上有机器设备、冷却塔、悬挂装置等荷载比较大的地方，宜设次梁；楼板上开有较大尺寸(大于 800 mm)的洞口时，应在洞口周边设置小梁。

2. 满足建筑要求

不封闭的阳台、厨房和卫生间的楼板面标高宜低于其他部位 30～50 mm(目前，有室内地面装修的，也常做平)，当不做吊顶时，一个房间平面内不宜只放一根梁。

3. 方便施工

梁的截面种类不宜过多，梁的布置尽可能规则，梁截面尺寸应考虑设置模板的方便，特别是采用钢模板时。

二、计算简图

计算简图是把实际的结构构件简化为既能反映实际受力情况又便于计算的力学模型。计算简图应能反映构件的支座情况、各跨的跨度及作用在构件上的荷载。

(一)支承情况

梁、板的支承情况见表 5-1。

表 5-1　梁、板的支承情况

构件类型	边支座		中间支座	
	砌体	梁或柱	梁或砌体	柱
板	简支	固端	支承连杆	
次梁	简支	固端	支承连杆	
主梁	简支	$i_1/i_c>5$ 简支		$i_1/i_c>5$ 支承连杆
		$i_1/i_c\leqslant 5$ 框架梁		框架梁

注：i_1、i_c 分别为主梁和柱的抗弯线刚度；支承连杆是位于支座宽度中点的能自由转动的连杆。

在表 5-1 所述支撑情况中，有以下四点与实际情况不符。

(1)构件支撑在砌体上时，端支座一般简化为简支，但大多有一定的嵌固作用，故配筋时应在梁、板端支座的顶部放置一定数量的钢筋，以承受可能产生的负弯矩。

(2)支承连杆可自由转动的假定实质是忽略了次梁对板、主梁对次梁及柱对主梁的约束，引起的误差将用折算荷载加以修正。

(3)支座并不像计算简图中所示只集中在一点上，是有一定宽度的，所以要对支座弯矩和剪力进行调整。

(4)连杆支座没有竖向位移，假定成连杆既忽略了次梁的竖向变形对板的影响，也忽略了主梁的竖向变形对次梁的影响。

(二)计算跨度

梁、板的计算跨度是在内力计算时所采用的跨间长度。从理论上来讲，某一跨的计算跨度应取该跨两端支座反力合力作用点之间的距离。但在梁板设计中，当按弹性理论计算时，根据边支座的支承形式，板和次梁边跨的计算跨度取值与中间跨不同。

(1)当边跨端支座为固定支座时，计算边跨到中间跨的跨度是取两者支座中间部分的距离，即

$$l_0=l_n+a/2+b/2\text{(边跨)} \tag{5-1}$$

$$l_0=l_n+b\text{(中间跨)} \tag{5-2}$$

式中　a、b——边支座、中间支座或第一内支座的长度；

l_n——净跨长。

(2)当边跨端支座为简支支座时，对于板，板厚 h 不小于 a；对于主、次梁，a 不小于 $0.05l_n$。边跨的计算跨度仍按式(5-1)计算，否则按下式计算。

对于板，当 $h<a$ 时：

$$l_0=l_n+b/2+h/2 \tag{5-3}$$

对于主、次梁，当 $a<0.05l_n$ 时：

$$l_0=l_n+b/2+0.025l_n \tag{5-4}$$

连续梁、板的计算跨度见表 5-2。

表 5-2　连续梁、板的计算跨度

支承情况	按弹性理论计算		接塑性理计算	
	梁	板	梁	板
两端与梁(柱)整体连接	$l_0=l_c$	$l_0=l_c$	$l_0=l_n$	$l_0=l_n$
两端搁支在墙上	当 $a\leqslant0.05l_c$ 时，$l_0=l_c$ 当 $a>0.05l_c$ 时，$l_0=1.05l_n$	当 $a\leqslant0.1l_c$ 时，$l_0=l_c$ 当 $a>0.1l_c$ 时，$l_0=1.1l_n$	$l_0=1.05l_n\leqslant l_n+b$	$l_0=l_n+h\leqslant l_n+a$
一端与梁整体连接另一端搁支在墙上	$l_0=l_c\leqslant1.025l_n+b/2$	$l_0=l_n+b/2+h/2$	$l_0=l_n+a/2\leqslant1.025l_n$	$l_0=l_n+h/2\leqslant l_c+a/2$

注：表中 l_c 为支座中心线间的距离，l_n 为净跨，h 为板的厚度，a 为板、梁在墙上的支承长度，b 为板、梁在梁或柱上的支承长度。

（三）计算跨数

对于连续梁、板的某一跨来说，作用在其他跨上的荷载都会对该跨内力产生影响，但作用在与它相隔两跨以上的其余跨内的荷载对它的影响较小，可以忽略。因此对于五跨和五跨以内的连续梁、板，按实际跨数计算；对于实际跨数超过五跨的等跨连续梁、板，可简化为五跨计算，即所有中间跨的内力和配筋都按第三跨来处理(图 5-4)；对于非等跨但跨度相差不超过 10% 的连续梁、板，可按等跨计算。

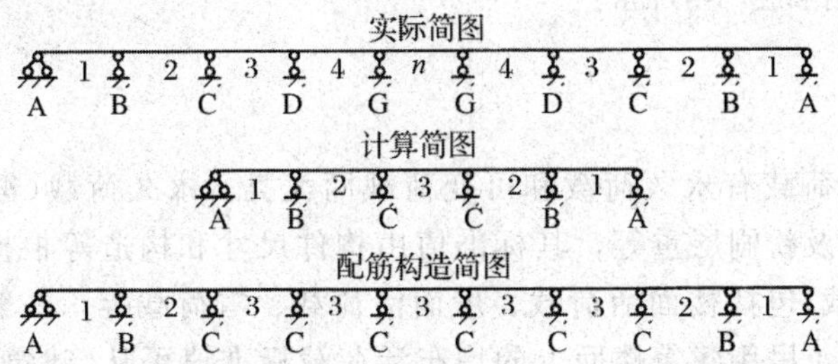

图 5-4　连续梁板的计算简图(A、B、C、D、G 代表各个跨的支点)

（四）计算单元

结构内力分析时，一般不是对整个结构进行分析，而是从实际中选取具有代表性的一部分作为计算对象，称为计算单元。

对于单向板，可取 1 m 宽度的板带作为其计算单元。图 5-5(a)中用阴影线表示的楼面均布荷载便是该板带承受的荷载，这一负荷范围称为从属面积，即计算构件负荷的楼面面积。

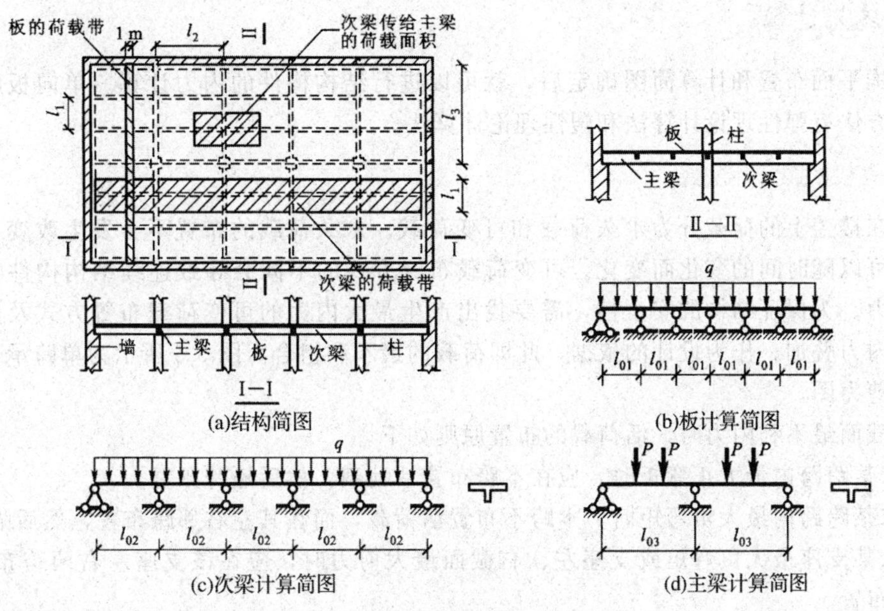

图 5-5　梁板荷载的计算简图

小贴士

楼盖中部主、次梁截面形状都是两侧带翼缘(板)的T形截面，楼盖周边处的主、次梁则是一侧带翼缘的。每侧翼缘板的计算宽度取与相邻梁中心距的一半。次梁承受板传来的均布线荷载，主梁承受次梁传来的集中荷载。在确定板、次梁和主梁，以及主梁间荷载传递时，为简化计算，分别忽略板、次梁的连续性，按简支构件计算支座竖向反力，梁板荷载的计算简图如图5-5所示。

(五)荷载

作用在梁、板上的荷载有永久荷载和可变荷载两大类。永久荷载(恒荷载)包括结构自重、构造层重、固定设备重及粉刷层重等，其标准值由构件尺寸和构造等根据材料单位体积的质量计算；可变荷载(活荷载)包括楼面活荷载、屋面活荷载、雪荷载等，一般折合成等效均布荷载标准值由荷载规范确定。民用建筑楼面上的均布活荷载标准值可从《建筑结构荷载规范》中根据房屋类别查得。工业建筑的楼面活荷载，在生产、使用或检修、安装时，由设备、管道、运输工具等产生的局部荷载均应按实际情况考虑，可采用等效均布活荷载代替。

小贴士

板上的荷载是均布荷载，包括均布恒荷载和均布活荷载；次梁上的荷载包括次梁自重及板传来的均布荷载；主梁上的荷载包括主梁自重和次梁传来的集中荷载。

三、内力计算

当结构平面布置和计算简图确定后，就可以进行结构构件的内力计算。单向板肋形楼盖的内力计算方法有弹性理论计算法和塑性理论计算法。

(一)荷载的最不利组合

作用在楼盖上的荷载分为永久荷载和可变荷载。永久荷载的布置不会发生改变，而可变荷载的布置可以随时间的变化而变化。可变荷载布置方式的不同会导致连续结构构件各截面产生不同的内力。为保证结构的安全性，需要找出产生最大内力的可变荷载布置方式及内力，并与永久荷载内力叠加，作为设计的依据，此即荷载的最不利组合。图5-6所示为单跨承载时连续梁的弯矩和剪力图。

确定截面最不利内力时，活荷载的布置原则如下。

(1)求某跨跨内最大正弯矩时，应在本跨布置活荷载，然后隔跨布置。

(2)求某跨跨内最大负弯矩时，本跨不布置活荷载，而在其左右邻跨布置，然后隔跨布置。

(3)求某支座最大负弯矩或支座左、右截面最大剪力时，应在该支座左右两跨布置活荷载，然后隔跨布置。

根据以上原则，可确定活荷载最不利布置的各种情况，它们分别与恒荷载(布满各跨)组合在一起，就得到荷载的最不利组合。五跨连续梁板荷载最不利布置如图5-7所示。

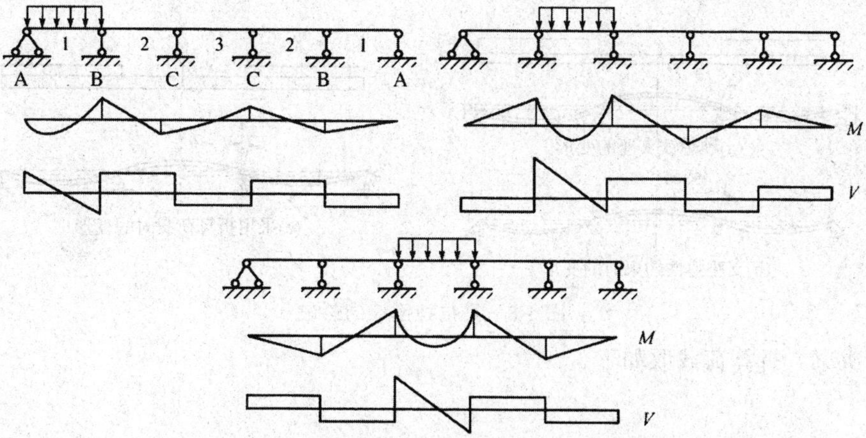

图 5-6 单跨承载时连续梁的弯矩和剪力图

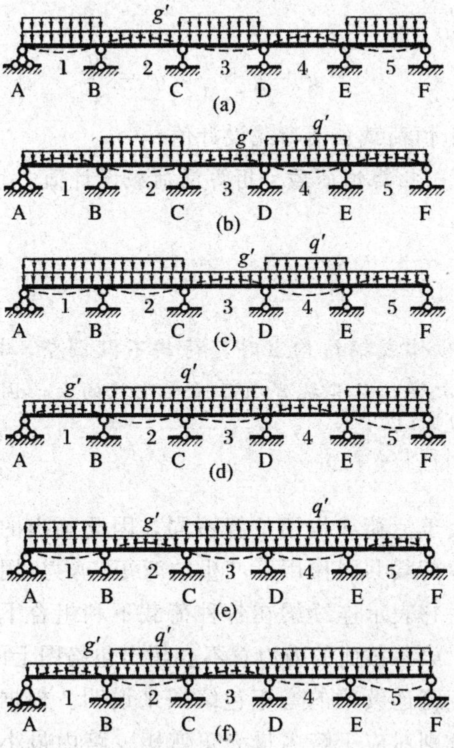

图 5-7 五跨连续梁板荷载最不利布置

(二)折算荷载

当板与次梁、次梁与主梁整浇在一起时，其支座与计算简图中的理想铰支座有较大区别，理想铰支座不考虑次梁对板、主梁对次梁的转动约束，但在活荷载隔跨布置时，支座将约束构件的转动，使被支承的构件的支座弯矩增加、跨中弯矩降低。为修正这一影响，通常采用增大恒荷载、减少活荷载的方式处理，即采用折算荷载计算内力(图 5-8)。

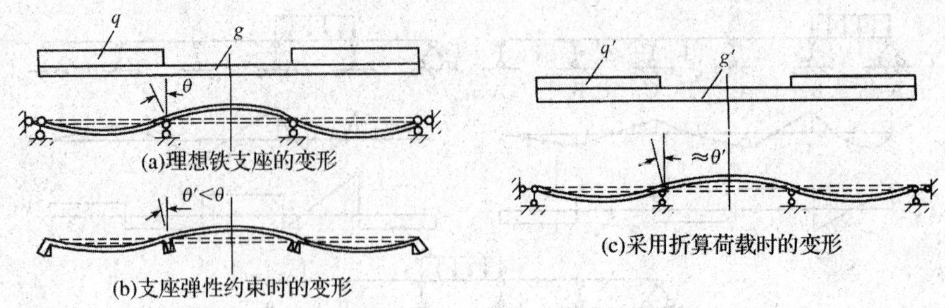

图 5-8 梁抗扭刚度的影响

对板和次梁，折算荷载取如下。

板：

$$g'=g+\frac{q}{2},\ q'=\frac{q}{2} \tag{5-5}$$

次梁：

$$g'=g+\frac{q}{4},\ q'=\frac{3q}{4} \tag{5-6}$$

式中 g、q——单位长度上恒荷载、活荷载设计值；

g'、q'——单位长度上折算恒荷载、折算活荷载设计值。

小 贴 士

当板、次梁搁支在砌体或钢结构上时，荷载不做调整，按实际荷载进行计算。由于主梁的重要性高于板和次梁，且其抗弯刚度通常比柱的大，因此对主梁一般不做调整。

(三)内力包络图

计算连续梁内力时，由于活荷载作用位置不同，因此画出的剪力图和弯矩图也不同。将各种最不利位置的活荷载与恒荷载共同作用下产生的弯矩(剪力)用同一比例画在同一基线上，取其外包线，即内力包络图。它表示连续梁在各种荷载不利组合下，各截面可能产生的最不利内力。无论活荷载如何分布，梁各截面的内力总不会超出包络图上的内力值。

现以承受均布荷载的五跨连续梁的弯矩包络图来说明。根据荷载的不同布置情况，每一跨都可以画出四种弯矩图，分别对应于跨内最大正弯矩、跨内最小正弯矩(或负弯矩)和左、右支座截面的最大负弯矩。当边支座为简支时，边跨只能画出三种弯矩图形。把这些弯矩图形全部叠化在一起，并取其外包线所构成的图形，即弯矩包络图，它完整给出了一个截面可能出现的弯矩设计值的上、下限值[图 5-9(a)]，同理可得剪力包络图。

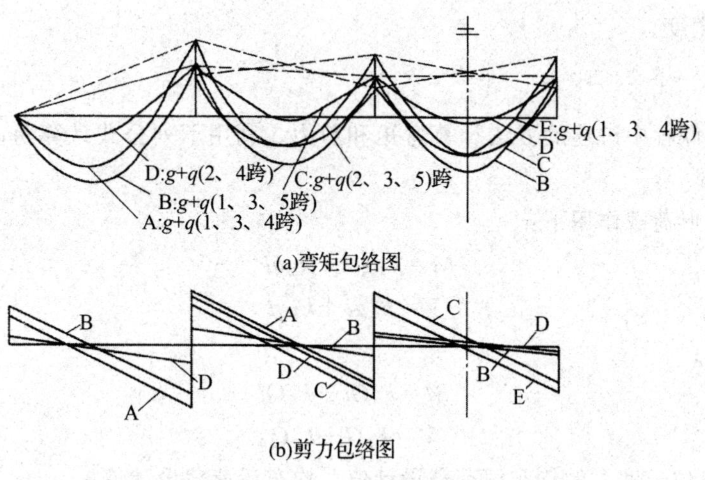

图 5-9　内力包络图

(四)支座截面内力修正

由于计算跨度取至支座中心，忽略了支座宽度，因此所得支座截面负弯矩和剪力值都是在支座中心线位置的。板、梁、柱整体浇筑时，支座中心处截面的高度较大，一般不是危险截面，所以危险截面应在支座边缘，内力设计值应按支座边缘处确定(图 5-10)。

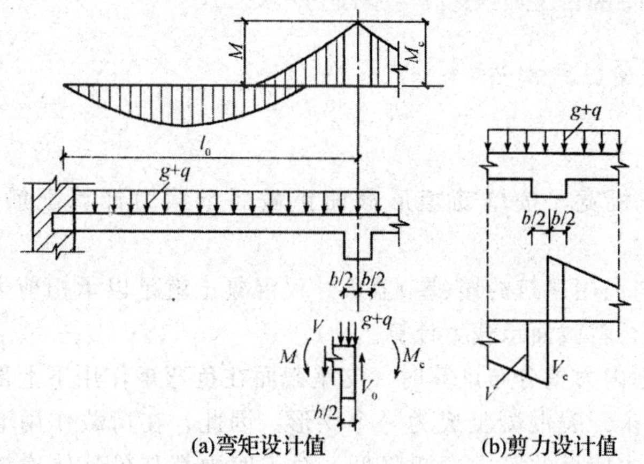

图 5-10　内力设计值的修正

弯矩设计值：

$$M=M_{c}-V_{0}\frac{b}{2} \tag{5-7}$$

剪力设计值：

$$V=V_{c}-(g+q)\frac{b}{2}\text{(均布荷载)} \tag{5-8}$$

$$V=V_{c}\text{(集中荷载)} \tag{5-9}$$

式中　M、V——支座边缘处的弯矩、剪力设计值；

M_c、V_c——支座中心处的弯矩、剪力设计值；

V_0——按简支梁计算的支座中心处的剪力设计值，取绝对值；

b——支座宽度。

(五)内力计算

按照结构力学课程中讲述的方法计算弯矩和剪力。利用下列公式计算跨内或支座截面的最大内力。

在均布及三角形荷载作用下：

$$M=k_1gl^2+k_2ql^2 \tag{5-10}$$

$$V=k_3gl+k_4ql \tag{5-11}$$

在集中荷载作用下：

$$M=k_5Gl+k_6Ql \tag{5-12}$$

$$V=k_7G+k_8Q \tag{5-13}$$

式中　g、q——单位长度上的均布恒荷载设计值、均布活荷载设计值；

G、Q——集中恒荷载设计值、集中活荷载设计值；

l——计算跨度；

k_1、k_2、k_5、k_6——弯矩系数；

k_3、k_4、k_7、k_8——剪力系数。

四、单向板肋梁楼盖的截面设计与构造要求

(一)单向板的截面设计与构造

1. 板的设计要点

(1)连续板取 1 m 板宽，按单筋矩形截面正截面承载力计算配筋。板的配筋率一般为 0.3%～0.8%。

(2)对于一般工业与民用建筑的楼(屋)盖板，仅混凝土就足以承担剪力，能满足斜截面抗剪要求，设计时可不必进行斜截面承载力计算。

(3)连续单向板考虑内力重分布计算时，支座截面在负弯矩作用下上部开裂，跨中在正弯矩作用下下部开裂，板的未开裂混凝土成为一个拱形。因此，在荷载作用下，板将有如拱的作用而产生水平推力，该推力使板的跨中弯矩降低。对于四周都与梁整体连接的板区格，为考虑拱作用的有利因素，其跨中截面弯矩和支座截面弯矩的设计值可减少 20%，其他截面不予降低。连续板中拱推力及板弯矩折减系数示意图如图 5-11 所示。

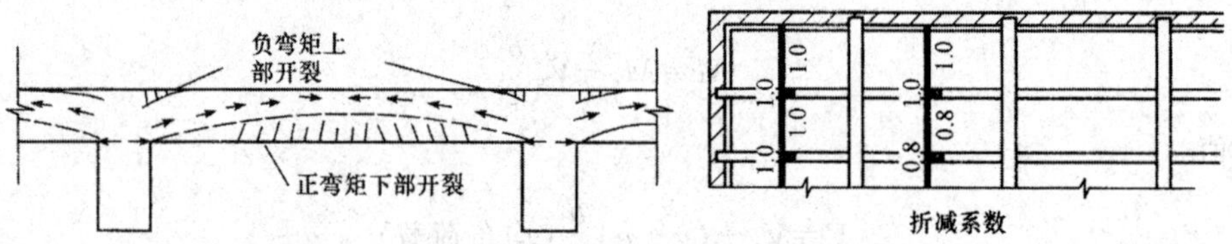

图 5-11　连续板中拱推力及板弯矩折减系数示意图

2. 板中受力钢筋

(1)钢筋直径。常用直径为 6 mm、8 mm、10 mm、12 mm 等。为便于钢筋施工架立和不易被踩下，板面负筋宜采用较大直径的钢筋，一般不小于 8 mm。

(2)钢筋间距。不小于 70 mm。当板厚 $h \leqslant 150$ mm 时，间距不应大于 200 mm；当板厚 $h>150$ mm 时，间距不大于 $1.5h$ 且不宜大于 250 mm。下部伸入支座的钢筋，其间距不应大于 400 mm，且截面不得少于跨内受力钢筋的 1/3。简支板板底受力钢筋伸入支座边的长度不应小于受力钢筋直径的 5 倍。连续板的板底受力钢筋应伸过支座中心线，且不应小于受力钢筋直径的 5 倍，当板内温度、收缩应力较大时，伸入支座的长度宜适当增加。

(3)配筋方式。连续板受力钢筋的配筋方式有弯起式和分离式两种(图 5-12)。弯起式配筋可先按跨内正弯矩的需要确定所需钢筋的直径和间距，然后考虑在距支座边 $l_n/6$ 处部分弯起。如果钢筋面积不满足支座截面负钢筋需要，可另加直的负钢筋。确定连续板的钢筋时，应注意相邻两跨跨内钢筋和中间支座钢筋直径和间距的相互配合，通常做法是调整钢筋直径，采用相同的间距。分离式配筋的钢筋锚固稍差，耗钢量比弯起式配筋略高，但设计和施工都比较方便，是目前常用的配筋方式。当板厚超过 120 mm 且承受的动荷载较大时，不宜采用分离式配筋。

(4)钢筋的弯起和截断。承受正弯矩的受力钢筋，弯起角度一般为 30°。当板厚>120 mm 时，可采用 45°，弯起式钢筋锚固较好，可节省钢材，但施工较复杂。对于多跨连续板，当各跨跨度相差超过 20%，或各跨荷载相差悬殊时，应根据弯矩包络图来确定钢筋的布置；当各跨跨度相差不超过 20%时，直接按图 5-12 所示确定钢筋弯起和截断的位置。

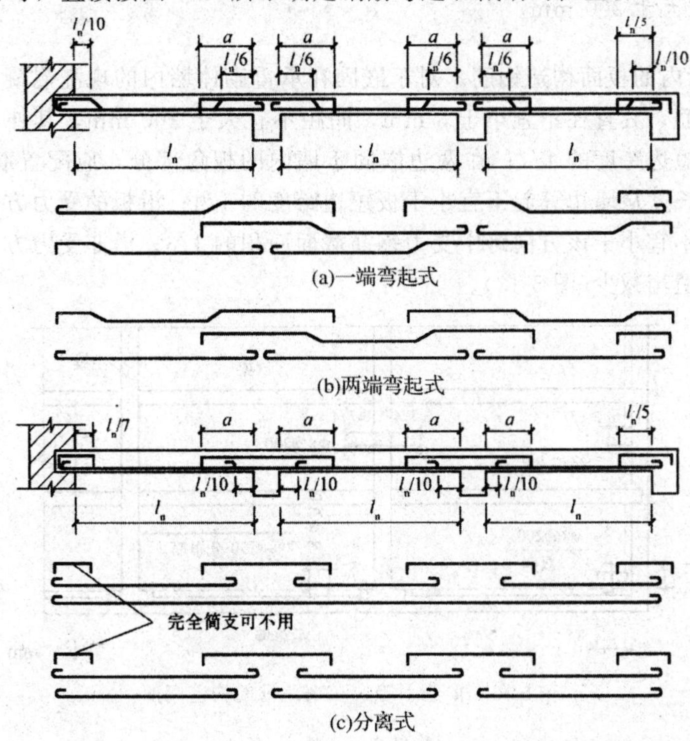

图 5-12　连续单向板的配筋方式

支座处的负弯矩钢筋，可在距支座边不小于 a 的距离处截断，其取值如下。

当 $q/g \leqslant 3$ 时：

$$a = l_n/4 \tag{5-14}$$

当 $q/g > 3$ 时：

$$a = l_n/3 \tag{5-15}$$

式中　g、q——荷载及活荷载设计值；

l_n——板的净跨度。

3. 板中构造钢筋

(1)分布钢筋。当按单向板设计时，除沿受力方向布置受力钢筋外，还应在垂直受力方向布置分布钢筋，分布钢筋应布置在受力钢筋的内侧(图 5-13)。它的作用是：与受力钢筋组成钢筋网，便于施工中固定受力钢筋的位置；承受因温度变化和混凝土收缩而产生的内力；承受并分布板上局部荷载产生的内力；对四边支承板，可承受在计算中未计及但实际存在的长跨方向的弯矩。

小贴士

我国规定单位长度上分布钢筋的截面面积不宜小于单位宽度上受力钢筋截面面积的15%，且不宜小于该方向板截面面积的0.15%；分布钢筋的间距不宜大于250 mm，直径不宜小于6 mm；对集中荷载较大或温度变化较大的情况，分布钢筋的截面面积应适当增加，其间距不宜大于200 mm。

(2)嵌入承重墙内的板面构造钢筋。对于嵌固在承重砌体墙内的现浇混凝土板，应沿支承周边配置上部构造钢筋，其直径不宜小于 8 mm，间距不宜大于 200 mm，其伸入板内的长度从墙边算起不宜小于板短边跨度的 1/7；在两边嵌固于墙内的板角部分，应配置双向上部构造钢筋，该钢筋伸入板内的长度从墙边算起不宜小于板短边跨度的 1/4；沿板的受力方向配置的上部构造钢筋，其截面面积不宜小于该方向跨中受力钢筋截面面积的 1/3；沿非受力方向配置的上部构造钢筋，可根据经验适当减少(图 5-13)。

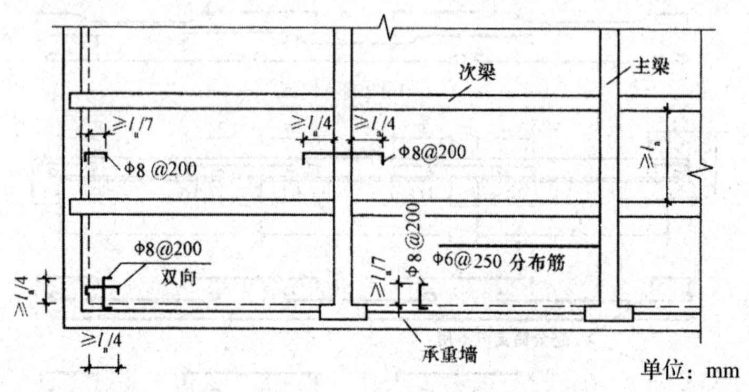

图 5-13　梁边、墙边和板角处的构造钢筋

(3)垂直于主梁的板面构造钢筋。当现浇板的受力钢筋与梁平行时，应沿主梁长度方向配置间距不大于 200 mm 且与主梁垂直的上部构造钢筋，其直径不宜小于 8 mm，且单位长度内的总截面面积不宜小于板中单位宽度内受力钢筋截面面积的 1/3，该构造钢筋伸入板内的长度从梁边算起每边不宜小于板计算跨度 l_0/4 的 1/4(图 5-14)。

(4)与支承结构整体浇筑的混凝土板。其应沿支承周边配置上部构造钢筋，其直径不宜小于 8 mm，间距不宜大于 200 mm，垂直于板边构造钢筋的截面面积不宜小于跨中相应方向纵向钢筋截面面积的 1/3；该钢筋自梁边或墙边伸入板内的长度不宜小于板计算跨度 l_0 的 1/4；在板角

处应沿两个垂直方向布置、放射状布置或斜向平行布置；当柱角或墙的阳角凸出到板内且尺寸较大时，构造钢筋伸入板内的长度应从柱边或墙边算起，且应按受拉钢筋锚固在梁内、墙内或柱内。

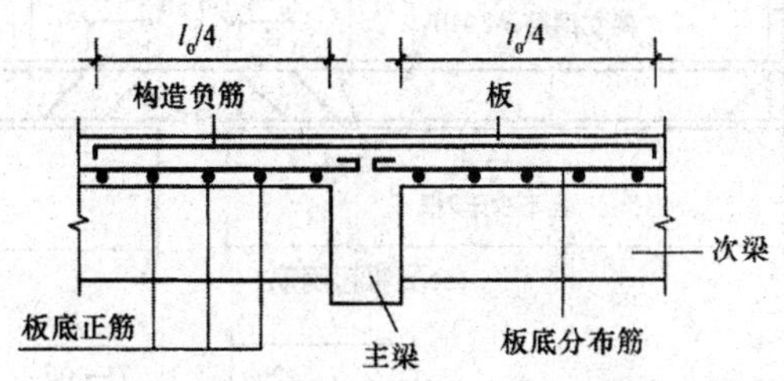

图 5-14　垂直于主梁的板面构造钢筋

(5)板的温度、收缩钢筋。在温度、收缩应力较大的现浇板区域内，应在板的未配筋表面布置温度收缩钢筋。板的上、下表面沿纵、横两个方向的配筋率均不宜小于 0.1%，间距不宜大于 200 mm。温度收缩钢筋可利用原有钢筋贯通布置，也可另行设置构造钢筋网，并与原有钢筋按受拉钢筋的要求搭接或在周边构件中锚固。

(二)次梁的截面设计与构造

1. 次梁的设计要点

(1)截面尺寸。次梁的跨度一般为 4～6 m，梁高 $h=(1/18\sim1/12)l$，梁宽 $b=(1/3\sim1/2)h$，纵向钢筋的配筋率一般为 0.6%～1.5%。

(2)按正截面受弯承载力确定纵向受拉钢筋时，通常跨中按 T 形截面计算，其翼缘计算宽度 b_f' 可按项目三中有关规定确定，支座因翼缘位于受拉区而按矩形截面计算纵向受拉钢筋。

(3)当次梁考虑塑性内力重分布时，调幅截面的相对受压区高度应满足 $0.1\leqslant\xi\leqslant0.35$。此外，为避免因出现剪切破坏而影响其内力重分布，在下列区段内还应将计算所需的箍筋面积增大 20%。对集中荷载，取支座边至最近一个集中荷载之间的区段；对均布荷载，取支座边至距支座边为 $1.05h_0$ 的区段，此处 h_0 为梁截面有效高度。

(4)对于边次梁，还应考虑板对次梁产生的扭矩影响，次梁的箍筋和纵筋宜增加 20%。

2. 次梁的构造要求

次梁的一般构造要求与受弯构件的配筋构造相同。

对于相邻跨度相差不超过 20%且均布活荷载和恒荷载的比值 $q/g\geqslant3$ 的连续次梁，其纵中向受力钢筋的弯起和截断可按图 5-15 进行，否则应按弯矩包络图确定。

(三)主梁的截面设计与构造

1. 主梁的设计要点

(1)截面尺寸。主梁的跨度一般为 5～8 m，梁高 $h=(1/15\sim1/10)l$。

(2)因梁板整体浇筑，故按正截面受弯承载力确定纵向受拉钢筋时，通常跨中按 T 形截面计算，支座因翼缘位于受拉区，按矩形截面计算。

在主梁支座处，由于板、次梁和主梁截面的上部纵向钢筋相互交叉重叠(图 5-16)，且主梁负筋位于板和次梁的负筋之下，因此主梁支座截面的有效高度减小。在计算主梁支座截面纵筋

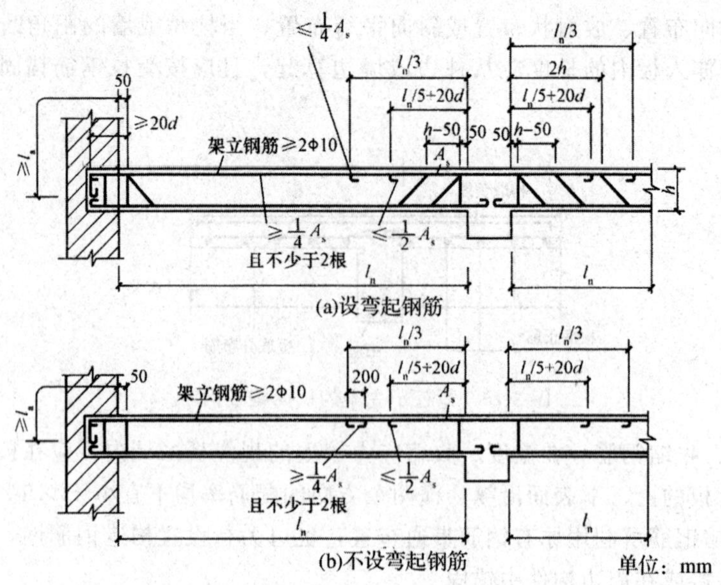

图 5-15 次梁配筋示意图

时，截面有效高度 h_0 如下。

①单排钢筋时，$h_0=h-(50\sim60)$ mm。

②双排钢筋时，$h_0=h-(70\sim80)$ mm。

(3)主梁一般按弹性理论的方法进行设计计算。

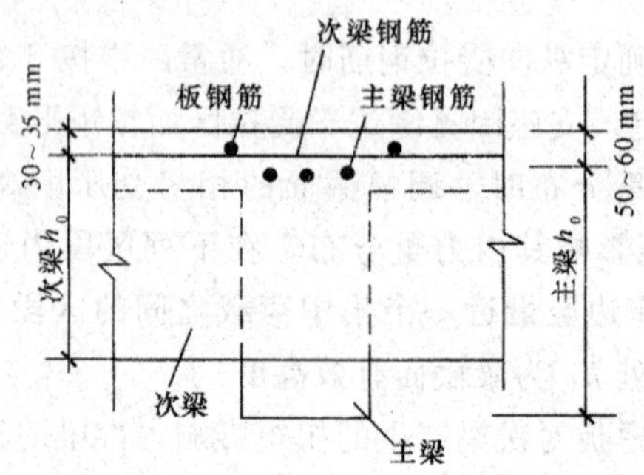

图 5-16 主梁支座截面纵筋布置

2. 主梁的构造要求

(1)主梁在砌体墙上的支承长度 $a\geqslant70$ mm，还应进行砌体的局部承压承载力计算，主梁下应设置梁垫。

(2)主梁纵向受力钢筋的弯起和截断，原则上应按弯矩包络图确定，并满足有关构造要求。

(3)主梁附加横向钢筋。主梁和次梁相交处，在主梁高度范围内受到次梁传来的集中荷载的作用，其腹部可能出现斜裂缝[图 5-17(a)]。因此，应在集中荷载影响区 s 范围内加设附加横向钢筋(箍筋、吊筋)以防止斜裂缝出现而引起局部破坏。位于梁下部或梁截面高度范围内的集中荷载应全部由附加横向钢筋承担，并应布置在长度为 $s=2h_1+3b$ 的范围内。附加横向钢筋宜优先采用箍筋[图 5-17(b)]。

附加箍筋和吊筋的总截面面积按下式计算：

$$F\leqslant2f_yA_{sb}\sin\alpha+m\times n\times f_{yv}A_{sv1} \tag{5-16}$$

式中　F——由次梁传递的集中力设计值；

f_y——附加吊筋的抗拉强度设计值；

f_{yv}——附加箍筋的抗拉强度设计值；

A_{sb}——根附加吊筋的截面面积；

A_{sv1}——附加单肢箍筋的截面面积；

n——在同一截面内附加箍筋的支数；

m——附加箍筋的排数；

α——附加横向钢筋分梁轴线间的夹角。

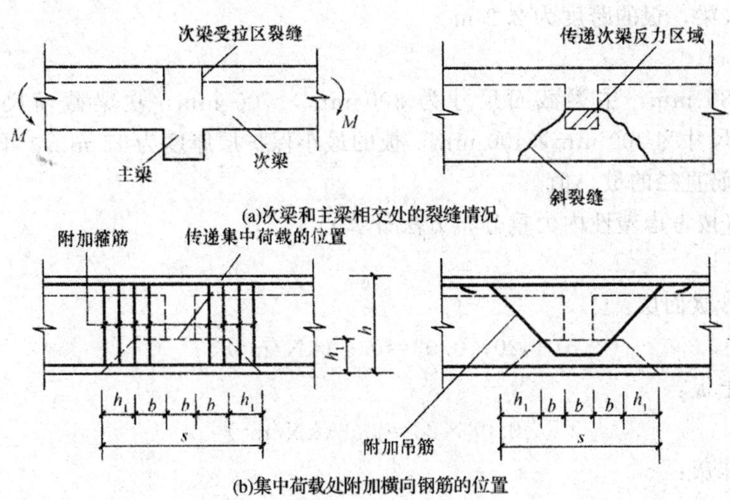

图 5-17　附加横向箍筋和吊筋位置

【例 5-1】单向板肋梁楼盖设计。

设计资料：某多层工业厂房采用现浇钢筋混凝土单向板梁板结构，楼面梁格布置图如图5-18所示，轴线尺寸为30 m×19.8 m，墙厚为370 mm，内柱为钢筋混凝土柱(截面为400 mm×400 mm)，轴线距离内墙边缘为120 mm，通过柱中心层高为3.9 m。

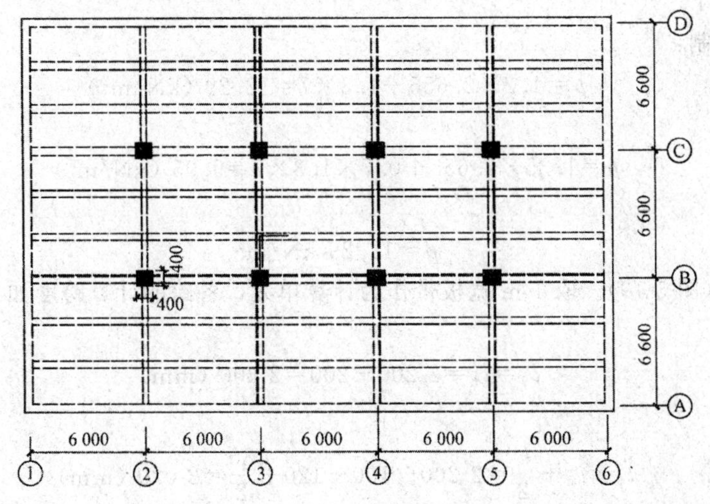

图 5-18　楼面梁格布置图

(1)楼面构造做法。面层为 20 mm 厚水泥砂浆抹面(重度为 20 kN/m^3)，天花板抹灰为 15 mm厚混合砂浆(重度为 17 kN/m^3)。

(2)楼面活载标准值。q_k=7.0 kN/m^2。

(3)材料选用。

①混凝土。采用 C25(f_c=11.9 N/mm^2，f_t=1.27 N/mm^2)(重度为 25 kN/m^3)。

②钢筋。板中钢筋和钢筋梁采用 HPB300 级钢筋(f_y=270 N/mm^2)。梁中受力纵筋采用 HRB400 级钢筋(f_y=360 N/mm^2)，架支筋和吊筋采用 HRB335 级钢筋(f_y=300 N/mm^2)。

(4)楼盖结构平面布置及截面尺寸确定。确定主梁跨度为 6.6 m，次梁跨度为 6.3 m，主梁每跨内布置两根次梁，板的跨度为 2.2 m。

【解】

选择板厚为 80 mm，主梁截面尺寸为 300 mm×700 mm，次梁截面尺寸为 200 mm×450 mm，柱截面尺寸为 400 mm×400 mm，板的最小保护层厚度为 15 mm，梁、柱的保护层厚度取 20 mm 和纵筋直径的最小值。

(1)板的计算(按考虑塑性内力重分布方法计算)。

①荷载计算。

20 mm 水泥砂浆面层：

$$20\times0.02=0.4\ (\text{kN/m}^2)$$

80 mm 钢筋混凝土板：

$$0.08\times25=2.0\ (\text{kN/m}^2)$$

15 mm 石灰砂浆抹灰：

$$0.015\times17=0.255\ (\text{kN/m}^2)$$

永久荷载标准值：

$$g_k=2.655\ \text{kN/m}^2$$

可变荷载标准值：

$$q_k=7.0\ \text{kN/m}^2$$

荷载组合如下。

可变荷载控制：

$$p=1.2\times2.655+1.3\times7=12.29\ (\text{kN/m}^2)$$

永久荷载控制：

$$p=1.35\times2.655+0.7\times1.3\times7=9.95\ (\text{kN/m}^2)$$

取

$$p=12.29\ \text{kN/m}^2$$

②计算简图(图 5-19)。取 1 m 宽板带作为计算单元，各跨的计算跨度如下。

中间跨：

$$l_0=l_n=2\ 200-200=2\ 000\ (\text{mm})$$

边跨：

$$l_0=l_n+\frac{h}{2}=2\ 200-100-120+\frac{80}{2}=2\ 020\ (\text{mm})$$

$$\leqslant l_n+\frac{a}{2}=2\ 200-100-120+\frac{120}{2}=2\ 040\ (\text{mm})$$

取

$$l_0=2\ 020\ \text{mm}$$
$$q=12.29\ \text{kN/m}$$

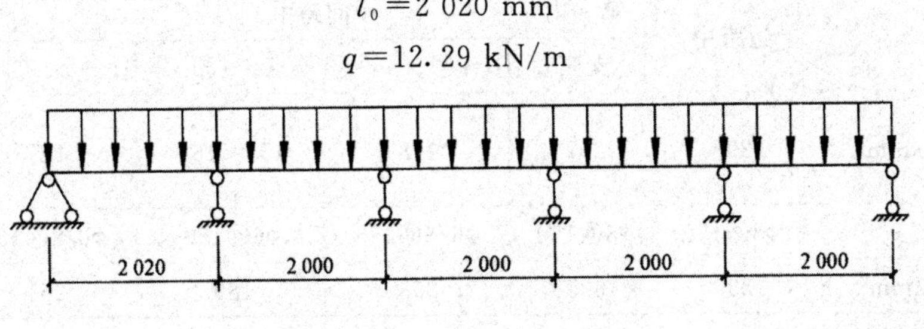

图 5-19　板的计算简图

③内力计算。

跨度差：

$$(2\ 020-2\ 000)/2\ 000=1\%<10\%$$

可以按等跨连续板计算内力。

板的各截面弯矩计算见表 5-3。

表 5-3　板的各截面弯矩计算

截面	边跨中	第一内支座	中间跨中	中间支座
弯矩系数 α	$\frac{1}{11}$	$-\frac{1}{11}$	$\frac{1}{16}$	$-\frac{1}{14}$
$M=\alpha ql^2/(\text{kN}\cdot\text{m})$	$\frac{1}{11}\times12.29\times2.02^2$ $=4.56$	$-\frac{1}{11}\times12.29\times2.02^2$ $=-4.56$	$\frac{1}{16}\times12.29\times2.02^2$ $=3.13$	$-\frac{1}{14}\times12.29\times2.02^2$ $=-3.58$

④截面承载力计算。

已知 $f_y=270\ \text{N/mm}^2$，$f_c=11.9\ \text{N/mm}^2$，$f_t=1.27\ \text{N/mm}^2$，$b=1\ 000\ \text{mm}$，$h=80\ \text{mm}$，$h_0=80-20=60(\text{mm})$，$\alpha_1=1.0$。

$$0.45f_t/f_y=0.45\times1.27/270=0.21\%>0.2\%$$
$$A_{s,\min}=0.21\%\times1\ 000\times80=168\ (\text{mm}^2)$$

各截面的配筋计算见表 5-4。

表 5-4　各截面的配筋计算

截面	边跨中	第一内	中间跨中		中间支座	
位置		支座	①~②、⑤~⑥	②~⑤	①~②、⑤~⑥	②~⑤
$M/(\text{kN}\cdot\text{m})$	4.56	−4.56	3.07	0.8×3.07	−3.51	−0.8×3.51
$\alpha_s=\frac{M}{bh_0^2f_{cm}}$	0.106	0.106	0.072	0.057	0.082	0.066
$\xi=1-\sqrt{1-2\alpha_s}$	0.112	0.112	0.075	0.059	0.086	0.068

续表

截面位置	边跨中	第一内支座	中间跨中		中间支座	
			①～②、⑤～⑥	②～⑤	①～②、⑤～⑥	②～⑤
$A_s=\dfrac{\alpha_1 f_c b\xi h_0}{f_y}$/mm^2	297	297	198	155＜168	227	181
选配钢筋	ϕ8@150	ϕ8@150	ϕ6/8@150	ϕ6@150	ϕ6/8@150	ϕ6@150
实配钢筋面积/mm^2	335	335	251	189	251	251

小贴士

对中间区板带四周与梁整体连接的中间跨中和中间支截面，考虑板的内拱作用，其计算弯矩降低20%。

⑤板的配筋图绘制。

分布筋选用 ϕ6@250。

嵌入墙内的板面附加钢筋选用 ϕ8@200，$a=\dfrac{l_0}{7}=\dfrac{2\ 020}{7}=289$(mm)，取 300 mm。

垂直于主梁的板面附加钢筋选用 ϕ8@200，$a=\dfrac{l_0}{4}=\dfrac{2\ 020}{4}=505$(mm)，取 550 mm。

板角构造钢筋选用 ϕ8@200，双向配置板四角的上部，$a=\dfrac{l_0}{4}=\dfrac{2\ 020}{4}=505$(mm)，取 550 mm。

板的配筋图如图 5-20 所示。

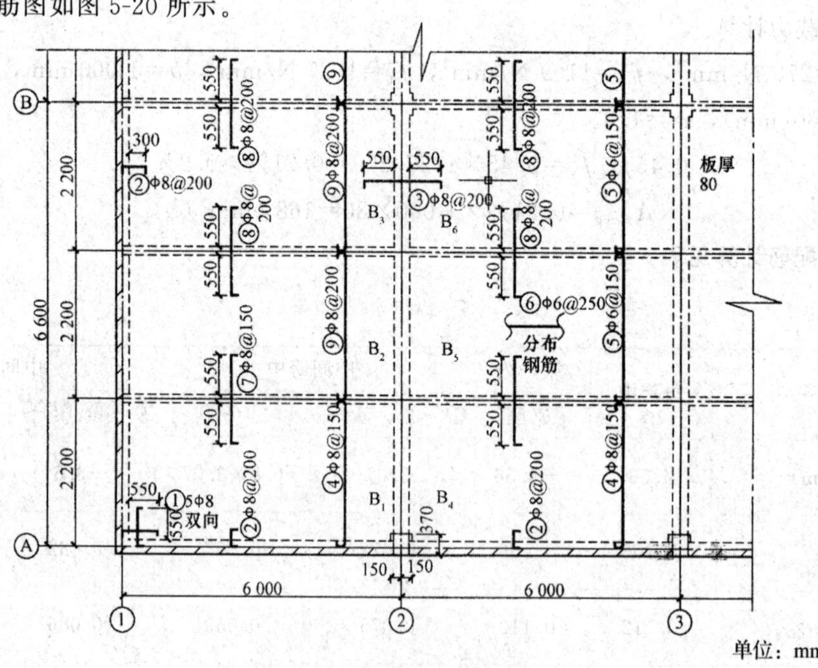

图 5-20　板的配筋图

(2)次梁的计算(考虑塑性内力重分布方法计算)。

①荷载计算。

由板传来：

$$2.655 \times 2.2 = 5.841\ (\text{kN/m})$$

次梁自重：

$$25 \times 0.2 \times (0.45 - 0.08) = 1.85\ (\text{kN/m})$$

次梁梁侧抹灰：

$$17 \times 0.015 \times (0.45 - 0.08) \times 2 = 0.19\ (\text{kN/m})$$

永久荷载设计值：

$$g_k = 7.88\ (\text{kN/m})$$

可变荷载标准值：

$$q_k = 2.2 \times 7.0 = 15.4\ (\text{kN/m})$$

荷载组合如下。

可变荷载控制：

$$p = 1.2 \times 7.88 + 1.3 \times 15.4 = 29.48\ (\text{kN/m})$$

永久荷载控制：

$$p = 1.35 \times 7.88 + 0.7 \times 1.3 \times 15.4 = 24.65\ (\text{kN/m})$$

取

$$q = 29.48\ (\text{kN/m})$$

②计算简图(图 5-21)。

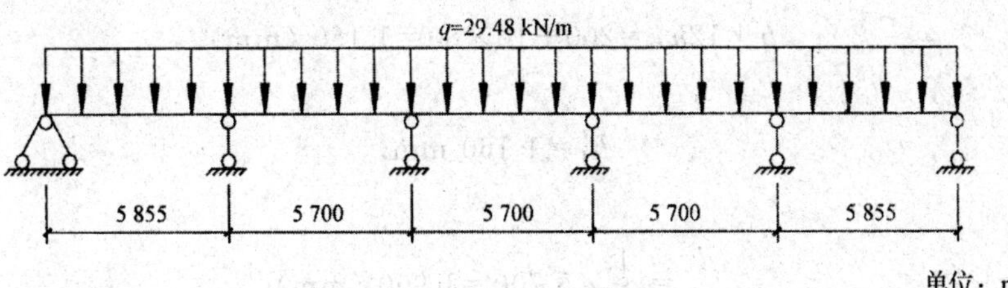

图 5-21　次梁的计算简图

各跨的计算跨度如下。

中间跨：

$$l_0 = l_n = 6\,000 - 300 = 5\,700\ (\text{mm})$$

边跨：

$$l_0 = l_n + \frac{a}{2} = 6\,000 - 150 - 120 + \frac{250}{2} = 5\,855\ (\text{mm})$$

取

$$l_0 = 5\,855\ \text{mm}$$

③内力计算。

跨度差(5 855－5 700)/5 700＝2.7%＜10%，可以按等跨连续梁计算内力。

次梁的各截面弯矩计算见表 5-5，各截面剪力计算见表 5-6。

表 5-5 次梁的各截面弯矩计算

截面	边跨中	第一内支座	中间跨中	中间支座
弯矩系数 α	$\frac{1}{11}$	$-\frac{1}{11}$	$\frac{1}{16}$	$-\frac{1}{14}$
$M=\alpha ql^2/(\text{kN}\cdot\text{m})$	$\frac{1}{11}\times 29.49\times 5.855^2$ $=91.90$	$-\frac{1}{11}\times 29.48\times 5.855^2$ $=-91.90$	$\frac{1}{16}\times 29.48\times 5.7^2$ $=59.86$	$-\frac{1}{14}\times 29.48\times 5.7^2$ $=-68.41$

表 5-6 次梁的各截面剪力计算

截面	A 支座	B 支座(左)	B 支座(右)	C 支座
剪力系数 d_v	0.45	0.6	0.55	0.55
$M=dvql_0/\text{kN}$	$0.45\times 29.48\times 5.83$ $=77.34$	$0.6\times 29.48\times 5.855$ $=103.56$	$0.55\times 29.48\times 5.7$ $=92.42$	92.42

④正截面承载力计算。

a. 确定翼缘宽度。次梁跨中截面应按 T 形截面计算，翼缘厚度 $h'_f=80$ mm。其 T 形翼缘计算跨度如下。

进跨：

$$\frac{l_0}{3}=\frac{1}{3}\times 5\,855=1\,952\ (\text{mm})$$

$$b+s_n=200+1\,980=2\,180\ (\text{mm})$$

$$b+12h'_f=200+12\times 80=1\,160\ (\text{mm})$$

三者取小值：

$$b'_f=1\,160\ \text{mm}。$$

中间跨：

$$\frac{l_0}{3}=\frac{1}{3}\times 5\,700=1\,900\ (\text{mm})$$

$$b+s_n=200+2\,000=2\,200\ (\text{mm})$$

$$b+12h'_f=200+12\times 80=1\,160\ (\text{mm})$$

三者取小值：

$$b'_f=1\,160\ \text{mm}$$

b. 判断 T 形截面类型。已知 $f_y=360\ \text{N/mm}^2$，$f_c=11.9\ \text{N/mm}^2$，$f_t=1.27\ \text{N/mm}^2$，$b=200$ mm，$h=450$ mm，$h=45$ mm，$h_0=450-20-6-18/2=415$ (mm)，$\alpha_1=1.0$。

$$\alpha_1 f_c b'_f h'_f(h_0-\frac{h'_f}{2})=1.0\times 11.9\times 1\,160\times 80\times\left(415-\frac{80}{2}\right)$$

$$=414\,120\,000\ (\text{N}\cdot\text{mm}^2)414.12\ \text{kN}\cdot\text{m}>91.87\ \text{kN}\cdot\text{m}(\text{边跨中})且>59.86\ \text{kN}\cdot\text{m}(\text{中间跨中})$$

因此，各跨中截面均属于第一类 T 形截面。

c. 承载力计算。

$A_{s,min}=0.2\%\times200\times450=180\ (mm^2)$，次梁支座截面按矩形截面计算。由于按塑性内力重分布，因此$\xi\leqslant0.35$且$\xi>0.1$。

次梁正截面承载力计算见表5-7。

表5-7　次梁正截面承载力计算

截面	边跨中	第一内支座	中间跨中	中间支座
$M/(kN\cdot m)$	91.87	−91.87	59.86	−68.41
b_f'或b/mm	1160	200	1 160	200
$\alpha_s=\dfrac{M}{\alpha_1 f_c b h_0^2}$	0.039	0.224	0.025	0.167
$\xi=1-\sqrt{1-2\alpha_s}$	0.039	0.257	0.026	0.184
$A_s=\dfrac{\alpha_1 f_c b\xi h_0}{f_y}/mm^2$	627	706	406	504
选配钢筋	2Φ18+1Φ14	2Φ20+1Φ14	3Φ14	2Φ16+1Φ14
实配钢筋面积/mm²	663	763	461	556

⑤斜截面承载力计算。

验算截面尺寸：

$$h_w=h_0-h_f'=415-80=335\ (mm)$$

$$\frac{h_w}{b}=\frac{335}{200}=1.68<4$$

$0.25\beta_c f_c bh_0=0.25\times1.0\times11.9\times200\times415=246.9\times10^3(N)=246.9\ kN>103.56\ kN$

截面尺寸满足要求。

$0.7f_1bh_0=0.7\times1.27\times200\times415=73.79\times10^3(N)=73.79\ kN<103.56\ kN$

需按计算配筋。

采用双肢Φ箍筋，计算B支座左侧截面：

$$s=\frac{f_{yv}A_{sv}h_0}{V-0.7f_tbh_0}=\frac{270\times57\times415}{103.56\times10^3-0.7\times1.27\times200\times415}=214.5\ (mm)$$

查表得$S_{max}=200$ mm，取$s=200$ mm，即采用双肢箍Φ@200。

验算配箍率(考虑弯矩调幅)：

$$\rho_{sv}=\frac{nA_{sv1}}{bs}=\frac{57}{200\times200}=0.143\%>\rho_{sv,min}=0.24\times\frac{f_t}{0.8f_{yv}}=0.24\times\frac{1.27}{0.8\times270}=0.141\%$$

$$l_n/5+20d=5730/5+20\times18=1\ 506\ (mm)$$

$$l_n/5+20d=5700/5+20\times18=1\ 500\ (mm)$$

取

$$l_n/5+20d=1\ 550\ (mm)$$

次梁配筋图如图 5-22 所示。

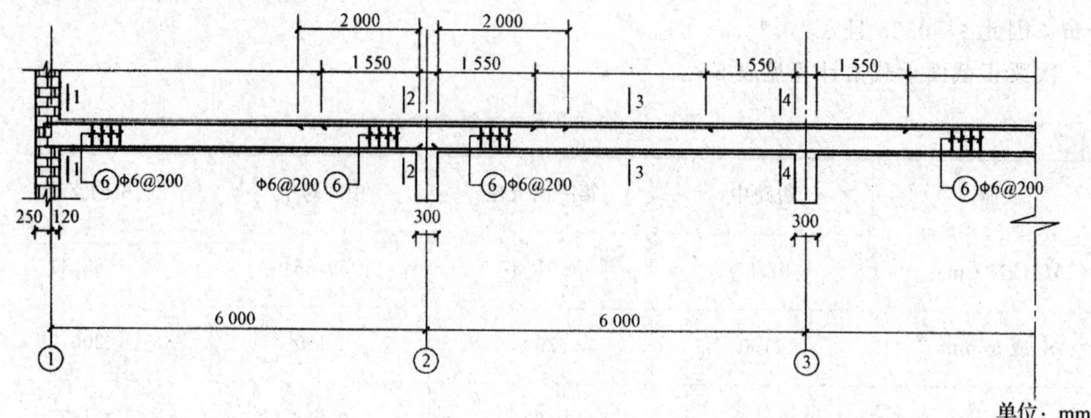

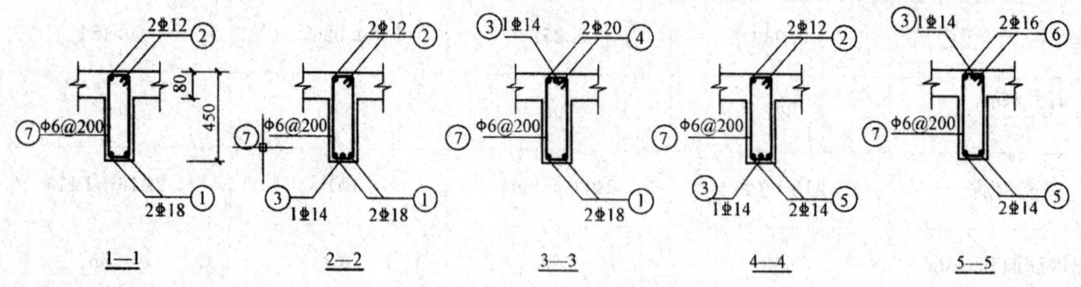

图 5-22 次梁配筋图

(3)主梁的计算(按弹性理论计算)。

①荷载计算。

次梁传来的恒载：

$$7.88\times 6=47.28\ (\mathrm{kN})$$

主梁自重：

$$25\times 0.3\times(0.7-0.08)\times 2.2=10.23\ (\mathrm{kN})$$

主梁梁侧抹灰：

$$17\times 0.015\times(0.7-0.08)\times 2.2\times 2=0.70(\mathrm{kN})$$

永久荷载标准值：

$$g_k=58.21(\mathrm{kN})$$

可变荷载标准值：

$$q_k=15.4\times 6.0=92.4(\mathrm{kN})$$

永久荷载设计值：

$$G=1.2g_k=1.2\times 58.21=69.85(\mathrm{kN})$$

可变荷载设计值：

$$P=1.3q_k=1.3\times 92.4=120.12(\mathrm{kN})$$

②计算简图(图 5-23)。

各跨的计算跨度如下。

中间跨：

$$l_0=l=6\ 600(\text{mm})$$

边跨：

$$l_0=l_n+\frac{a}{2}+\frac{b}{2}=6\ 600-200-120+\frac{370}{2}+\frac{400}{2}=6\ 665(\text{mm})$$

$$>1.025l_n+\frac{b}{2}=1.025\times(6\ 600-120-200)+\frac{400}{2}=6\ 637(\text{mm})$$

取跨度差(6 637−6 600)/6 600=0.56%<10%，可以按等跨连续梁计算内力。

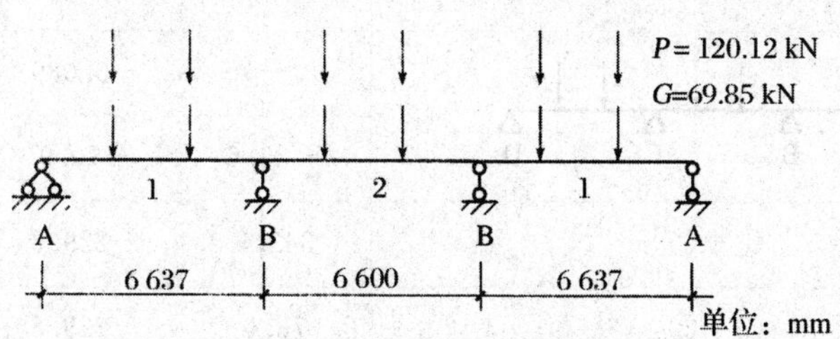

图 5-23　主梁的计算简图

③内力计算。

a. 弯矩计算：

$$M=k_1Gl_0+k_2Pl_0。$$

边跨：

$$Gl_0=69.85\times6.637=463.59(\text{kN}\cdot\text{m})$$
$$Pl_0=120.12\times6.637=797.23(\text{kN}\cdot\text{m})$$

中跨：

$$Gl_0=69.85\times6.6=461.01(\text{kN}\cdot\text{m})$$
$$Pl_0=120.12\times6.6=792.79(\text{kN}\cdot\text{m})$$

主梁弯矩计算见表 5-8。

表 5-8　主梁弯矩计算

项次	荷载简图	边跨跨中	B 支座		C 支座
		k	k	k	k
		M_1	M_B	M_2	M_C
①恒载	G; 1 a 2 b a 1; A B C D	0.244	−0.267	0.067	−0.267
		113.1	−123.8	30.9	−123.8
②活载	P; A B C D	0.289	−0.133	−0.133	−0.133
		230.4	−106.0	−106.0	−106.0
③活载	P; A B C D	−0.044	−0.133	0.200	− 0.133
		−35.1	−106.0	159.4	−106.0

续表

项次	荷载简图	边跨跨中	B 支座		C 支座
		k	k	k	k
		M_1	M_B	M_2	M_C
④活载	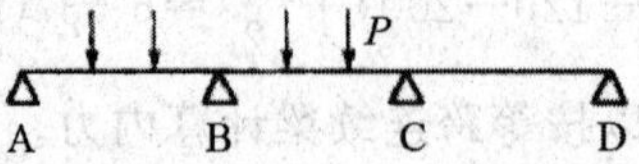	0.229	−0.311	—	−0.089
		182.6	−246.6	134.4	−70.9
⑤活载	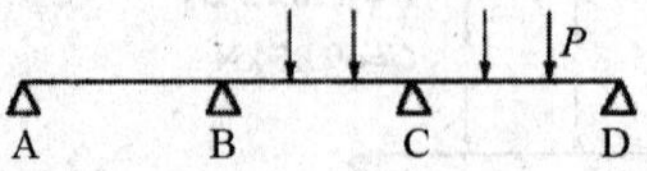	—	−0.089	—	−0.311
		−23.6	−70.9	134.4	−246.6
内力组合	①+②	343.5	−229.8	−75.1	−229.8
	①+③	78.0	−229.8	190.7	−229.8
	①+④	295.7	−370.4	107.8	−194.7
	①+⑤	89.5	−194.7	166.8	−370.4

b. 主梁剪力计算见表 5-9。剪力计算：$V=k_3G+k_4P$

表 5-9 主梁剪力计算

项次	荷载简图	A 支座	B 支座左	支座右
		k	k	k
		V_A	V_{Bl}	V_{Br}
①恒载	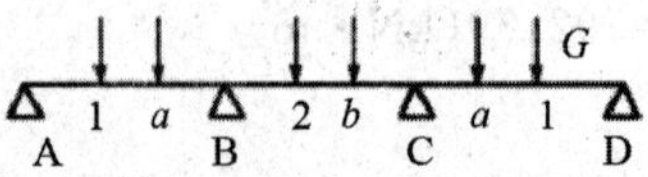	0.733	−1.267	1.000
		51.6	−88.5	69.9
②活载	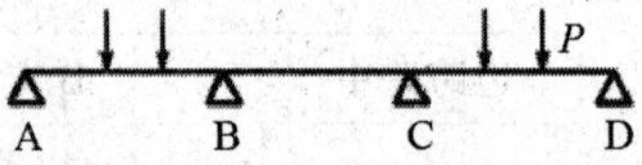	0.866	−1.134	0.0
		104.0	−136.2	0.0
③活载	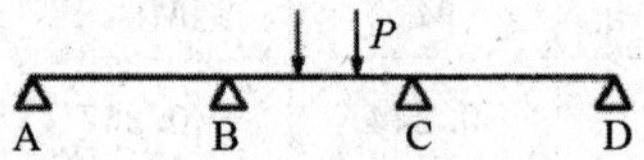	−0.133	−0.133	1.000
		−16.0	−16.0	120.1
④活载	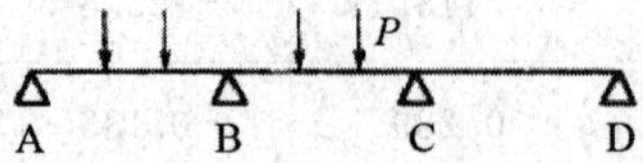	0.689	−0.133	1.222
		82.7	−16.0	146.8
⑤活载	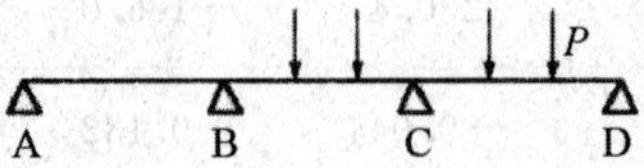	−0.089	−0.089	0.778
		−10.7	−10.7	93.4

续表

项次	荷载简图	A支座	B支座左	支座右
		k	k	k
		V_A	V_{Bl}	V_{Br}
内力组合	①+②	155.2	−224.7	69.9
	①+③	35.2	−105.2	190.5
	①+④	133.9	−246.0	216.7
	①+⑤	35.2	−99.2	163.3

主梁弯矩及剪力包络图如图5-24和图5-25所示。

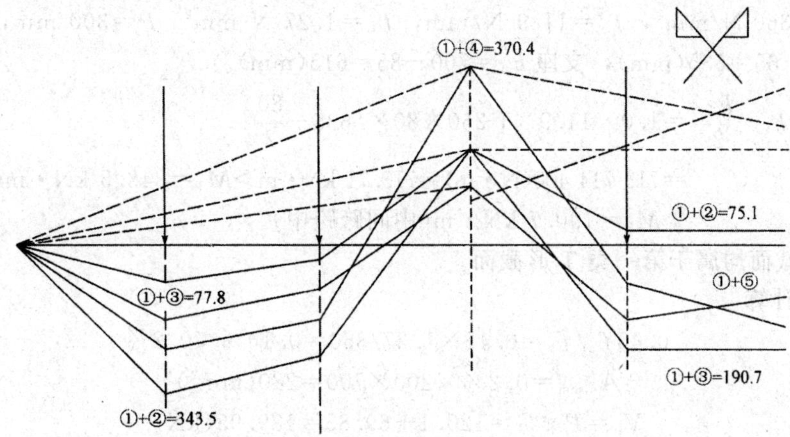

图5-24 主梁弯矩包络图

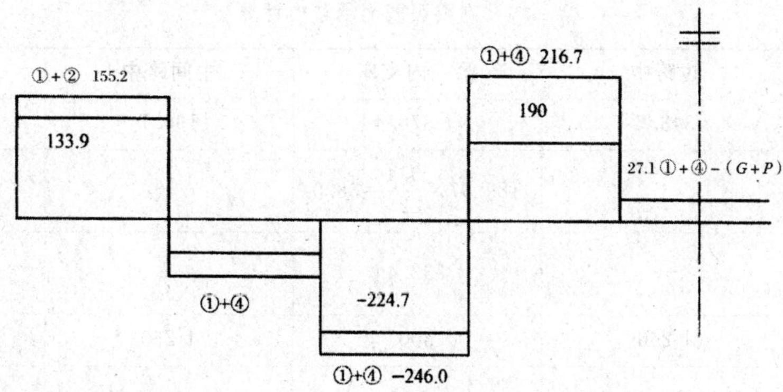

图5-25 主梁剪力包络图

④正截面承载力计算。

a. 确定翼缘宽度。

主梁跨中截面应按T形截面计算，翼缘厚度$h'_f=80$ mm。其T形翼缘计算跨度如下。

边跨：

$$\frac{l_0}{3}=\frac{1}{3}\times 6\ 637=2\ 212(\text{mm})$$

$$b+s_n=300+5\ 700=6\ 000(\text{mm})$$

$$b+12h'_f=300+12\times 80=1\ 260(\text{mm})$$

三者取小值：

$$b'_f=1\ 260\ (\text{mm})$$

中间跨：

$$\frac{l_0}{3}=\frac{1}{3}\times 6\ 600=2\ 200(\text{mm})$$

$$b+s_n=300+5\ 700=6\ 000(\text{mm})$$

$$b+12h'_f=300+12\times 80=1\ 260(\text{mm})$$

三者取小值：

$$b'_f=1\ 260\ \text{mm}$$

b. 判断 T 形截面的类型。

已知 $f_y=360\ \text{N/mm}^2$，$f_c=11.9\ \text{N/mm}$，$f_1=1.27\ \text{N/mm}^2$，$b=300\ \text{mm}$，$h=700\ \text{mm}$，跨中 $h_0=700-65=635(\text{mm})$，支座 $h_0=700-85=615(\text{mm})$。

$$\alpha_1 f_c b'_f h'_f\left(h_0-\frac{h'_f}{2}\right)=1.0\times 11.9\times 1\ 260\times 80\times\left(635-\frac{80}{2}\right)$$

$$=713\ 714\ 400(\text{N}\cdot\text{m})=713.71\ \text{kN}\cdot\text{m}>M_1=343.5\ \text{kN}\cdot\text{m}(\text{边跨跨中})\text{且}$$

$$>M_2=190.7\ \text{kN}\cdot\text{m}(\text{中间跨跨中})$$

因此，各跨中截面均属于第一类 T 形截面。

c. 承载力计算。

$$0.45f_t/f_y=0.45\times 1.27/360=0.16\%<0.2\%$$

$$A_{s,\min}=0.2\%\times 200\times 700=280(\text{mm}^2)$$

$$V_0=P+G=120.1+69.85=189.95(\text{kN})$$

主梁支座截面按矩形截面计算。主梁正截面承载力计算见表 5-10。

表 5-10 主梁正截面承载力计算

截面	边跨中	第一内支座	中间跨中	中间支座
$M/(\text{kN}\cdot\text{m})$	343.5	−370.4	190.7	−75.1
$V_0\frac{b}{2}/\text{kN}$	—	$189.97\times\frac{0.4}{2}=38.0$	—	—
$M-V_0\frac{b}{2}/(\text{kN}\cdot\text{m})$	—	332.4	—	—
b'_f 或 b/mm	1 260	300	1 260	300
$\alpha_s=\frac{M}{bh_0^2f_c}$	0.057	0.246	0.032	0.056
$\xi=1-\sqrt{1-2\alpha_s}$	0.059	0.287	0.033	0.058
$A_s=\frac{\alpha_1 f_c b\xi h_0}{f_y}/\text{mm}^2$	1 560	1 750	873	365
选配钢筋	2Φ224+4Φ16	4Φ22+2Φ16	1Φ22+3Φ16	2Φ16
实配钢筋面积/mm²	1 564	1 922	983	402

⑤斜截面承载力计算。

B 支座左侧截面配腹筋，$V=246.0$ kN。

$$h_w=h_0-h'_f=615-40=575(\text{mm})$$

$$\frac{h_w}{b}=\frac{575}{200}=2.9<4$$

$$0.25\beta_c f_c bh_0=0.25\times1.0\times11.9\times300\times615=548\ 887(\text{N})=548.9\ \text{kN}>246.0\ \text{kN}$$

$$0.7f_t bh_0=0.7\times1.27\times300\times615=164\ 020(\text{N})=164\ \text{kN}<246.0\ \text{kN}$$

又 $8A_{sv}=101\ \text{mm}^2$，有

$$s=\frac{f_{yv}A_{sv}h_0}{V-0.7f_t bh_0}=\frac{270\times101\times615}{246.0\times10^3-0.7\times1.27\times300\times615}=204.58(\text{mm})$$

取 $s=200$ mm。

验算最小配箍率：

$$\rho_{sv}=\frac{nA_{sv1}}{bs}=\frac{101}{300\times200}=0.168\%>\rho_{sv,\min}=0.24\times\frac{f_t}{f_{yv}}=0.24\times\frac{1.27}{270}=0.113\%$$

选用双肢箍 ϕ@200。

⑥主梁附加筋的计算。由次梁传给主梁的集中荷载为

$$F=1.2\times47.59+1.3\times92.4=177.23(\text{kN})$$

采用附加吊筋。

$$A_{sb}=\frac{F}{2f_{yv}\sin\alpha}=\frac{177.23\times10^3}{2\times300\times0.707}=418\ (\text{mm}^2)$$

选 2Φ18($A_{sb}=509\ \text{mm}^2$)，满足配筋要求。

⑦钢筋弯起与截断。

$$1.3h_0=1.3\times615=800(\text{mm})$$

$$20d=20\times22=440\ (\text{mm})$$

$$l_a=\alpha\frac{f_y}{f_t}d=0.14\times\frac{360}{1.27}\times22=873(\text{mm})$$

$$1.2l_a+h_0=1.2\times873+615=1\ 663(\text{mm})$$

取 1 670 mm。

$$1.3l_a+1.7h_0=1.3\times873+1.7\times615=2\ 180(\text{mm})$$

主梁配筋图如图 5-26 所示。

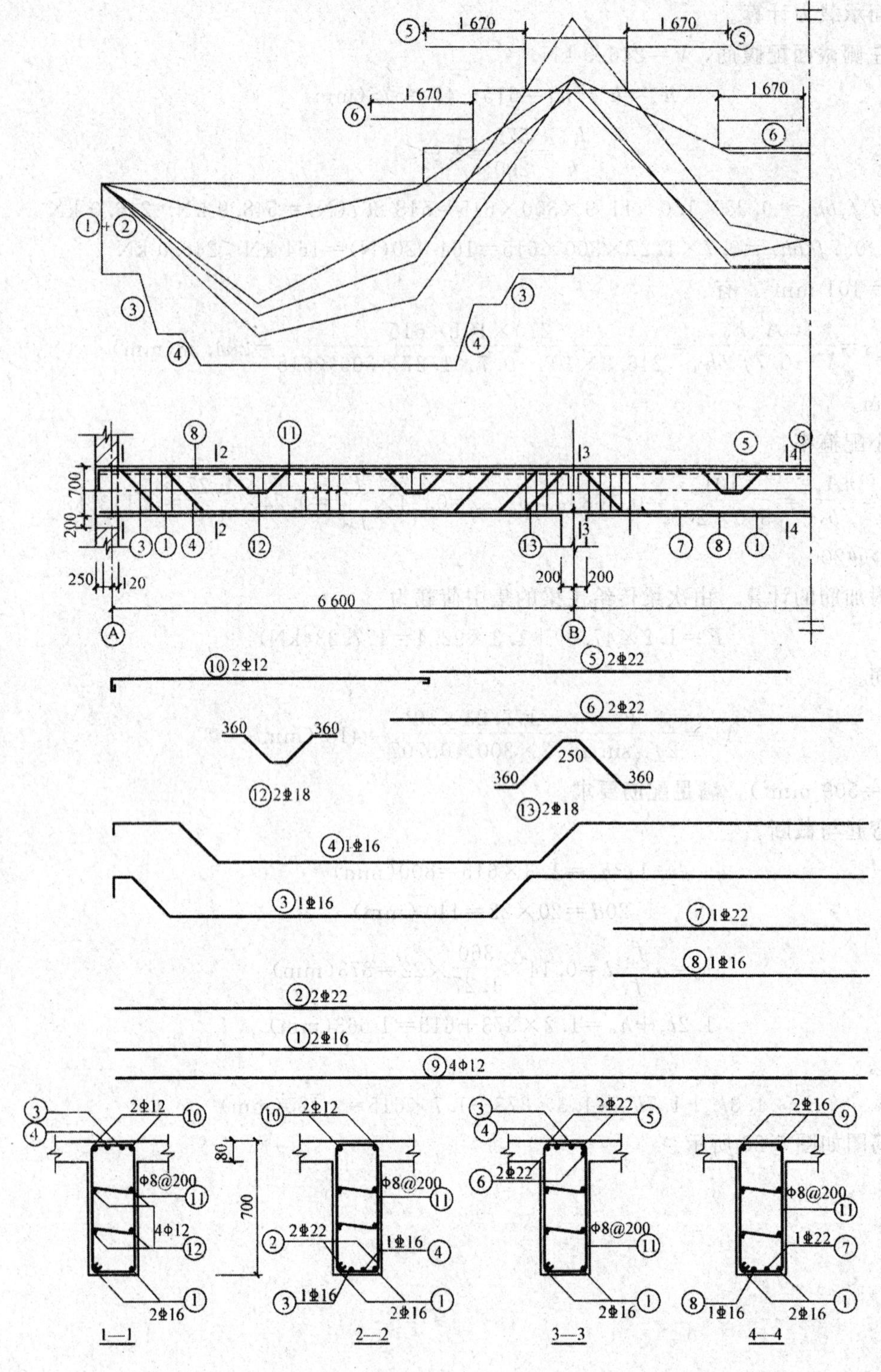

单位：mm

图 5-26 主梁配筋图

任务三　双向板肋梁楼盖设计

当板的长短边之比 $l_2/l_1 \leqslant 2$（按弹性理论计算）或 $l_2/l_1 \leqslant 3$（按塑性理论计算）时，荷载在两个方向引起的内力和变形都不能忽略，该板称为双向板，受力钢筋也沿板的两个方向布置。双向板受力较单向板好，板较薄，美观经济。

装配式混凝土楼盖主要有铺板式、密肋式和无梁式。其中，铺板式是目前工业与民用建筑中常用的形式，铺板式楼面是将密铺的预制板两端支承在砖墙上或楼面梁上构成的。本任务主要讲述双向板肋梁楼盖的设计要点及装配式混凝土楼盖的构件形式和连接构造。

一、双向板肋梁楼盖

由双向板和梁组成的现浇楼盖即双向板肋形楼盖，它有两种计算方法：弹性理论计算法和塑性理论计算法。本书只介绍弹性理论计算法，与塑性理论计算方法相比，其没有考虑混凝土的塑性性能，钢筋用量偏多，但计算较简单。

（一）双向板的受力特点

试验研究结果表明，双向板的受力特点是荷载沿两个方向传递给周边支承构件，双向受弯，横截面上有弯矩、剪力和扭矩。其破坏特征为：第一批裂缝出现在板底中部，平行于长边方向，这是短跨跨中正弯矩较长跨跨中正弯矩较大所致，随着荷载的进一步增大，板底裂缝逐渐顺长边延长，并沿 45°向板四角扩展；第二批裂缝出现在板顶四角，呈圆形的环状裂缝，最终因板底裂缝处的纵向受力钢筋达到屈服而导致板破坏（图 5-27）。

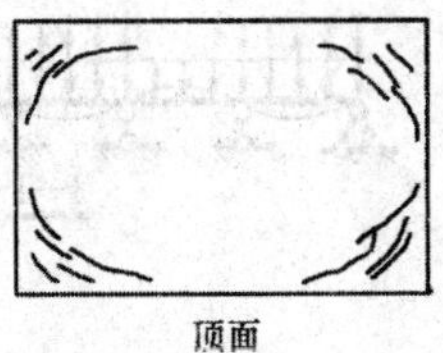

底面　底面　顶面　顶面

图 5-27　双向板裂缝示意图

（二）单跨双向板的设计计算

单跨双向板可在不同边界条件下按弹性薄板理论公式编制的相应表格中查出有关内力系数，再进行配筋计算：

$$m = 表中系数 \times (g+q) l_0^2 \tag{5-17}$$

式中　m——计算截面单位宽度的弯矩设计值；

l_0——板的较短方向计算跨度；

g、q——均布恒荷载和均布活荷载设计值。

单跨双向板的计算表格是按材料的泊松比 $\nu=0$ 制定的。当 $\nu\neq0$ 时，可按下式计算跨中弯矩：

$$m_x^{(\nu)}=m_x+\nu m_y \tag{5-18}$$

$$m_y^{(\nu)}=m_y+\nu m_x \tag{5-19}$$

式中 $m_x^{(\nu)}$、$m_y^{(\nu)}$——考虑泊松比后的弯矩；

m_x、m_y——泊松比为零的弯矩。

（三）多跨连续双向板的设计计算

多跨连续双向板弹性理论的精确计算过于复杂，设计中采用以单区格板计算为基础的实用计算法。

1. 基本假定

(1)支承梁的抗弯刚度很大，其竖向变形可忽略不计。

(2)支承梁的抗扭刚度很小，可以自由转动。

(3)同一方向相邻最小跨度与最大跨度之比大于 0.75。

按照上述基本假定，梁可视为板的不动铰支座，同一方向板的跨度可视为等跨。

2. 计算方法

(1)跨中最大正弯矩。此时，应将恒荷载满布板面各个区格，活荷载 q 做棋盘形布置(图 5-28)。为利用已有单区格板内力系数表格，将 g 与 q 分解为 $g'=g+q/2$ 和 $q'=\pm q/2$，分别作用于相应区格。

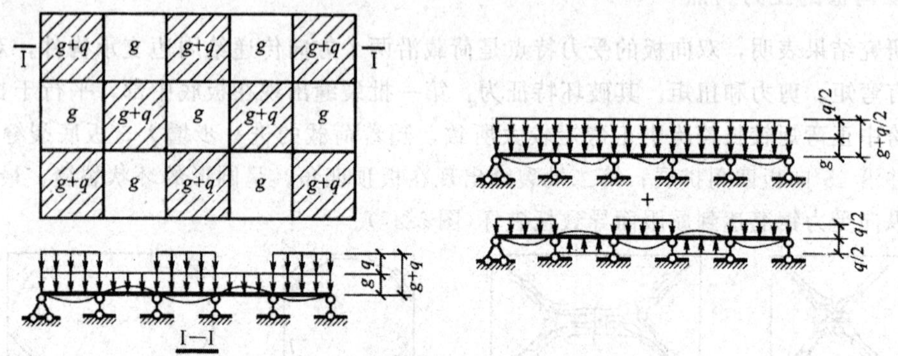

图 5-28 双向板的棋盘式荷载布置

在 g' 作用于各区格时，各内区格支座转动很小，可视为固定支座，故可利用四周固定板系数表求内区格在 g' 作用下的跨中弯矩。在 q 作用下，各内区格可近似视为承受反对称荷载 $\pm q/2$ 的连续板，中间支座的弯矩近似为零。因此，内区格板在 q' 作用下可视为四边简支板，也可利用表格求出此时的跨中弯矩，而外区格按实际支承考虑。最后，叠加 g' 和 q' 作用下的同一区格跨中弯矩，即得出相应跨中最大弯矩。

(2)支座最大负弯矩。求支座最大负弯矩时，可近似地在各区格按满布活荷载布置计算，故认为各区格板都是固定在中间支座上的，楼盖周边仍可按实际支承情况确定。按单跨双向板计算出各支座的负弯矩。当相邻区格板在同一支座上，分别求出的负弯矩不相等时，可取绝对值较大者作为该支座的最大负弯矩。

（四）双向板支承梁的设计

双向板传给支承梁的荷载可按近似方法计算，即根据荷载传递路线最短的原则确定，从每一区格四角画 45°线与平行于底边的中线相交，把整块板分成四块，每块小板上的荷载就近传至其支承梁上。因此，短跨支承梁上的荷载为三角形分布，长跨支承梁上的荷载为梯形分布（图 5-29）。

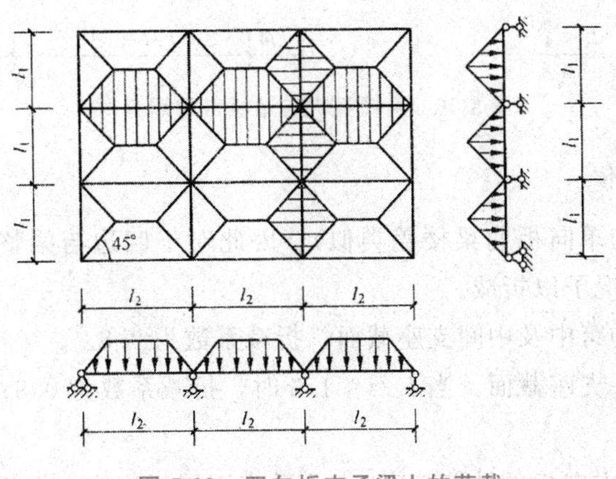

图 5-29　双向板支承梁上的荷载

支承梁的内力可按弹性理论或考虑塑性内力重分布的调幅方法计算，配筋构造与单向板肋梁楼盖相同。

（五）双向板楼盖的截面设计与构造

1. 板厚

双向板的厚度通常为 80～160 mm，任何情况下不得小于 80 mm。对于简支板，$h/l_0 \geqslant 1/45$；对于连续板，$h/l_0 \geqslant 1/50$。这里的 l_0 为板的较小方向计算跨度。

2. 截面有效高度

因为双向板的受力钢筋是沿纵横两个方向重叠布置的，所以两个方向的截面有效高度是不同的。短跨方向的弯矩比长跨方向的大，应将短跨方向的跨中受拉钢筋放在长跨方向的外侧，以得到较大的截面有效高度。截面有效高度通常分别取值如下：短跨方向 $h_{01}=h-20$ mm；长跨方向 $h_{02}=h-30$(mm)。其中，h 为板厚。

3. 钢筋配置

板的配筋形式类似于单向板，有弯起式与分离式两种，负弯矩钢筋及板面构造钢筋的设置也与单向板楼盖相同。

按弹性理论计算时，其跨中弯矩不仅沿板长变化，而且沿板宽向两边逐渐减小，而板底钢筋是按跨中最大弯矩求得的，故应在两边予以减少。将板按纵横两个方向各划分为两个宽为 $l_y/4$（l_y 为较小跨度）的边缘板带和一个中间板带（图 5-30）。边缘板带的配筋为中间板带配筋的 50％（但不少于 3 根/m），中间板带按计算配筋。连续支座上的钢筋应沿全支座均匀布置，不应减少。

受力钢筋的直径、间距、弯起点及截断点的位置等均可参照单向板配筋的有关规定。

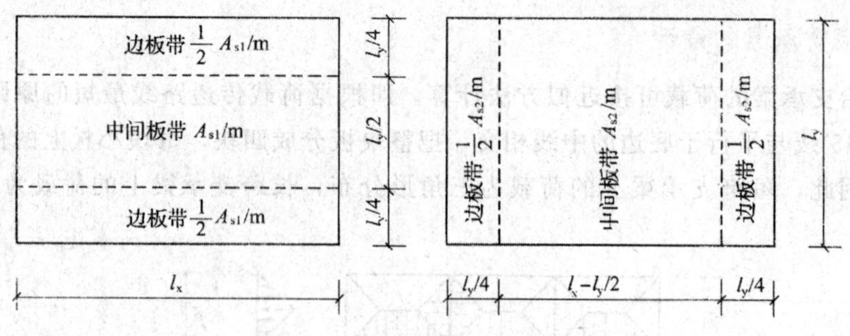

图 5-30 中间板带与边板带的划分

4. 截面的弯矩设计值

由于板的内拱作用(与单向板肋梁楼盖类似)，因此对于四边与梁整体连接的双向板，其截面弯矩设计值可按下列情况予以折减。

(1)连续板中间区格的跨中及中间支座截面，折减系数为0.8。

(2)边跨的跨中及第一支座截面，当 $l_b/l<1.5$ 时，折减系数为0.8；当 $1.5<l_b/l<2.0$ 时，折减系数为0.9。

l_b 为平行于楼板边缘方向板的计算跨度，l 为垂直于楼板边缘方向板的计算跨度。

(3)角区格的各截面不折减。

5. 配筋计算

为简化计算，双向板的配筋面积可按下式求出：

$$A_s=\frac{m}{\gamma_s h_0 f_y} \tag{5-20}$$

式中 γ_s——内力臂系数，可近似取0.9～0.95。

二、装配式混凝土楼盖

设计装配式楼盖时，一方面应注意合理地进行楼盖布置和预制构件选型；另一方面要处理好预制构件间的连接及预制构件和墙(柱)的连接。

(一)铺板式混凝土楼盖结构平面布置

铺板式混凝土楼盖的结构平面布置是楼盖设计中重要一环，做好结构平面布置对建筑的使用功能、经济、施工等都有非常重要的意义。按墙体的承重情况，铺板式楼盖的结构平面布置方案有以下几种。

(1)横墙承重方案。当房屋开间不大，横墙较多时，可将预制板沿房屋纵向直接搁支在横墙上。在横墙间距较大时，也可在纵墙上架设横梁，将预制板沿纵向搁支在横墙或横梁上。横墙承重方案整体性好，空间刚度大，多用于住宅。

(2)纵墙承重方案。当横墙间距大且层高又受到限制时，可将预制板沿横向直接搁支在纵墙上。纵墙承重方案开间大，房间布置灵活，但刚度差，多用于办公楼、教学楼等。

(3)纵、横墙混合承重方案。楼盖中的预制板部分沿纵向布置，部分沿横向布置。这种方案结构布置比较灵活，用于功能较多的建筑。

(二)铺板式楼盖的构件形式

1. 预制板形式

(1)实心板。实心板上下表面平整[图 5-31(a)]，制作简单，但材料用量较多，适用于荷载及跨度较小的走道板、管沟盖板、楼梯平台板等。常用板长 $l=1.2\sim2.4$ m，板厚 $h\geqslant l/30$，常用板厚 50～100 mm，板宽 500～1 000 mm。

(2)空心板。空心板孔洞的形式有圆形、矩形和长圆形等[图 5-31(b)]。空心板与实心板相比，用料省、自重轻、隔声效果和受力性能好、刚度大、上下平整，但制作稍复杂，板面不能任意开洞。普通钢筋混凝土空心板常用跨度为 2.4～4.8 m，预应力混凝土空心板常用跨度为 2.4～7.5 m，截面高度有 110 mm、120 mm、180 mm 和 240 mm，常用板宽 600 mm、900 mm 和 1 200 mm。

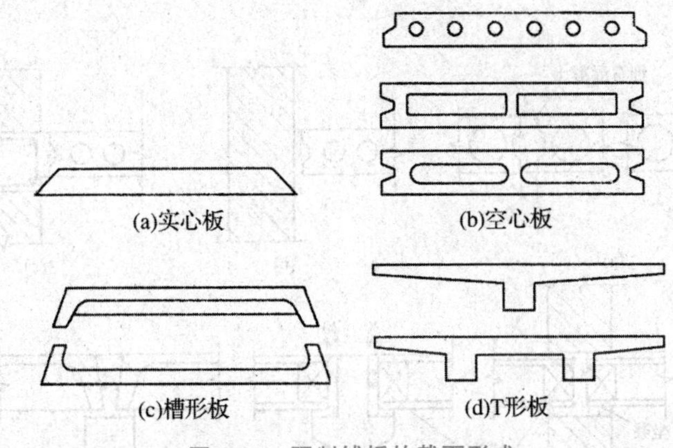

图 5-31　预制铺板的截面形式

(3)槽形板。槽形板由面板、纵肋和横肋组成。横肋除在板的两端设置外，在板的中部也可设置数道，以提高板的整体刚度。槽形板可分为正槽形板和倒槽形板[图 5-31(c)]。槽形板的常用跨度为 1.5～5.6 m，面板厚度一般为 25～30 mm，纵肋高(板厚)一般有 120 mm、180 mm 和 240 mm，肋宽 50～80 mm，常用板宽有 500 mm、600 mm、900 mm 和 1 200 mm。

(4)T 形板。T 形板有单 T 形板和双 T 形板两种[图 5-31(d)]。T 形板的受力性能较好，能跨越较大厚度，但整体刚度稍逊于其他形式的预制楼板。单 T 形板和双 T 形板常用跨度为 6～12 m，面板厚度一般为 40～50 mm，肋高 300～500 mm，板宽 1 500～2 100 mm。

2. 预制梁形式

楼盖大梁可以是预制的也可以是现浇的。预制梁一般多为单跨，可以是简支梁或伸臂梁，其截面形式有矩形、工字形、T 形、倒 T 形、十字形及花篮形等(图 5-32)。梁的高跨比一般为1/14～1/8。

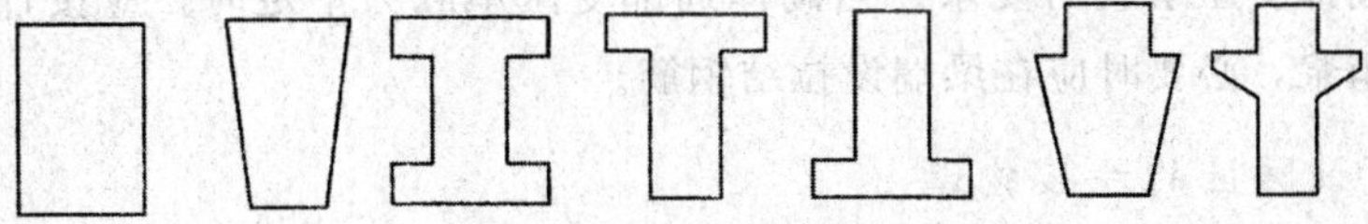

图 5-32　预制梁截面形式

（三）铺板式楼盖的连接

楼盖除承受竖向荷载外，还作为纵墙的支点，起着将水平荷载传递给横墙的作用。在这一传力过程中，楼盖在自身平面内，可视为支承在横墙上的深梁，其中将产生弯曲和剪切应力。因此，要求铺板与铺板之间、铺板与墙之间及铺板与梁之间的连接应能承受这些应力，以保证这种楼盖在水平方向的整体性。此外，增强铺板之间的连接也可增加楼盖在垂直方向受力时的整体性，改善各独立铺板的工作条件。因此，在装配式混凝土楼盖设计中，应处理好各构件之间的连接构造。

1. 位于非抗震设防区的连接构造

(1)板与板的连接。板的实际宽度比板宽标志尺寸小 10 mm，铺板后板与板之间下部应留有 10～20 mm 的空隙，上部板缝稍大，一般采用不低于 C15 的细石混凝土或不低于 M15 的水泥砂浆灌缝[图 5-33(a)]。

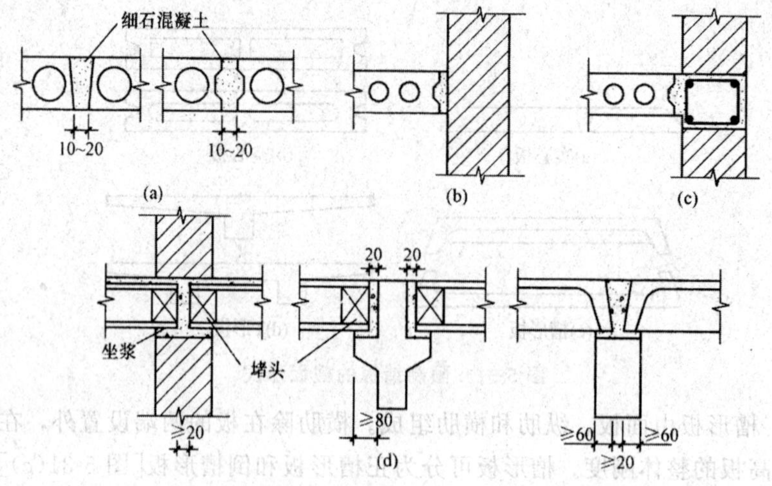

图 5-33　板与板及板与墙、梁的连接

(2)板与支承墙或支承梁的连接。一般采用支承处坐浆和一定的支承长度来保证。坐浆厚度 10～20 mm，当板支承在砖墙上时，支承长度不小于 100 mm[图 5-33(b)、(c)]；在混凝土梁上时，支承长度不小于 80 mm；在钢梁上时，支承长度不小于 60 mm[图 5-33(d)]。空心板两端的孔洞应用混凝土土块堵实，避免在灌缝或浇筑混凝土面层时漏浆。

(3)板与非支承墙的连接。一般采用细石混凝土灌缝。当板长大于或等于 4.8 m 时，应配置锚拉钢筋或将圈梁设置于楼层平面外(图 5-34)。

(4)梁与墙的连接。梁在砌体墙上的支承长度应考虑梁内受力纵筋在支承处的锚固要求，并满足支承下砌体局部受压承载力要求。当砌体局部受压承载力不足时，应按计算设置梁垫。预制梁的支座处应坐浆，必要时应在梁端设拉结钢筋。

2. 位于抗震设防区的连接构造

抗震设防区的多层砌体结构，当采用装配式楼盖时，在结构布置上应尽量采用横墙承重方案或纵横墙承重方案，其屋盖应符合下列要求。

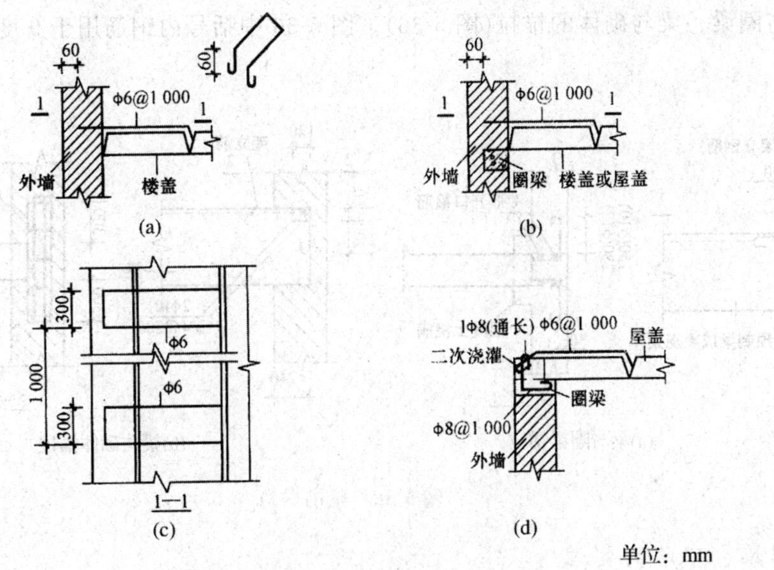

图 5-34　板底为圈梁时预制板侧边连接

(1)现浇钢筋混凝土楼板或屋面板伸进纵、横墙内的长度均不应小于 120 mm。

(2)装配式钢筋混凝土楼板或屋面板，当圈梁未设在板的同一标高时，板端伸进外墙的长度不应小于 120 mm，伸进内墙的长度不应小于 100 mm，在梁上不应小于 80 mm。

(3)当板的跨度大于或等于 4.8 m 并与外墙平行时，靠外墙的预制板侧边应与墙或圈梁拉结，板缝用细石混凝土填实(图 5-34)。

(4)房屋端部大房间的楼盖，8 度区房屋的楼盖和 9 度区房屋的楼、屋盖，当圈梁设在板底时，钢筋混凝土预制板应相互拉结，并应与梁、墙或圈梁拉结(图 5-35)。

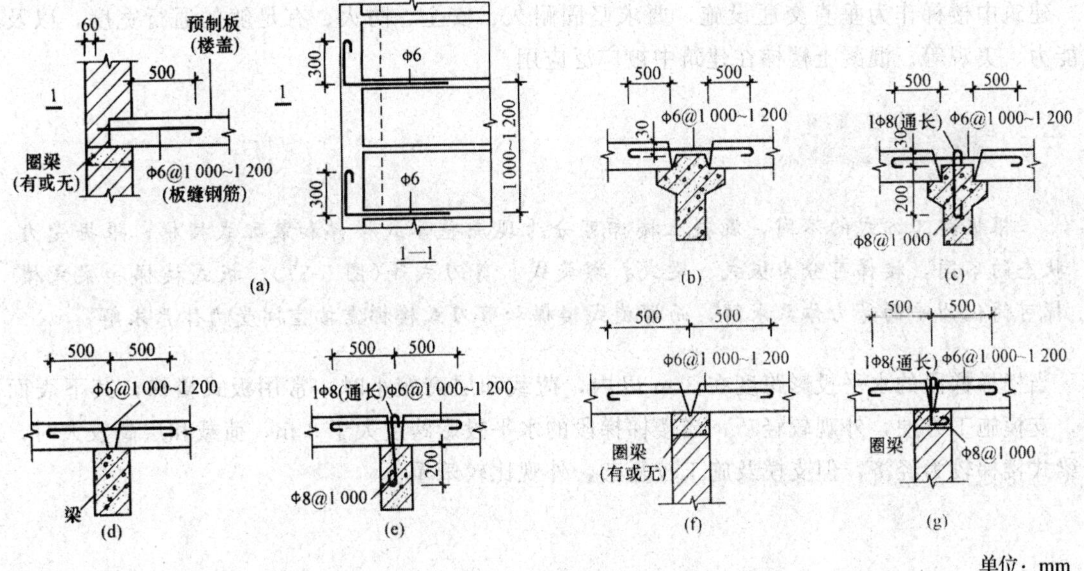

注：图中(b)、(d)、(f)用于 7、8 度区；(c)、(e)、(g)用于 9 度区

图 5-35　板底有圈梁时板端头连接

(5)梁与圈梁、梁与砌体的锚拉(图 5-36)。图 5-36 中括号内钢筋用于 9 度区。

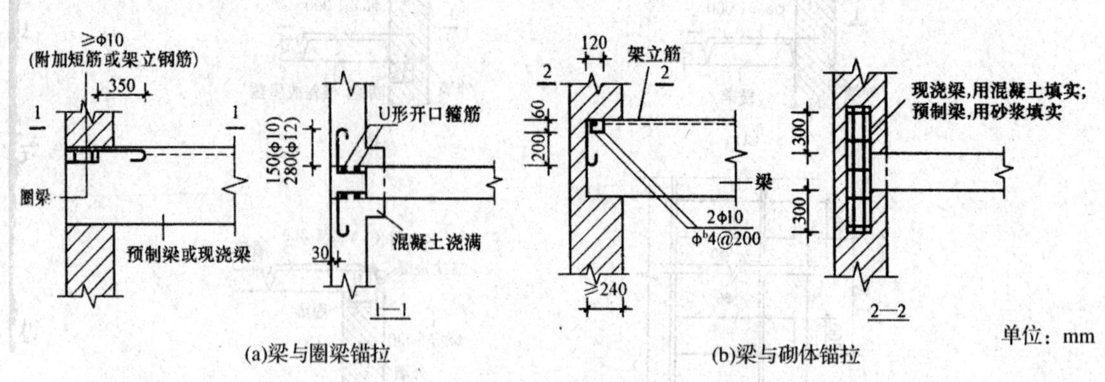

图 5-36　梁的锚拉

3. 板间较大空隙的处理

垂直于板跨方向的板缝有时较大，此时可采用下列方法处理。

(1)扩大板缝，将板缝均匀增大，但最大不超过 30 mm。

(2)采用不同宽的板搭配。

(3)结合立管的设置，做现浇板带。

(4)当所余空隙小于半砖时，可由墙面挑砖补缝。

任务四　钢筋混凝土楼梯设计

建筑中楼梯作为垂直交通设施，要求坚固耐久、安全、防火、有足够的通行宽度，以及疏散能力、美观等。混凝土楼梯在建筑中被广泛应用。

小贴士

根据施工方式的不同，混凝土楼梯可分为现浇整体式楼梯和装配式楼梯；根据受力状态的不同，楼梯可分为板式、梁式、螺旋式、剪刀式等(图 5-37)。板式楼梯和梁式楼梯可简化为平面受力体系求解，而螺旋式楼梯和剪刀式楼梯需按空间受力体系求解。

当楼梯梯段的水平投影跨度在 3 m 以内，荷载和层高较小时，常用板式楼梯，其下表面平整，支模施工方便，外观较轻巧；当楼梯梯段的水平投影跨度大于 3 m，荷载和层高较大时，采用梁式楼梯较为经济，但支模及施工较复杂，外观比较笨重。

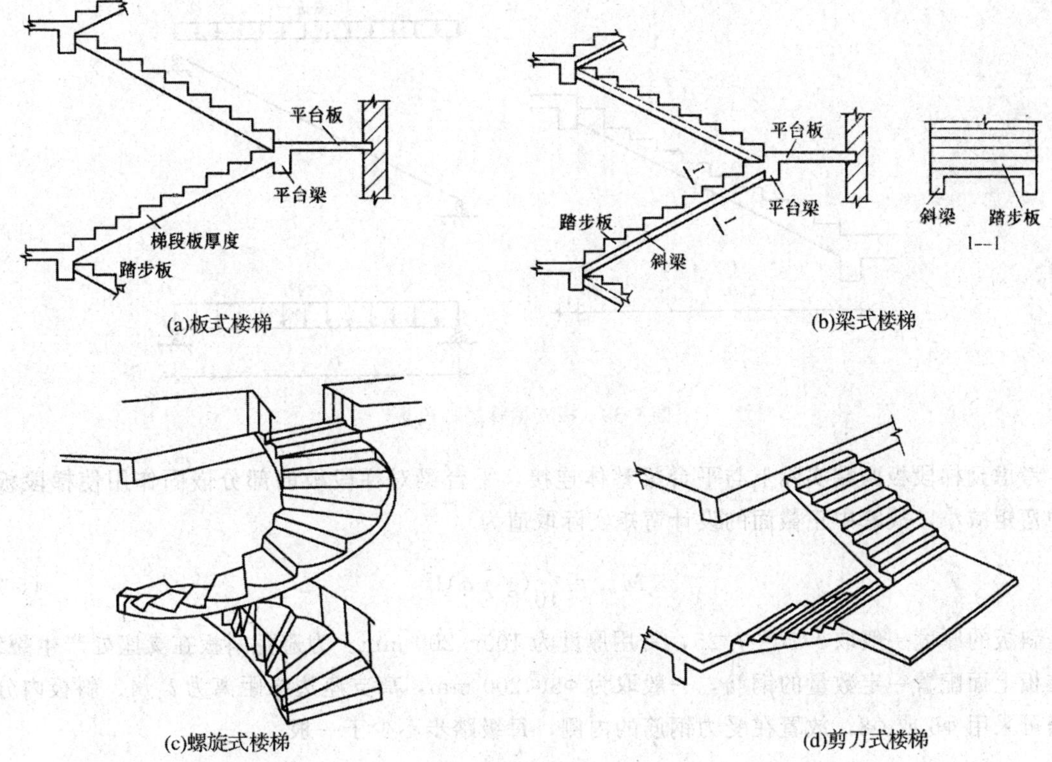

图 5-37　各种楼梯示意图

一、现浇板式楼梯的计算与构造

板式楼梯由三部分组成，即梯段板、平台梁和平台板[图 5-37(a)]。梯段板是一块有踏步的由平台梁支撑的斜放的现浇板，简支于平台梁，平台梁间距为梯段板跨度，平台梁则简支于楼梯间的横墙或柱上，可简化为简支梁计算，平台板为四边支承的单区格板。

(一)梯段板的设计

梯段板为斜向搁支在平台梁上的受弯构件，计算时取 1 m 宽板带为计算单元，将梯段板与平台梁的连接简化为简支，由于梯段板为斜向搁支的受弯构件，因此，梯段板的竖向荷载除引起弯矩和剪力外，还将产生轴向力，但其影响很小，设计时可不考虑。

梯段板的计算跨度按斜板的水平投影长度取值，荷载也同时化为梯段板水平投影长度上的均布荷载(图 5-38)。

由力学知识可知，简支斜板在沿水平投影长度的竖向均布荷载作用下，跨中最大弯矩与相应的简支水平板的最大弯矩相等。梯段板跨中最大弯矩为

$$M_{\max}=\frac{1}{8}(g+q)l_0^2 \tag{5-21}$$

式中　$M_{\max}$——梯段板跨中最大弯矩；

g、q——沿水平投影方向的恒荷载和活荷载设计值；

l_0——梯段板的计算跨度。

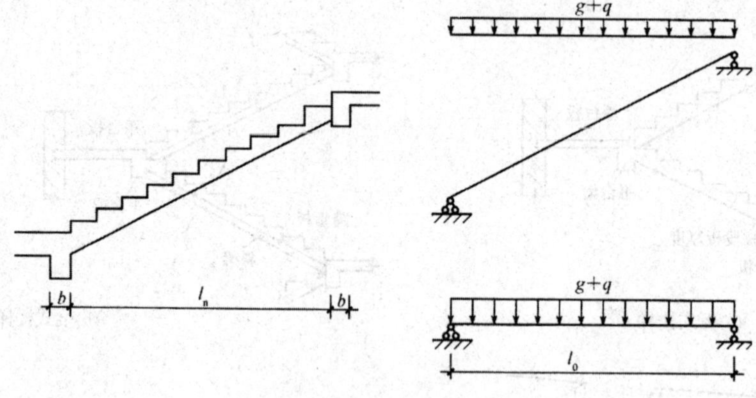

图 5-38　板式楼梯的梯段板

考虑到梯段板两端实际上与平台梁整体连接，平台梁对梯段板的部分嵌固作用使梯段板的跨中弯矩减小，故跨中正截面的设计弯矩实际取值为

$$M_{\max}=\frac{1}{10}(g+q)l_0^2 \tag{5-22}$$

斜板的厚度一般取 $l/30 \sim l/25$，常用厚度为 100～200 mm。为避免斜板在支座处产生裂缝，应在板上面配置一定数量的钢筋，一般取为 Φ8@200 mm，离支座边缘距离为 $l_0/4$。斜板内分布钢筋可采用 Φ6 或 Φ8，放置在受力钢筋的内侧，每级踏步不少于一根。

（二）平台板的设计

平台板一般设计成单向板，可取 1 m 宽板带进行计算。

当平台板两边都与梁整浇时，考虑梁对板的约束，板跨中弯矩可按下式计算：

$$M_{\max}=\frac{1}{10}(g+q)l_0^2 \tag{5-23}$$

式中　$M_{\max}$——平台板跨中最大弯矩；

g、q——平台板上的恒荷载和活荷载设计值；

l_0——平台板的计算跨度。

当平台板一端与平台梁整体浇筑，另一端简支在砖墙上时，板跨中弯矩可按下式计算：

$$M_{\max}=\frac{1}{8}(g+q)l_0^2 \tag{5-24}$$

考虑到板支座的转动会受到一定约束，一般应将板下部钢筋在支座附近弯起一半，或在板面支座处另配短钢筋，伸出支承边缘长度为 $l_0/4$（图 5-39）。

（三）平台梁

平台梁承受平台板和斜板传来的均布荷载（图 5-40），其计算和构造与一般受弯构件相同，内力计算时可不考虑斜板之间的间隙，即荷载按全跨满布考虑，按简支梁计算。

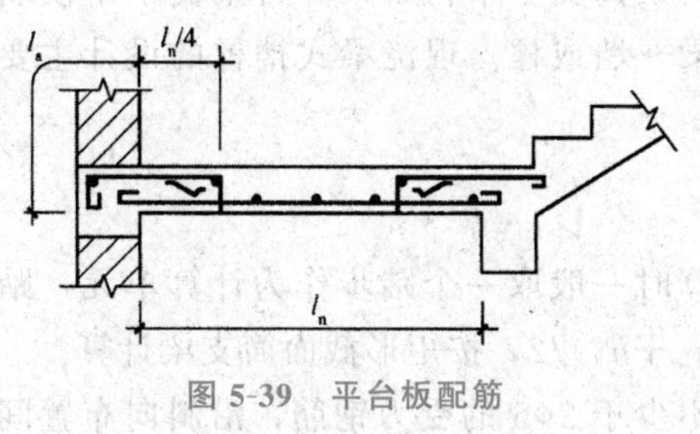

图 5-39　平台板配筋

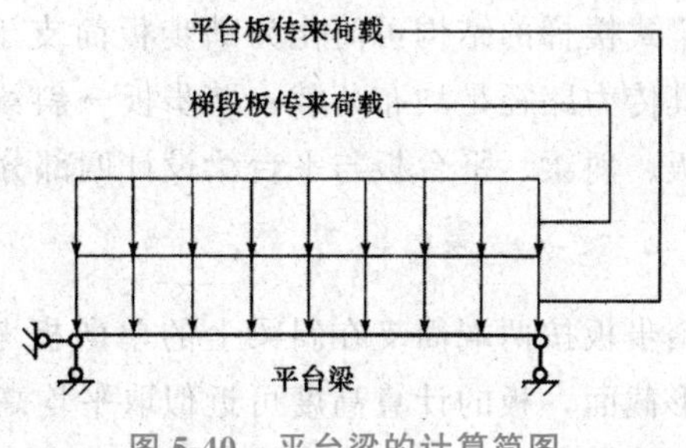

图 5-40　平台梁的计算简图

（四）现浇板式楼梯的构造要求

(1)梯段斜板配筋构造要求如图 5-41 所示。

(2)当楼梯下净高不够时，可将楼层梁向内移动(图 5-42)，这样板式楼梯的梯段就成为折线形。设计中应注意以下两个问题。

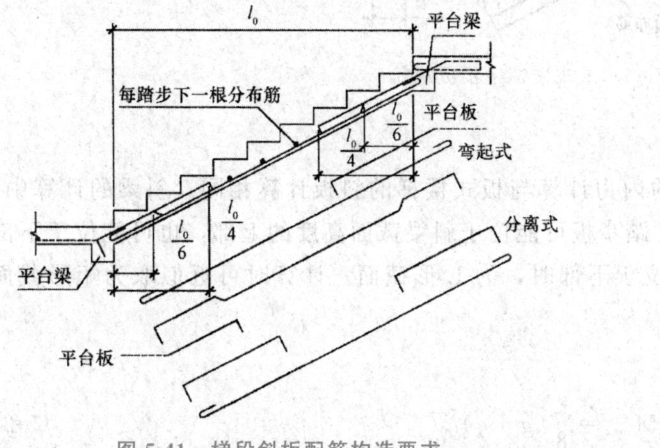

图 5-41　梯段斜板配筋构造要求

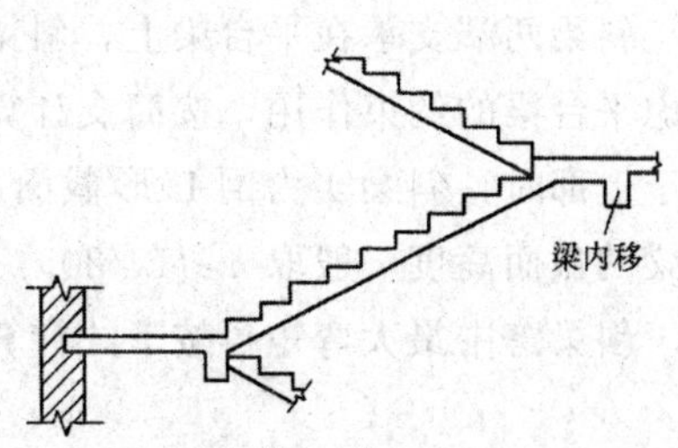

图 5-42　楼层梁内移

①梯段中的水平段，其板厚应与梯段相同，不能处理成与平台板同厚。

②折角处的下部受拉纵筋不允许沿板底弯折，以免产生向外的合力将该处的混凝土崩脱，应将此处纵筋断开，各自延伸至上面再行锚固。若板的弯折位置靠近楼层梁，板内可能出现负弯矩，则板上面还应配置承担负弯矩的短钢筋(图 5-43)。

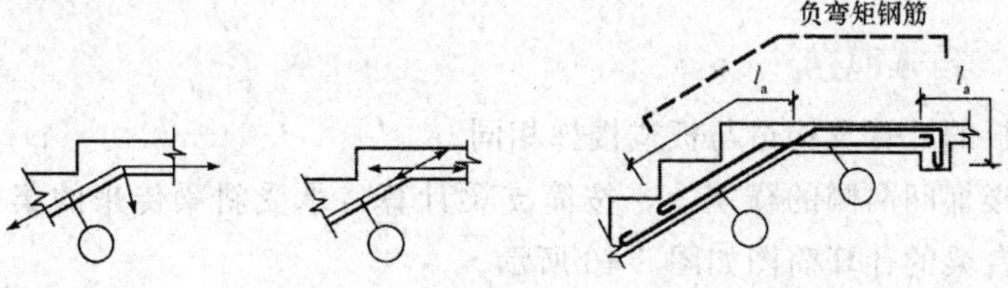

图 5-43　板内折角时的配筋

二、现浇梁式楼梯的计算与构造

梁式楼梯的结构组成为踏步板、斜梁、平台板和平台梁[图 5-37(b)]。梁式楼梯由梯段斜梁承受梯段上全部荷载，斜梁由上下两端的平台梁支承，平台梁的间距为斜梁的跨度。

梁式楼梯的结构可简化为踏步板简支于斜梁，斜梁简支于平台梁，平台梁支承于横墙或柱上。其传力路径是均布荷载→踏步板→斜梁→平台梁→墙或柱。现浇梁式楼梯的设计主要包括踏步板、斜梁、平台板与平台梁设计四部分。

（一）踏步板的设计

踏步板按两端简支在斜梁上的单向板考虑，计算时一般取一个踏步作为计算单元，踏步板为梯形截面，板的计算高度可近似取平均高度 $h=(h_1+h_2)/2$，按矩形截面简支梁计算。

板厚一般为 30～40 mm，每一踏步一般需配置不少于 2Φ6 的受力钢筋，沿斜向布置间距不大于 300 mm 的 Φ6 分布钢筋。梁式楼梯踏步板配筋如图 5-44 所示。

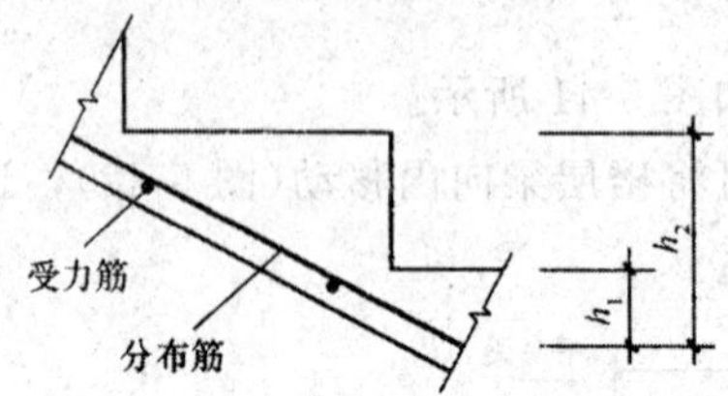

图 5-44　梁式楼梯踏步板配筋

（二）斜梁的设计

斜梁两端支承在平台梁上，斜梁的内力计算与板式楼梯的斜板计算相同。斜梁的计算中不考虑平台梁的约束作用，按简支计算。踏步板可能位于斜梁截面高度的上部，也可能位于下部。位于上部时，斜梁实为倒 L 形截面；位于下部时，为 L 形截面。计算时可近似取为矩形截面。斜梁的截面高度一般取 $h\geqslant l_0/20$。

斜梁跨中最大弯矩可按下式计算：

$$M_{\max}=\frac{1}{8}(g+q)l_0{}^2 \tag{5-25}$$

式中　$M_{\max}$——斜梁跨中最大弯矩；

g、q——斜梁上沿水平投影方向的恒荷载和活荷载设计值；

l_0——斜梁的计算跨度。

斜梁的配筋计算与一般梁相同，受力主筋应沿斜梁长向配置，斜梁的纵向受力钢筋在平台梁中应有足够的锚固长度(图 5-45)。

（三）平台板与平台梁的设计

梁式楼梯平台板的计算及构造与板式楼梯相同。

平台梁支承在楼梯间两侧的横墙上，按简支梁计算，承受斜梁传来的集中荷载和平台板传来的均布荷载。平台梁的计算简图如图 5-46 所示。

（四）现浇梁式楼梯的构造要求

(1)若遇折线形斜梁，梁内折角处的受拉纵向钢筋应分开配置，并各自延伸以满足锚固要求，同时还应在该处增设箍筋。该箍筋应足以承受未伸入受压区域的纵向受拉钢筋的合力，且在任何情况下不应小于全部纵向受拉钢筋合力的 35%。由箍筋承受的纵向受拉钢筋的合力可按下式计算(图 5-47)。

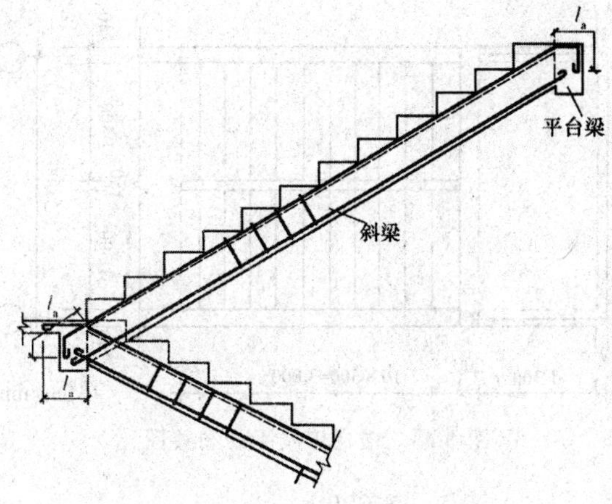

图 5-45　梁式楼梯斜梁配筋图

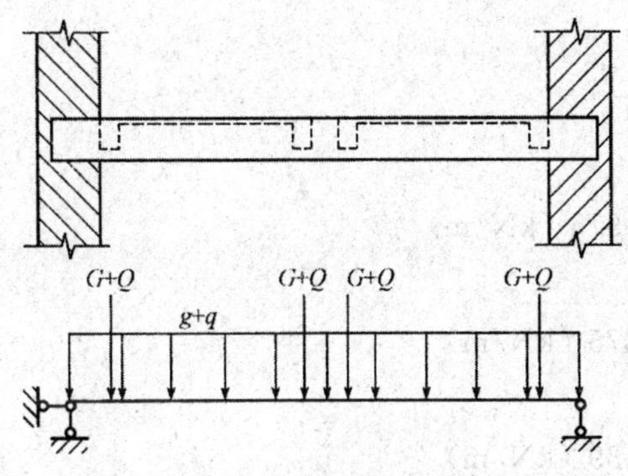

图 5-46　平台梁的计算简图

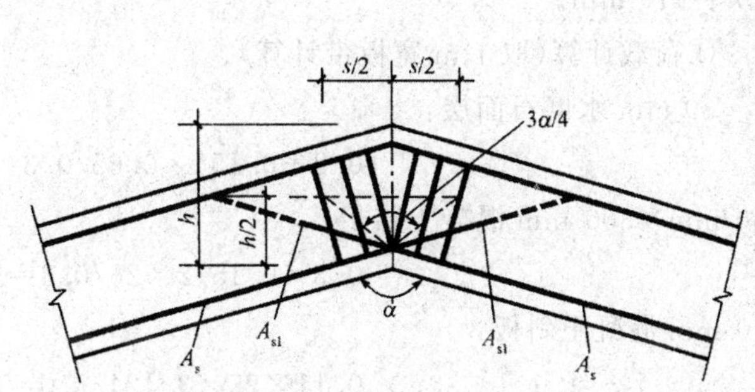

图 5-47　折线形斜梁内折角处的钢筋

未伸入受压区域的纵向受拉钢筋的合力为

$$N_{s1}=f_yA_{s1}\cos\frac{\alpha}{2} \tag{5-26}$$

全部纵向受拉钢筋合力的 35%为

$$N_{s2}=0.7f_yA_s\cos\frac{\alpha}{2} \tag{5-27}$$

式中　A_s——全部纵向受拉钢筋的截面面积；

A_{s1}——未伸入受压区域的纵向受拉钢筋的截面面积；

α——构件的内折角。

按上述条件求得的箍筋，应设置在长度为 $s=h\tan\frac{3}{8}\alpha$ 的范围内。

【例 5-2】某办公楼的现浇板式楼梯，其平面布置图如图 5-48 所示，层高 3.3 m，踏步尺寸 150 mm×300 mm。楼梯段和平台板构造做法是 30 mm 水磨石面层、20 mm 厚混合砂浆板底抹灰，楼梯上的均布荷载标准值 $q_k=2.50\ \mathrm{kN/m^2}$。混凝土采用 C30，板、梁的纵向受力钢筋采用 HRB335，环境等级为一类。试设计该楼梯。

【解】

(1)楼梯斜板设计。

斜板厚：

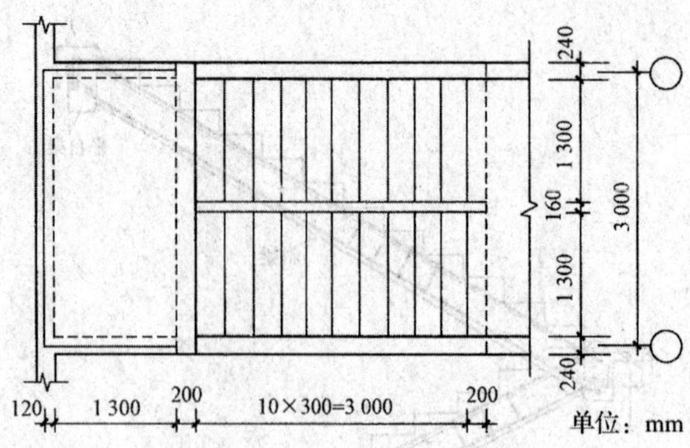

图 5-48 楼梯结构平面布置图

$$h=\frac{l_0}{28}=\frac{3\ 000}{28}=107.14(\text{mm})$$

取 $h=110$ mm。

①荷载计算(取 1 m 宽板带计算)。

30 mm 水磨石面层：

$$(0.3+0.15)\times 0.65/0.3=0.975\ (\text{kN/m})$$

150 mm×300 mm 混凝土踏步：

$$0.3\times 0.15/2\times 25/0.3=1.875\ (\text{kN/m})$$

110 mm 混凝土斜板：

$$0.11\times 25\times 3.424/3.0=3.139\ (\text{kN/m})$$

20 mm 板底抹灰：

$$0.02\times 17\times 3.424/3.0=0.388\ (\text{kN/m})$$

永久荷载的标准值：

$$g_k=6.38\ \text{kN/m}$$

可变荷载的标准值：

$$q_k=2.50\ \text{kN/m}$$

②荷载组合。

可变荷载控制：

$$p=1.2\times 6.38+1.4\times 2.5=11.16(\text{kN/m})$$

永久荷载控制：

$$p=1.35\times 6.38+1.4\times 0.7\times 2.5=11.06(\text{kN/m})$$

取

$$p=11.16\ \text{kN/m}$$

(2)截面设计。

①配筋计算。

$$l_0=3.0\ \text{m},\ h_0=110-20=90\ (\text{mm})$$

$$M=\frac{1}{10}pl_0^2=\frac{1}{10}\times 11.16\times 3^2=10.044\ (\text{kN}\cdot\text{m})$$

$$\alpha_s=\frac{M}{\alpha_1 f_c b h_0^2}=\frac{10.044\times10^6}{1.0\times14.3\times1\,000\times90^2}=0.087$$

$$\xi=1-\sqrt{1-2\alpha_s}=1-\sqrt{1-2\times0.087}=0.09<\xi_b=0.55$$

$$A_s=\xi b h_0\frac{\alpha_1 f_c}{f_y}=0.09\times1\,000\times90\times\frac{1\times14.3}{300}=386.1\ (\text{mm}^2)$$

选配 Φ8@100，$A_s=503\ \text{mm}^2$。

②验算适用条件。

$$45f_t/f_y(\%)=45\times1.43/300\%=0.21\%>\rho_{min}=0.2\%$$

取 $\rho_{min}=0.21\%$。

$$A_{smin}=\rho_{min}bh=0.21\%\times1\,000\times110=231\ \text{mm}^2<A_s=503\ \text{mm}^2$$

满足要求。

每个踏步布置一根的分布筋，斜板配筋如图 5-49 所示。

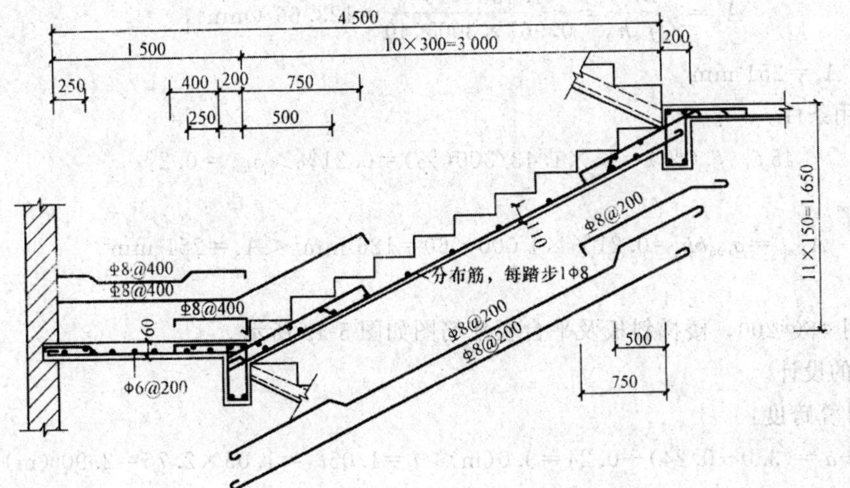

图 5-49　楼梯斜板及平台板配筋图

(3)平台板设计。

平台板厚 h 取 60 mm，取 1 m 宽的板带计算。

①荷载计算。

65 mm 水磨石面层：

$$0.65\times1=0.65\ (\text{kN/m})$$

60 mm 混凝土板：

$$0.06\times25\times1=1.50\ (\text{kN/m})$$

20 mm 板底抹灰：

$$0.02\times17\times1=0.34\ (\text{kN/m})$$

永久荷载的标准值：

$$g_k=2.49\ \text{kN/m}$$

可变荷载的标准值：

$$q_k=2.50\ \text{kN/m}$$

荷载设计值：

$$p=1.2\times2.49+1.4\times2.50=6.49\ (\text{kN/m})$$

②截面设计。

a. 配筋计算。

$$l=l_0+h/2=1.3+0.06/2=1.33\ \text{m},\ h_0=60-20=40\ (\text{mm})$$

$$M=\frac{1}{8}pl^2=\frac{1}{8}\times6.49\times1.33^2=1.435\ (\text{kN}\cdot\text{m})$$

$$\alpha_s=\frac{M}{\alpha_1 f_c bh_0^2}=1.0\times\frac{1.435\times10^6}{14.3\times1\ 000\times40^2}=0.063<\alpha_{smax}=0.398\ 8$$

$$\gamma_s=\frac{1+\sqrt{1-2\alpha_s}}{2}=\frac{1+\sqrt{1-2\times0.063}}{2}=0.967$$

$$A_s=\frac{M}{\gamma_s f_y h_0}=\frac{1.435\times10^6}{0.967\times300\times40}=123.66\ (\text{mm}^2)$$

选配 Φ8@200，$A_s=251\ \text{mm}^2$。

b. 验算适用条件。

$$45f_t/f_y(\%)=45\times1.43/300(\%)=0.21\%>\rho_{min}=0.2\%$$

取 $\rho_{min}=0.21\%$。

$$A_{smin}=\rho_{min}bh=0.21\%\times1\ 000\times60=126\ \text{mm}^2<A_s=251\ \text{mm}^2$$

满足要求。

分布筋选用 Φ6@200，楼梯斜板及平台板配筋图如图 5-49 所示。

(4)平台梁的设计。

平台梁的计算跨度：

$$l=l_0+a=(3.0-0.24)+0.24=3.0(\text{m})>l=1.05l_0=1.05\times2.76=2.90\ (\text{m})$$

取 $l=2.90$ m。

平台梁的截面尺寸：

$$h=\frac{l}{12}=\frac{2\ 900}{12}=242(\text{mm})$$

取 $b\times h=200\ \text{mm}\times350\ \text{mm}$。

①荷载计算。

110 mm 厚斜板传来：

$$6.38\times3.0/2=9.57\ (\text{kN/m})$$

60 mm 厚平台板传来：

$$2.49\times(1.3/2+0.2)=2.12\ (\text{kN/m})$$

200 mm×350 mm 梁自重：

$$0.2\times(0.35-0.06)\times25=1.45\ (\text{kN/m})$$

20 mm 厚梁侧抹灰：

$$0.02\times(0.35-0.06)\times2\times17=0.20\ (\text{kN/m})$$

永久荷载标准值：

$$g_k = 13.34\ \text{kN/m}$$

可变荷载的标准值：

$$q_k = 2.5 \times (3.0/2 + 1.3/2 + 0.2) = 5.88\ (\text{kN/m})$$

可变荷载控制：

$$p = 1.2 \times 13.34 + 1.4 \times 5.88 = 24.24\ (\text{kN/m})$$

永久荷载控制：

$$p = 1.35 \times 13.34 + 1.4 \times 0.7 \times 5.88 = 23.77\ (\text{kN/m})$$

取

$$p = 24.24\ \text{kN/m}$$

②截面设计。

a. 内力计算。

弯矩设计值：

$$M = \frac{1}{8} p l^2 = \frac{1}{8} \times 24.24 \times 2.9^2 = 25.48\ (\text{kN} \cdot \text{m})$$

剪力设计值：

$$V = \frac{1}{2} p l_0 = \frac{1}{2} \times 24.24 \times 2.76 = 33.45\ (\text{kN})$$

b. 正截面承载力计算。

平台梁配筋计算：截面按倒 L 形计算，受压翼缘的计算跨度。

按计算跨度 l 考虑：

$$b'_f = l/6 = 2\ 900/6 = 483\ (\text{mm})$$

按梁(肋)净距 s_n 考虑：

$$b'_f = b + s_n/2 = 200 + 1\ 300/2 = 850\ (\text{mm})$$

按翼缘高度 h'_f 考虑：

$$b'_f = b + 5h'_f = 200 + 5 \times 60 = 500\ (\text{mm})$$

故取 $b'_f = 483$ mm，$h_0 = 350 - 35 = 315$ (mm)。

因为

$$\alpha_1 f_c h'_f (h_0 - h'_f/2) = 1.0 \times 14.3 \times 483 \times 60 \times (315 - 60/2) = 118.11 \times 10^6\ (\text{N} \cdot \text{mm})$$
$$= 118.11\ \text{kN} \cdot \text{m} > M = 25.48\ \text{kN} \cdot \text{m}$$

故属于第一类 T 形截面。

$$\alpha_s = \frac{M}{\alpha_1 f_c b h_0^2} = \frac{25.48 \times 10^6}{1.0 \times 14.3 \times 483 \times 315^2} = 0.037$$

$$\xi = 1 - \sqrt{1 - 2\alpha_s} = 1 - \sqrt{1 - 2 \times 0.037} = 0.038 < \xi_b = 0.55$$

$$A_s = \xi b h_0 \frac{\alpha_1 f_c}{f_y} = 0.038 \times 483 \times 315 \times \frac{1 \times 14.3}{300} = 276\ (\text{mm}^2)$$

选配 $A_s = 308\ \text{mm}^2$。

c. 验算适用条件。

$$45 f_t / f_y (\%) = 45 \times 1.43/300 (\%) = 0.21\% > \rho_{min} = 0.2\%$$

取 $\rho_{min} = 0.21\%$。

$$A_{smin}=\rho_{min}bh=0.21\%\times200\times350=147(mm^2)<A_s=308\ mm^2$$

满足要求。

d. 斜截面承载力计算。

ⅰ. 验算截面尺寸是否符合要求。

$$0.25\beta_c f_c bh_0=0.25\times1\times14.3\times200\times315=225.23\times10^3(N)=225.23\ kN>V=33.45\ kN$$

截面尺寸满足要求。

ⅱ. 判别是否需要按计算配置箍筋。

$$0.7f_t bh_0=0.7\times1.43\times200\times315=63.06\times10^3(N)=63.06\ kN>V=33.45\ kN$$

需要按构造配置箍筋，箍筋选用双肢箍 Φ6@200。

ⅲ. 验算适用条件。

$$\rho_{sv}=\frac{nA_{sv1}}{bs}=\frac{2\times28.3}{200\times200}=0.142\%>\rho_{svmin}=0.24\times\frac{f_t}{f_{yv}}=0.24\times\frac{1.43}{300}=0.114\%$$

且选择箍筋间距和直径均满足构造要求。

平台梁配筋图如图 5-50 所示。

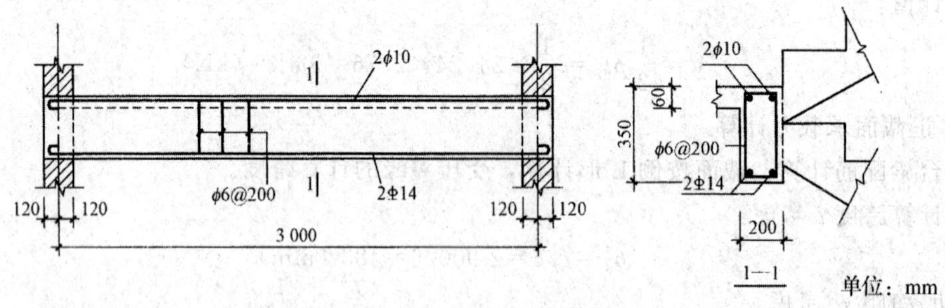

图 5-50　平台梁配筋图

任务五　钢筋混凝土雨篷设计

雨篷是建筑物入口处遮挡雨雪的构件，由雨篷板和雨篷梁组成，雨篷梁是雨篷板的支承。雨篷可能发生的三种破坏情况如下。

(1)雨篷板的支承截面发生正截面受弯破坏。

(2)雨篷梁受弯、剪、扭作用破坏。

(3)雨篷发生整体倾覆。

(一)雨篷板的设计

雨篷板上的荷载有恒载(包括自重、粉刷等)、雪荷载、均布活荷载，以及施工和检修集中荷载。以上荷载中，雨篷均布活荷载与雪荷载不同时考虑，取二者中较大值进行设计；施工或检修集中荷载按作用于板悬臂端考虑。每一集中荷载值为 1.0 kN，进行承载能力计算时，沿板宽每隔 1 m 考虑一个集中荷载；进行雨篷抗倾覆验算时，沿板宽每隔 2.5～3.0 m 考虑一个集中荷载。施工集中荷载和雨篷的均布活荷载不同时考虑。

小贴士

雨篷板通常取 1 m 宽进行内力分析，当为板式结构时，其受力特点与一般悬臂板相同，应按恒荷载 g 与均布活荷载 q 组合和恒荷载 g 与集中荷载 P 组合分别计算内力，取其中较大值进行正截面受弯承载力计算，计算截面为雨篷板根部。

（二）雨篷梁的设计

雨篷梁所承受的荷载有自重、梁上砌体重、可能计入的楼盖传来的荷载及雨篷板传来的荷载。梁上砌体质量和楼盖传来的荷载应按过梁荷载的规定计算。

现以雨篷板上作用均布荷载为例，讲述雨篷梁的扭矩问题。

雨篷梁上的扭矩如图 5-51 所示，由于雨篷板荷载的作用面不在雨篷梁的竖向对称平面内，因此这些荷载对梁产生扭矩。当雨篷板上作用有均布荷载 q 时，板传给梁轴线沿单位板宽方向的扭矩 m_p 为

$$m_p = ql\left(\frac{l+b}{2}\right) \tag{5-28}$$

m_p 在梁支座处产生的最大扭矩为

$$T = m_p l_0/2 \tag{5-29}$$

式中　l_0——雨篷梁的计算跨度，可近似取为 $l_0 = 1.05l_n$（l_n 为梁的净跨）；

l——雨篷板的悬挑长度；

b——雨篷梁的宽度。

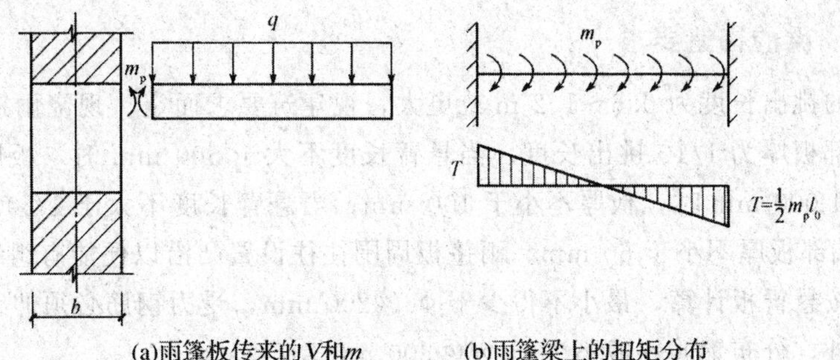

图 5-51　雨篷梁上的扭矩

雨篷梁在自重、梁上砌体重等荷载作用下产生弯矩和剪力；在雨篷板荷载作用下不仅产生扭矩，而且还产生了弯矩和剪力。因此，雨篷梁是受弯、剪、扭的复合受力构件，应按弯、剪、扭构件计算所需纵向钢筋和箍筋的截面面积，并满足构造要求。

（三）雨篷的抗倾覆验算

雨篷板上的荷载使整个雨篷绕雨篷梁底的倾覆点 O 转动而倾倒（图 5-52），但是梁的自重、梁上砌体重等却有阻止雨篷倾覆的稳定作用。《砌体结构设计规范》(GB 50003—2011)取雨篷的倾覆点位于墙的外边缘。进行抗倾覆验算要求满足

$$M_r \geqslant M_{ov} \tag{5-30}$$

$$M_r \geqslant 0.8G_r(l_2 - x_0) \tag{5-31}$$

$$l_2 = l_1/2$$

式中　M_{ov}——雨篷板的荷载设计值对计算倾覆点产生的倾覆力矩；

M_r——雨篷的抗倾覆力矩设计值；

G_r——雨篷的抗倾覆荷载[为雨篷梁尾端上部45°扩散角范围内（其水平长度为 $l_3 = l_n/2$）的砌体与楼面恒荷载标准值之和]；

l_2——G_r 作用点至墙外边缘的距离；

l_1——雨篷梁埋入砌体中的长度；

x_0——计算倾覆点至墙外边缘的距离，$x_0 = 0.13l_1$。

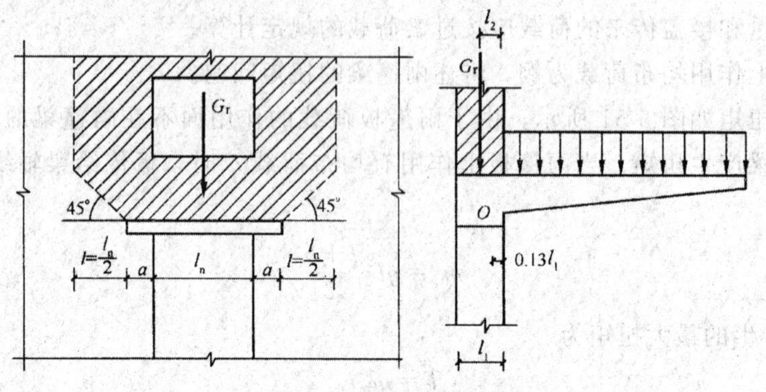

图 5-52　雨篷的抗倾覆荷载

当式(5-31)不能满足时，可适当增加雨篷梁两端埋入砌体的支承长度，以增大抗倾覆的能力，或者采用其他拉结措施。

（四）雨篷板、梁的构造要求

一般雨篷板的挑出长度为0.6～1.2 m或更大，视建筑要求而定。现浇雨篷板多数做成变厚度的，一般取根部板厚为1/10挑出长度。当悬臂长度不大于500 mm时，板厚不小于60 mm；当悬臂长度大于1 000 mm时，板厚不小于100 mm；当悬臂长度不大于1 500 mm时，板厚不小于150 mm。端部板厚不小于60 mm。雨篷板周围往往设置凸沿以便能有组织地排泄雨水。

雨篷板受力按悬臂板计算，最小不得少于Φ6@200 mm，受力钢筋必须伸入雨篷梁，并与梁中箍筋连接。此外，分布钢筋一般不少于Φ6@300 mm。

小贴士

雨篷梁的宽度一般取与墙厚相同，梁的高度应按承载能力要求确定，梁两端伸进砌体的长度应考虑雨篷抗倾覆的因素确定。一般当梁的净跨长 $l_n < 1.5$ m时，梁一端埋入砌体的长度 a 宜取 $a \geqslant 300$ mm；当 $l_n > 1.5$ m时，宜取 $a \geqslant 500$ mm。

能力训练

1. 现浇钢筋混凝土楼盖有几种类型？各有什么特点？

2. 在现浇单向板肋梁楼盖和双向板肋梁楼盖中，荷载分别是怎么传递的？

3. 单向板和双向板是怎么划分的？其受力有何不同？

4. 板、主梁和次梁中的配筋，哪些是受力筋，哪些是构造筋，各起什么作用？

5. 什么是塑性铰？它与理想铰有何不同？

6. 确定弯矩调幅系数时应考虑哪些原则？

7. 板式楼梯和梁式楼梯有何区别？各适用于何种情况？板式楼梯如何设计计算？

8. 雨篷板和雨篷梁分别如何进行结构设计？

9. 两跨连续梁如图5-53所示，梁上的集中恒荷载 G=20 kN，集中可变荷载 Q=65 kN，试按弹性理论计算并画出该梁的弯矩包络图和剪力包络图。

10. 某砖混结构楼盖平面如图5-54所示，楼面构造做法为：30 mm厚水泥砂浆，面层20 mm厚混合砂浆天棚抹灰；楼面可变荷载标准值为6 kN/m^2；混凝土强度等级为C25，主梁和次梁受力钢筋采用HRB335钢筋，其余均采用HRB300钢筋。试设计该楼盖。

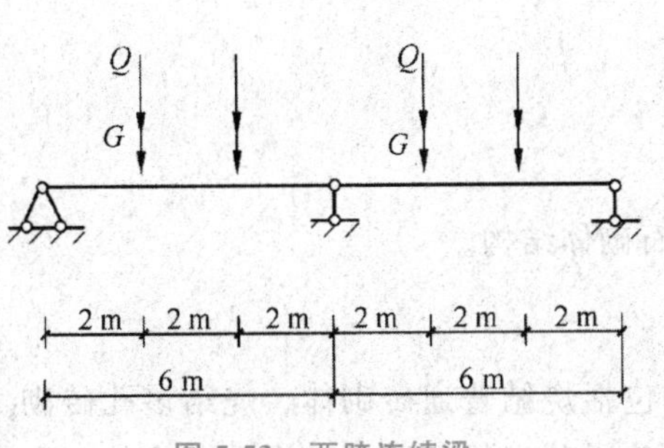

图5-53　两跨连续梁

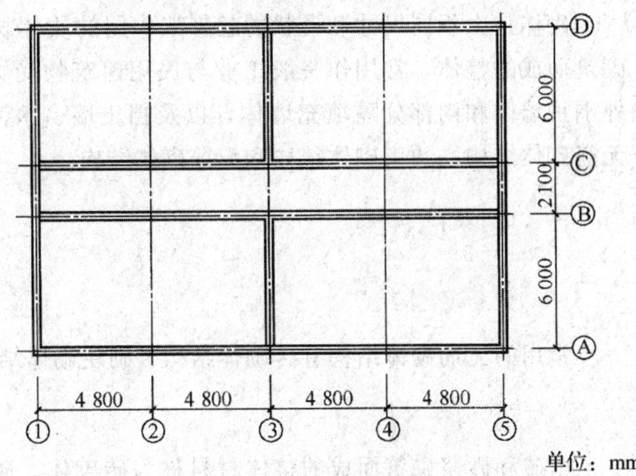

图5-54　某砖混结构楼盖平面

项目六　砌体结构材料的选择及力学性能

能力目标

1. 了解砌体结构的材料。
2. 掌握各种材料的力学性能。
3. 能为砌体结构选取合适的材料。

任务一　砌体结构材料的选择

砌体是由不同尺寸和形状的起骨架作用的块体材料和起胶结作用的砂浆按一定的砌筑方式砌筑而成的整体，常用作一般工业与民用建筑物受力构件中的墙、柱、基础，多高层建筑物的外围护墙体和内部分隔填充墙体，以及挡土墙、水池、烟囱等。根据砌体的受力性能，可分为无筋砌体结构、约束砌体结构和配筋砌体结构。

一、砌体的种类

(一)无筋砌体结构。

常用的无筋砌体结构有砖砌体结构、砌块砌体结构和石砌体结构。

1. 砖砌体结构

由砖和砂浆砌筑而成的整体材料称为砖砌体。砖砌体包括烧结普通砖砌体、烧结多孔砖砌体、蒸压粉煤灰普通砖砌体、蒸压硅酸盐砖砌体、混凝土普通砖砌体和混凝土多孔砖砌体。在房屋建筑中，砖砌体常用作一般单层和多层工业与民用建筑的内外墙、柱、基础等承重结构，以及多高层建筑的围护墙与隔墙等自承重结构等。实心砖砌体墙常用的砌筑方法有一顺一丁(砖长边与墙长度方向平行的则为顺砖，砖短边与墙长度方向平行的则为丁砖)、三顺一丁或梅花丁，如图 6-1 所示。

试验表明，采用同强度等级的材料，按照上述几种方法砌筑的砌体，其抗压强度相差不大。但应注意上下两皮顶砖间的顺砖数量越多，则意味着宽为 240 mm 的两片半砖墙之间的联系越弱，很容易产生“两片皮”的效果而急剧降低砌体的承载能力。

小贴士

我国烧结普通砖的规格尺寸为240 mm×115 mm×53 mm，所以标准砌筑的实心墙体厚度常为240 mm(一砖)、370 mm(一砖半)、490 mm(两砖)、620 mm(两砖半)、740 mm(三砖)等。

砖砌体结构的使用面很广。根据现阶段我国墙体材料革新的要求，实行限时限地禁止使用实心黏土砖，除此之外的砖均属新型砌体材料，但应认识到烧结黏土多孔砖是砌体材料革新的一个过渡产品，其生产和使用也将逐步受到限制。

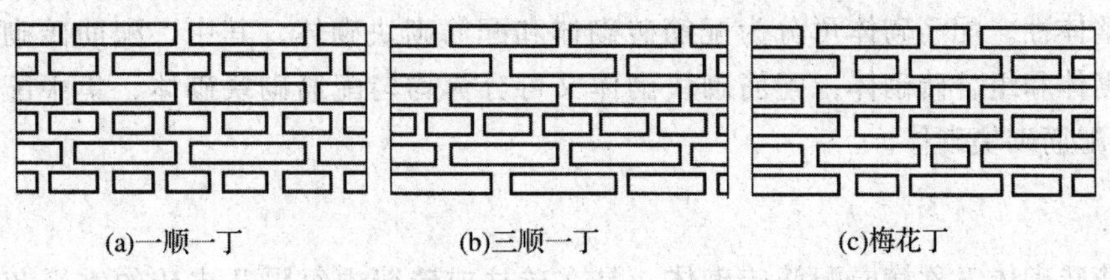

图 6-1　实心砖砌体的砌筑方法

2. 砌块砌体结构

由砌块和砂浆砌筑而成的整体材料称为砌块砌体。目前国内外常用的砌块砌体以混凝土空心砌块砌体为主，其中包括以普通混凝土为块体材料的普通混凝土空心砌块砌体和以轻骨料混凝土为块体材料的轻骨料混凝土空心砌块砌体。砌块砌体是替代实心黏土砖砌体的主要承重砌体材料。

砌块按尺寸大小的不同分为小型、中型和大型三种。小型砌块尺寸较小，型号多，尺寸灵活，施工时可不借助吊装设备而用手工砌筑，适用面广，但劳动量大；中型砌块尺寸较大，适于机械化施工，便于提高劳动生产率，但其型号少，使用不够灵活；大型砌块尺寸大，有利于工业化生产、机械化施工，可大幅提高劳动生产率，加快施工进度，但需要有相当的生产设备和施工能力。砌块砌体主要用于住宅、办公楼及学校等建筑，以及一般工业建筑的承重墙或围护墙。砌块大小的选用主要取决于房屋墙体的分块情况及吊装能力。砌块排列设计是砌块砌体砌筑施工前的一项重要工作，设计时应充分利用其规律性，尽量减少砌块类型，使其排列整齐，避免通缝，并砌筑牢固，以取得较好的经济技术效果。

3. 石砌体结构

由天然石材和砂浆(或混凝土)砌筑而成的整体材料称为石砌体，根据石材的规格和砌体的施工方法的不同分为料石砌体、毛石砌体和毛石混凝土砌体。用作石砌体块材的石材分为毛石和料石两种。毛石又称片石，是采石场由爆破直接获得的形状不规则的石块，根据平整程度又将其分为乱毛石和平毛石两类。其中，乱毛石指形状完全不规则的石块，平毛石指形状不规则但有两个平面大致平行的石块。料石是由人工或机械开采出的较规则的六面体石块，再略经凿琢而成，根据表面加工的平整程度分为毛料石、粗料石、半细料石和细料石四种。毛石混凝土砌体是在模板内交替铺置混凝土层及形状不规则的毛石构成的。

(二)约束砌体结构

通过竖向和水平钢筋混凝土构件约束砌体的结构称为约束砌体结构。最为典型的是在我国广为应用的钢筋混凝土构造柱——圈梁形成的砌体结构体系，它在抵抗水平作用时可以使墙体的极限水平位移增大，从而提高墙的延性，使墙体裂而不倒。其受力性能介于无筋砌体结构和配筋砌体结构之间，或相对于配筋砌体结构而言，是配筋较弱的一种配筋砌体结构。若按照提高墙体的抗压强度或抗剪强度要求设置加密的钢筋混凝土构造柱，则属配筋砌体结构，这是近年来我国对构造柱作用的一种新发展。

（三）配筋砌体结构

配筋砌体结构是由配置钢筋的砌体作为主要受力构件的结构，即通过配筋使钢筋在受力过程中强度达到流限的砌体结构。这种结构可以提高砌体强度，减少其截面尺寸，增加砌体结构（或构件）的整体性。配筋砌体可分为配筋砖砌体和配筋砌块砌体。其中，配筋砖砌体又可分为网状配筋砖砌体和组合砖砌体；配筋砌块砌体又可分为均匀配筋砌块砌体、集中配筋砌块砌体及均匀-集中配筋砌块砌体。

1. 网状配筋砖砌体

网状配筋砖砌体又称横向配筋砖砌体，是在砖柱或砖墙中每隔几皮砖的水平灰缝中设置直径为 3～4 mm 的方格网式钢筋网片[图 6-2(a)]，或直径为 6～8 mm 的连弯式钢筋网片砌筑而成的砌体结构。在砌体受压时，网状配筋可约束和限制砌体的横向变形及竖向裂缝的开展和延伸，从而提高砌体的抗压强度。网状配筋砖砌体可用作承受较大轴心压力或偏心距较小的较大偏心压力的墙、柱。

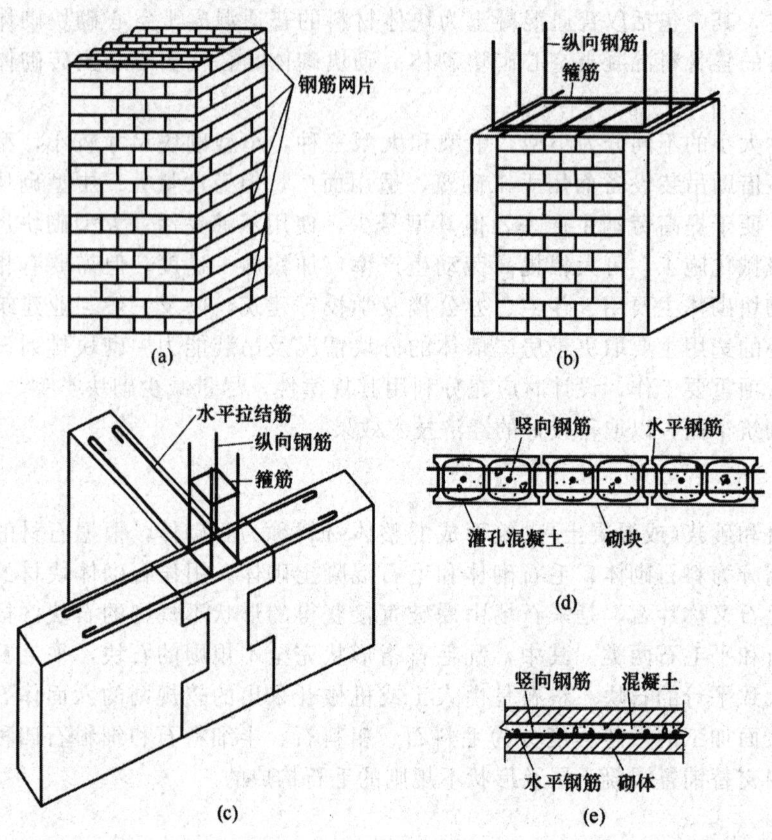

图 6-2　配筋砌体截面

2. 组合砖砌体

组合砖砌体是由砖砌体和钢筋混凝土面层或钢筋砂浆面层构成的整体材料。工程应用上有两种形式：一种是采用钢筋混凝土或钢筋砂浆作面层的砌体，这种砌体可以用作承受偏心距较大的偏心压力的墙、柱[图 6-2(b)]；另一种是在砖砌体的转角、交接处及每隔一定距离设置钢筋混凝土构造柱，并在各层楼盖处设置钢筋混凝土圈梁，使砖砌体墙与钢筋混凝土构造柱、圈梁组成一个共同受力的整体结构[图 6-2(c)]。组合砖砌体建造的多层砖混结构房屋的抗震性能比无筋砌体砖混结构房屋的抗震性能有显著改善，同时它的抗压和抗剪强度也有一定程度的提高。

3. 配筋砌块砌体

配筋砌块砌体是在混凝土小型空心砌块砌体的水平灰缝中配置水平钢筋，在孔洞中配置竖向钢筋并用混凝土灌实的一种配筋砌体[图 6-2(d)]。其中，均匀配筋砌块砌体是在砌块墙体上下贯通的竖向孔洞中插入竖向钢筋，并用灌孔混凝土灌实，使竖向和水平钢筋与砌体形成一个共同工作的整体，又称配筋砌块剪力墙，可用于大开间建筑和中高层建筑；集中配筋砌块砌体是仅在砌块墙体的转角、接头部位及较大洞口的边缘砌块孔洞中设置竖向钢筋，并在这些部位砌体的水平灰缝中设置一定数量的钢筋网片，主要用于中、低层建筑；均匀-集中配筋砌块砌体在配筋方式和建造的建筑物方面均处于上述两种配筋砌块砌体之间。配筋砌体不仅加强了砌体的各种强度和抗震性能，还扩大了砌体结构的使用范围，如高强混凝土砌块通过配筋与浇筑灌孔混凝土，作为承重墙体可砌筑10～20 层的建筑物，而且相对于钢筋混凝土结构具有不需要支模、不需要再做贴面处理及耐火性能更好等优点。

(四)国外配筋砌体

国外配筋砌体类型较多，大致可概括为两类：一类是在空心砖或空心砌块的水平灰缝或凹槽内设置水平直钢筋或桁架状钢筋，在孔洞内设置竖向钢筋，并灌筑混凝土；另一类是在内外两片砌体的中间空腔内设置竖向和横向钢筋，并灌筑混凝土，其配筋形式如图 6-2(e)所示。

二、砌体材料的种类及强度

构成砌体的材料包括块体材料和胶结材料，块体材料和胶结材料(砂浆)的强度等级主要是根据其抗压强度划分的，也是确定砌体在各种受力状态下强度的基础数据。块体强度等级用符号“MU”(masonry unit)表示，其后数字表示块体的抗压强度值，单位为 MPa。砂浆强度等级用符号“M”(mortar)表示。对于混凝土小型空心湖块砌体，砌筑砂浆的强度等级用符号“Mb”表示，灌孔混凝土的强度等级用符号“Cb”表示，其中符号 b 指 block。

(一)砖

烧结普通砖、烧结多孔砖、非烧结砖和混凝土砖通常可简称为砖。

1. 烧结砖

烧结普通砖与烧结多孔砖统称烧结砖，一般是以黏土、页岩、煤矸石或粉煤灰等为主要原料，压制成土坯后经烧制而成的。烧结砖按其主要原料种类的不同又可分为烧结黏土砖、烧结页岩砖、烧结煤矸石砖及烧结粉煤灰砖等。

(1)烧结普通砖。包括实心砖或孔洞率不大于 15%且外形尺寸符合规定的砖，其规格尺寸为 240 mm×115 mm×53 mm[图 6-3(a)]。烧结普通砖的重力密度在 16～18 kN/m^3，具有较高的

强度、良好的耐久性和保温隔热性能，且生产工艺简单，砌筑方便，故生产应用最为普遍，但因为占用和毁坏农田，所以在一些大中城市现已逐渐被禁止使用。

(2)烧结多孔砖。是指孔洞率不小于25%，孔的尺寸小而数量多，多用于承重部位的砖。多孔砖分为P型砖和M型砖：P型砖的规格尺寸为240 mm×115 mm×90 mm[图6-3(b)]；M型砖的规格尺寸为190 mm×190 mm×90 mm[图6-3(c)]。此外，还有相应的配砖。用黏土、页岩、煤矸石等原料还可焙烧成孔洞较大、孔洞率大于35%的烧结空心砖[图6-3(d)]，多用于砌筑围护结构。一般烧结多孔砖的重力密度在11～14 kN/m^3，而大孔空心砖的重力密度则在9～11 kN/m^3。多孔砖与实心砖相比，可以减轻结构自重、节省砌筑砂浆、减少砌筑工时。此外，其原料用量与耗能也可以相应减少。

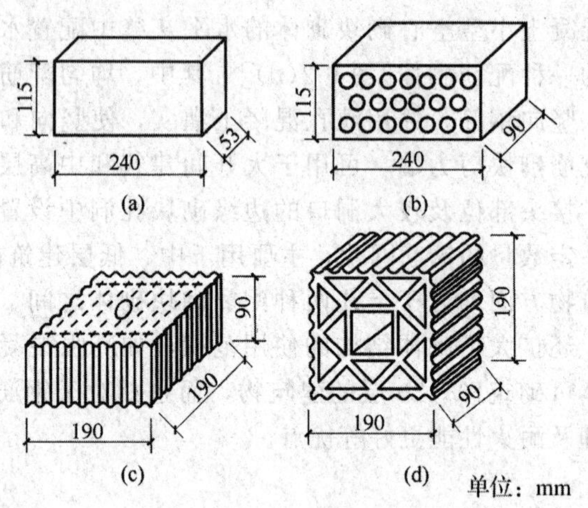

图6-3 砖的规格

2. 非烧结砖

非烧结砖包括蒸压灰砂砖和蒸压粉煤灰砖。蒸压灰砂砖是以石灰和砂为主要原料，经坯料制备、压制成型、蒸压养护而成的实心砖，简称灰砂砖。蒸压粉煤灰砖是以粉煤灰为主要原料，掺加适量石膏、石灰和集料，经坯料制备、压制成型、高压蒸汽养护而成的实心砖，简称粉煤灰砖。蒸压灰砂砖与蒸压粉煤灰砖的规格尺寸与烧结普通砖相同。

3. 混凝土砖

混凝土砖分为混凝土普通砖和混凝土多孔砖。混凝土砖是以水泥为胶结材料，以砂、石等为主要集料，加水搅拌、成型、养护制成的一种多孔的混凝土半盲孔砖或实心砖。多孔砖的主规格尺寸为240 mm×115 mm×90 mm、240 mm×190 mm×90 mm、190 mm×190 mm×90 mm等；实心砖的主规格尺寸为240 mm×115 mm×53 mm、240 mm×115 mm×90 mm等。

4. 砖的强度等级

烧结普通砖、烧结多孔砖等的强度等级为MU30、MU25、MU20、MU15和MU10；蒸压灰砂砖、蒸压粉煤灰砖的强度等级为MU25、MU20和MU15；混凝土普通砖、混凝土多孔砖的强度等级为MU30、MU25、MU20和MU15。烧结普通砖、烧结多孔砖强度等级指标分别见表6-1和表6-2。

表 6-1　烧结普通砖强度等级指标　　单位：mm

强度等级	抗压强度平均值 $\bar{f}$	变异系数 $\delta \leqslant 0.21$	
		抗压强度标准值 f_k	单块最小抗压强度值 f_{min}
MU30	≥30.0	≥22.0	≥25.0
MU25	≥25.0	≥18.0	≥22.0
MU20	≥20.0	≥14.0	≥16.0
MU15	≥15.0	≥10.0	≥12.0
MU10	≥10.0	≥6.5	≥7.5

表 6-2　烧结多孔砖强度等级指标

强度等级	抗压强度/MPa		抗折荷重/kN	
	平均值	单块最小值	平均值	单块最小值
MU30	≥30.0	≥22.0	≥13.5	≥9.0
MU25	≥25.0	≥18.0	≥11.5	≥7.5
MU20	≥20.0	≥14.0	≥9.5	≥6.0
MU15	≥15.0	≥10.0	≥7.5	≥4.5
MU10	≥10.0	≥6.5	≥5.5	≥3.0

仅用含孔洞块材的抗压强度作为衡量其强度指标是不全面的，多孔砖或空心砖(砌块)孔型、孔的布置不合理将导致块体的抗折强度降低很多，而且会降低墙体的延性，使墙体容易开裂。用于承重的多孔砖及蒸压硅酸盐砖的折压比限值和用于承重的非烧结材料多孔砖的孔洞率、壁及肋尺寸限值，以及碳化、软化性能要求，应符合现行国家标准《墙体材料应用统一技术规范》(GB 50574—2010)的有关规定。

(二)砌块

砌块一般指混凝土空心砌块、加气混凝土砌块及硅酸盐实心砌块。此外，还有以黏土、煤矸石等为原料，经焙烧而制成的烧结空心砌块(图 6-4)。

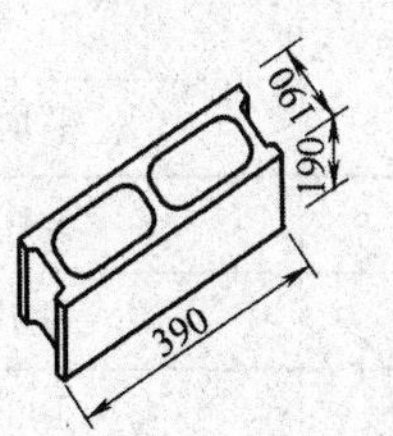

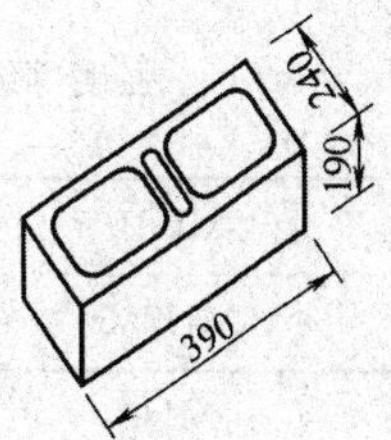

图 6-4　砌块材料

砌块按尺寸大小可分为小型、中型和大型三种，我国通常把砌块高度为 115～380 mm 的称为小型砌块，高度为 380～980 mm 的称为中型砌块，高度大于 980 mm 的称为大型砌块。

1. 混凝土小型空心砌块

我国目前在承重墙体材料中使用最为普遍的是混凝土小型空心砌块，它是由普通混凝土或轻集料混凝土制成的，主要规格尺寸为 390 mm×190 mm×190 mm，空心率一般在 25%～50%，一般简称为混凝土砌块或砌块。混凝土空心砌块的重力密度一般在 12～18 kN/m^3，而加气混凝土砌块及板材的重力密度在 10 kN/m^3 以下，可用作隔墙。采用较大尺寸的砌块代替小块砖砌筑砌体，可减轻劳动量并可加快施工进度，是墙体材料改革的一个重要方向。

2. 实心砌块

实心砌块以粉煤灰硅酸盐砌块为主，其加工工艺与蒸压粉煤灰砖类似，其重力密度一般在15～20 kN/m³，主要规格尺寸有880 mm×190 mm×380 mm和580 mm×190 mm×380 mm等。加气混凝土砌块由加气混凝土和泡沫混凝土制成，其重力密度一般在4～6 kN/m³，由于自重轻，加工方便，可按使用要求制成各种尺寸，且可在工地进行切锯，因此广泛应用于工业与民用建筑的围护结构。

3. 砌块的强度

混凝土空心砌块的强度等级是根据标准试验方法，按毛截面面积计算的极限抗压强度值来划分的。混凝土小型空心砌块的强度等级为MU20、MU15、MU10、MU7.5、MU5，其强度等级指标见表6-3。轻集料混凝土小型空心在砌块的强度等级为MU10、MU7.5、MU5和MU3.5，其强度等级指标见表6-4。非承重砌块的强度等级为MU3.5。

表6-3　混凝土小型空心砌块强度等级指标

强度等级	砌块抗压强度/MPa	
	平均值	单块最小值
MU20	≥20.0	≥16.0
MU15	≥15.0	≥12.0
MU10	≥10.0	≥8.0
MU7.5	≥7.5	≥6.0
MU5	≥5.0	≥4.0

表6-4　轻集料混凝土小型空心砌块强度等级指标

强度等级	砌块抗压强度/MPa		密度等级范围/kg/m³
	平均值	单块最小值	
MU10	≥10.0	≥8.0	≤1 400
MU7.5	≥7.5	≥6.0	
MU5	≥5.0	≥4.0	≤1 200
MU3.5	≥3.5	≥2.8	

为保证承重类多孔砌块的结构性能，用于承重的双排孔或多排孔轻集料混凝土砌块砌体的孔洞率不应大于35%。

(三)石材

用作承重砌体的石材主要来源于重质岩石和轻质岩石。重质岩石的抗压强度高，耐久性强，但导热系数大。轻质岩石的抗压强度低，耐久性差，但易开采和加工，导热系数小。石砌体中的石材应选用无明显风化的石材。

小贴士

石材按其加工后的外形规则程度，分为料石和毛石。料石中又分为细料石、半细料石、粗料石和毛料石。毛石的形状不规则，但要求毛石的中部厚度不小于200 mm。

石材的大小和规格不一，通常由边长为70 mm的立方体试块进行抗压试验，取三个试块破坏强度的平均值作为确定石材强度等级的依据。石材的强度等级划分为MU100、MU80、MU60、MU50、MU40、MU30和MU20。试件也可采用表6-5所列边长尺寸的立方体，但考虑尺寸效应的影响，应将破坏强度的平均值乘以表内相应的换算系数，以此确定石材的强度等级。

表6-5　石材强度等级的换算系数

立方体边长/mm	200	150	100	70	50
换算系数	1.43	1.28	1.14	1	0.86

（四）砌筑砂浆

将砖、石、砌块等块体材料黏结成砌体的砂浆即砌筑砂浆，它由胶结料、细集料和水配制而成，为改善其性能，常在其中添加掺入料和外加剂。砂浆的作用是将砌体中的单个块体连成整体，并抹平块体表面，从而促使其表面均匀受力，同时填满块体间的缝隙，减少砌体的透气性，提高砌体的保温性能、防水性能和抗冻性能。

1. 普通砂浆

砂浆按胶结料成分的不同可分为水泥砂浆、水泥混合砂浆，以及不含水泥的石灰砂浆、黏土砂浆和石膏砂浆等。水泥砂浆是由水泥、砂和水按一定配合比拌制而成的；水泥混合砂浆是在水泥砂浆中加入一定量的熟化石灰膏拌制成的砂浆；而石灰砂浆、黏土砂浆和石膏砂浆分别是用石灰、黏土和石膏与砂和水按一定配合比拌制而成的砂浆。工程上常用的砂浆为水泥砂浆和水泥混合砂浆，临时性砌体结构砌筑时多采用石灰砂浆。

砂浆的强度等级是根据其试块的抗压强度确定的，由边长为70.7 mm的立方体标准试块在温度为(20±2) ℃环境下硬化，水泥砂浆在湿度95%以上，水泥石灰砂浆在湿度为60%～80%环境下，龄期28 d(石膏砂浆为7 d)的抗压强度来确定。砌筑砂浆的强度等级为M15、M10、M7.5、M5和M2.5。工程上块体的种类较多，确定砂浆强度等级时应采用同类块体作为砂浆试块底模。例如，蒸压灰砂砖砌体和蒸压粉煤灰砖砌体的抗压强度指标是采用同类砖作为砂浆试块底模时所得砂浆强度而确定的。当采用黏土砖作为底模时，其砂浆强度会提高，但实际上砌体的抗压强度约低10%左右。对于多孔砖砌体，应采用同类多孔砖的侧面作为砂浆强度试块底模。

砌体结构施工中很容易出现砂浆强度低于设计强度等级的现象，它所带来的后果有的十分严重，应予以高度重视。其中，砂浆材料配合比不准确、使用过期水泥等是砂浆达不到设计强度等级和砂浆强度离散性大的主要原因。此外还应注意，脱水硬化的石灰膏不仅起不到塑化作用，还会影响砂浆强度，消石灰粉是未经熟化的石灰，颗粒太粗，起不到改善和易性的作用，均应禁止在砂浆中使用。砂浆的强度等级、保水性、可塑性是砂浆性能的几个重要指标，在砌体工程的设计和施工中一定要保证砂浆的这几个性能指标要求，将其控制在合理的范围。

2. 蒸压灰砂普通砖和蒸压粉煤灰普通砖砌体专用砌筑砂浆

蒸压灰砂普通砖、蒸压粉煤灰普通砖等蒸压硅酸盐砖是半干压法生产的，制砖钢模十分光亮，在高压成型时会使砖的质地密实，表面光滑，吸水率也较小。这种光滑的表面影响了砖与砖的砌筑与黏结，使墙体的抗剪强度比烧结普通砖低 1/3，从而影响了这类砖的推广和应用。因此，在使用此类砖时，应采用工作性好、黏结力高、耐气候性强且方便施工的专用砌筑砂浆。这种砂浆由水泥、砂、水及根据需要掺入的掺和料和外加剂等组分，按一定比例，采用机械拌和制成，专门用于砌筑蒸压灰砂砖或蒸压粉煤灰砖砌体，且砌体抗剪强度应不低于烧结普通砖砌体的取值的砂浆，其强度等级为 Ms15、Ms10、Ms7.5 和 Ms5.0 四级。

3. 混凝土小型空心砌块砌筑砂浆

对于混凝土小型空心砌块砌体，应采用由胶结料、细集料、水及根据需要掺入的掺和料及外加剂等成分，按照一定比例，采用机械搅拌的专门用于砌筑混凝土砌块的砌筑砂浆。其掺合料主要采用粉煤灰，外加剂包括减水剂、早强剂、促凝剂、缓凝剂、防冻剂、颜料等。与使用传统的砌筑砂浆相比，专用砂浆可使砌体灰缝饱满、黏结性能好、减少墙体开裂和渗漏、提高砌块建筑质量。这种砂浆的强度划分为 Mb30、Mb25、Mb20、Mb15、Mb10、Mb7.5 和 Mb5 七个等级，其抗压强度指标相应于 M30、M25、M20、M15、M10、M7.5 和 M5 等级的一般砌筑砂浆的抗压强度指标。通常，Mb5～Mb20 采用 32.5 级普通水泥或矿渣水泥，Mb25 和 Mb30 则采用 42.5 级普通水泥或矿渣水泥，砂浆的稠度为 50～80 mm，分层度为 10～30 mm。

4. 混凝土小型空心砌块灌孔混凝土

混凝土小型空心砌块灌孔混凝土是砌块建筑灌注芯柱、孔洞的专用混凝土，即由水泥、集料、水及根据需要掺入的掺和料和外加剂等组分，按一定比例，采用机械搅拌后，用于浇筑混凝土小型空心砌块砌体芯柱或其他需要填实空洞部位的混凝土。其中，掺和料主要采用粉煤灰。外加剂包括减水剂、早强剂、促凝剂、缓凝剂、膨胀剂等，它是一种高流动性和低收缩的细石混凝土，是保证砌块建筑整体工作性能、抗震性能、承受局部荷载的重要施工配套材料。混凝土小型空心砌块灌孔混凝土的强度划分为 Cb40、Cb35、Cb30、Cb25 和 Cb20 五个等级，相应于 C40、C35、C30、C25 和 C20 混凝土的抗压强度指标。这种混凝土的拌和物应均匀、颜色一致，且不离析、不泌水，其坍落度不宜小于 180 mm。

三、砌体材料的选择

砌体结构所用材料应因地制宜、就地取材，并确保砌体在长期使用过程中具有足够的承载力和符合要求的耐久性，还应满足建筑物整体或局部部位所处于不同环境条件下正常使用时建筑物对其材料的特殊要求。此外，还应贯彻执行国家墙体材料革新政策，研制使用新型墙体材料来代替传统的墙体材料，以满足建筑结构设计的经济、合理、技术先进的要求。

小贴士

对于具体的设计，砌体材料的选择应遵循如下原则。

(1)处于环境类别3～5等有侵蚀性介质的砌体材料应符合下列规定。

①不应采用蒸压灰砂普通砖、蒸压粉煤灰普通砖。

②应采用实心砖，砖的强度等级不应低于MU20，水泥砂浆的强度等级不应低于M10。

③混凝土砌块的强度等级不应低于MU15，灌孔混凝土的强度等级不应低于Cb30，砂浆的强度等级不应低于Mb10。

④应根据环境条件对砌体材料的抗冻指标和耐酸、碱性能提出要求，或符合有关规范的规定。

(2)对于地面以下或防潮层以下的砌体、潮湿房间的墙或环境类别2的砌体所用材料，应提出最低强度要求，对于所用材料的最低强度等级要求见表6-6。

表6-6　地面以下或防潮层以下的砌体、潮湿房间墙体所用材料的最低强度等级

基土的潮湿程度	烧结普通砖	混凝土普通转、蒸压灰砂砖	混凝土砌块	石材	水泥砂浆
稍湿的	MU15	MU20	MU7.5	MU30	M5
很湿的	MU20	MU20	MU10	MU30	M7.5
含水饱和的	MU20	MU25	MU15	MU40	M10

注：1. 在冻胀地区，地面以下或防潮层以下的砌体不宜采用多孔砖，如采用时，其孔洞应用不低于M10的水泥砂浆预先灌实，采用混凝土砌块时，其孔洞应采用强度等级不低于Cb20的混凝土预先灌实。

2. 对于安全等级为一级或设计使用年限大于50年的房屋，墙、柱所用材料的最低强度等级还应比上述规定至少提高一级。

(3)对于长期受热200 ℃以上、受急冷急热或有酸性介质侵蚀的建筑部位，规范规定不得采用蒸压灰砂砖和粉煤灰砖，MU15和MU15以上的蒸压灰砂砖可用于基础及其他建筑部位，蒸压粉煤灰砖用于基础或用于受冻融和干湿交替作用的建筑部位必须使用一等砖。

任务二　砌体结构的力学性能

一、砌体的受压性能

(一)砌体的受压破坏特征

1. 普通砖砌体的受压破坏特征

砖砌体轴心受压时，按照裂缝的出现、发展和破坏特点，可划分为以下三个受力阶段(图6-5)。

(1)第一阶段。从砌体受压开始，当压力增大至50％～70％的破坏荷载时，砌体内出现第一

条(批)裂缝。在此阶段，单块砖内产生细小裂缝，且多数情况下裂缝约有数条，如果不再增加压力，单块砖内的裂缝也不继续发展，则砌体处于弹性受力阶段(图 6-5(a))。

(2)第二阶段。随着荷载的增加，砌体内裂缝增多，当压力增大至 80%～90%的破坏荷载时，单个块体内的裂缝将不断发展，裂缝沿着竖向灰缝通过若干皮砖或砌块，并逐渐在砌体内连接成一段段较连续的裂缝。其特点在于砌体进入弹塑性受力阶段，此时荷载即使不再增加，砌体压缩变形增长快，砌体内裂缝仍会继续发展，砌体已临近破坏，在工程实践中可视为处于十分危险状态[图 6-5(b)]。砌体结构在使用中若出现这种状态，应立即采取措施或进行加固处理。

(3)第三阶段。随着荷载的继续增加，砌体中的裂缝迅速延伸，宽度扩展，连续的竖向贯通裂缝把砌体分割形成小柱体，个别砖块可能被压碎或小柱体失稳，从而导致整个砌体的破坏[图 6-5(c)]。砌体破坏时的压力除以翻体截面面积所得的应力值称为该砌体的极限抗压强度。

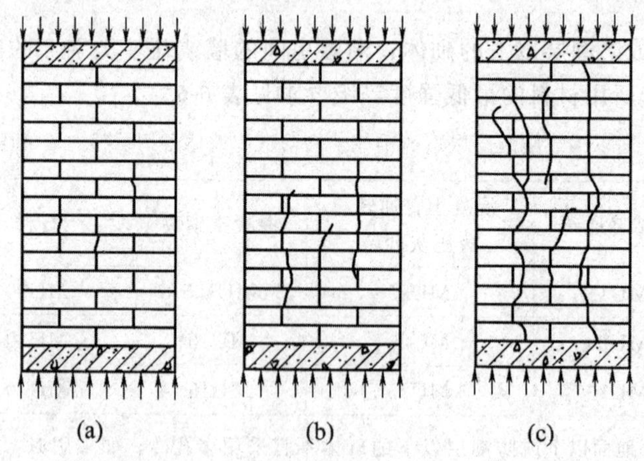

图 6-5　砖砌体受压破坏形态

砌体是由块体与砂浆黏结而成的，砌体在压力作用下，其强度将取决于砌体中块体和砂浆的受力状态，这与单一匀质材料的受压强度是不同的。在做砌体试验时，测得的砌体强度远低于块体的抗压强度，这是砌体中单个块体所处复杂应力状态造成的，而复杂应力状态是砌体自身性质决定的。

首先，由于砌体内灰缝的厚薄不一，砂浆难以饱满、均匀、密实，砖的表面又不完全平整、规则，因此砌体受压时，砖并非如想象的那样均匀受压，而是处于受拉、受弯和受剪的复杂应力状态(图 6-6)。由于砌体中的块体的抗弯和抗剪的能力一般都较差，因此砌体内第一批裂缝出现在单个块体材料内，这是单个块体材料受弯、受剪引起的。

其次，砖和砂浆这两种材料的弹性模量和横向变形的不相等，也增大了上述复杂应力。砂浆的横向变形一般大于砖的横向变形，砌体受压后，它们相互约束，使砖内产生拉应力。砌体内的砖又可视为弹性地基(水平缝砂浆)上的梁，砂浆(基底)的弹性模量越小，砖的变形越大。但由于砌体中砂浆的硬化黏结，块体材料和砂浆间存在切向黏结力，在此黏结力作用下，块体将约束砂浆的横向变形，而砂浆则有使块体横向变形增加的趋势，因此在块体内产生拉应力，单个块体在砌体中处于压、弯、剪及拉的复合应力状态，其抗压强度降低。相反，砂浆的横向变形因块体的约束而减小，砂浆处于三向受压状态，抗压强度提高。由于块体与砂浆的这种交互作用，因此砌体的抗压强度比

相应块体材料的强度要低很多，而当用较低强度等级的砂浆砌筑砌体时，砌体的抗压强度却接近或超过砂浆本身的强度，甚至刚砌筑好的砌体，砂浆强度为零时也能承受一定荷载，这与砌块和砂浆的交互作用有关。

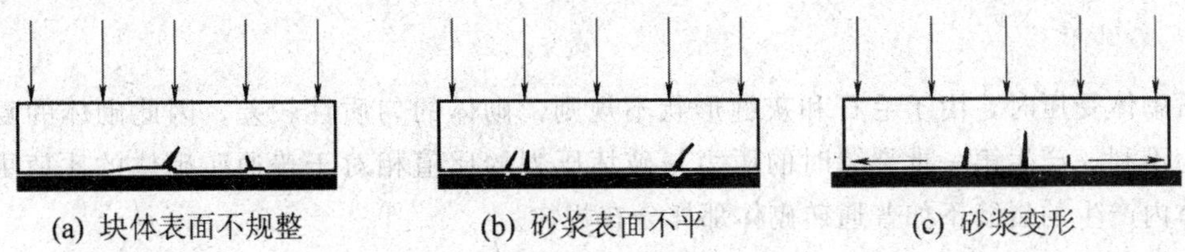

图 6-6　砖砌体中单个块体的受压状态

此外，砌体内的竖向的砂浆往往不密实，砖在竖缝处易产生一定的应力集中，同时竖向灰缝内的砂浆和砌块的黏结力也不能保证砌体的整体性。因此，在竖向灰缝上的单个块体内将产生拉应力和剪应力的集中，从而加快块体的开裂，引起砌体强度的降低。

上述种种原因均导致砌体内的砖受到较大的弯曲、剪切和拉应力的共同作用。由于砖是一种脆性材料，它的抗弯、抗剪和抗拉强度很低，因此砌体受压时，首先是单块砖在复杂应力作用下开裂，破坏时砌体内砖的抗压强度得不到充分发挥。这是砌体受压性能不同于其他建筑材料受压性能的一个基本特点。

2. 多孔砖砌体的受压破坏特征

多孔砖砌体轴心受压时，也划分为三个受力阶段，但砌体内产生第一批裂缝时的压力比上述普通砖砌体产生第一批裂缝时的压力高，约为破坏压力的70%。在砌体受力的第二阶段，出现裂缝的数量不多，但裂缝竖向贯通的速度快，且临近破坏时砖的表面普遍出现较大面积的剥落。多孔砖砌体轴心受压时，自第二至第三个受力阶段所经历的时间也较短。

上述现象是多孔砖的高度比普通砖的高度大，且存在较薄的孔壁，致使多孔砖砌体比普通砖砌体具有更为显著的脆性破坏特征。

3. 混凝土小型砌块砌体的受压破坏特征

混凝土小型空心砌块砌体轴心受压时，按照裂缝的出现、发展和破坏特点，也如普通砖砌体那样，划分为三个受力阶段。但对于空心砌块砌体，由于孔洞率大、砌块各壁较薄，因此对于灌孔的砌块砌体还涉及块体与芯柱的共同作用，使其砌体的破坏特征较普通砖砌体的破坏特征有所区别，主要表现在以下几方面。

(1)在受力的第一阶段，砌体内往往只产生一条裂缝，且裂缝较细。由于砌块的高度比普通砖的高度大，因此第一条裂缝通常在一块砌块的高度内贯通。

(2)对于空心砌块砌体，第一条竖向裂缝常在砌体宽面上沿砌块孔边产生，即砌块孔洞角部肋厚度减小处产生裂缝，随着压力的增加，沿砌块孔边或沿砂浆竖缝产生裂缝，并在砌体窄面(侧面)上产生裂缝，裂缝大多位于砌块孔洞中部，也有的发生在孔边，最终往往因裂缝骤然加宽而破坏。砌块砌体破坏时的裂缝数量比普通砖砌体破坏时的裂缝数量要少得多。

(3)对于灌孔砌块砌体，随着压力的增加，砌块周边的肋对混凝土芯体有一定的横向约束。这种约束作用与砌块和芯体混凝土的强度有关，当砌块抗压强度远低于芯体混凝土的抗压强度时，第一条竖向裂缝常在砌块孔洞中部的肋上产生，随后各肋均有裂缝出现，砌块先于芯体开裂。当砌块抗压强度与芯体混凝土抗压强度接近时，砌块与芯体均产生竖向裂缝，表明砌块与芯体共同工作较好。随着芯体混凝土横向变形的增大，砌块孔洞中部肋上的竖向裂缝加宽，砌块的肋向外崩出，导致砌体完全破坏，破坏时芯体温凝土有多条明显的纵向裂缝。

4. 毛石砌体

毛石砌体受压时，由于毛石和灰缝形状不规则，砌体的匀质性较差，因此砌体的复杂应力状态更为不利，产生第一批裂缝时的压力与破坏压力的比值相对于普通砖砌体的比值更小，且毛石砌体内产生的裂缝不如普通砖砌体那样分布规律。

（二）影响砌体抗压强度的因素

砌体是一种复合材料，其抗压性能不仅与块体和砂浆材料的物理、力学性能有关，还受施工质量及试验方法等多种因素的影响。对各种砌体在轴心受压时的受力分析及试验结果表明，影响砌体抗压强度的主要因素有以下几个方面。

1. 砌体材料的物理、力学性能

(1)块体与砂浆的强度。

块体与砂浆的强度等级是确定砌体强度最主要的因素。一般来说，砌体强度将随块体和砂浆强度的提高而增高，且单个块体的抗压强度在某种程度上决定了砌体的抗压强度，块体抗压强度高时，砌体的抗压强度也较高，但砌体的抗压强度并不会随块体和砂浆强度等级的提高同比例增高。此外，砌体的破坏主要是单个块体受弯剪应力作用引起的，因此对单个块体材料除要求要有一定的抗压强度外，还必须有一定的抗弯或抗折强度。

小贴士

对于砌体结构中所用砂浆，其强度等级越高，砂浆的横向变形越小，砌体的抗压强度也将有所提高。对于混凝土砌块砌体的抗压强度，提高砌块强度等级比提高砂浆强度等级的影响更为明显。但就砂浆的黏结强度而言，则应选择较高强度等级的砂浆。对于灌孔的混凝土砌块砌体，砌块和灌孔混凝土的强度是影响砌体强度的主要因素，砌筑砂浆强度的影响不明显。为充分发挥材料强度，应使砌块强度与灌孔混凝土的强度相匹配。

(2)块体的规整程度和尺才。

块体表面的规则、平整程度对砌体的抗压强度有一定的影响，块体的表面越平整，灰缝的厚度越均匀，越利于改善砌体内的复杂应力状态，使砌体抗压强度提高。块材的尺寸，尤其是块体高度(厚度)对砌体抗压强度的影响较大，高度大的块体抗弯、抗剪和抗拉的能力增大，砌体受压破坏时第一批裂缝推迟出现，其抗压强度提高。砌体中块体的长度增加时，块体在砌体中引起的弯、剪应力也较大，砌体受压破坏时第一批裂缝相对出现早，其抗压强度降低。因此，砌体强度随块体高度的增大而加大，随块体长度的增大而降低。

(3)砂浆的变形与和易性。

低强度砂浆的变形率较大，在砌体中随着砂浆压缩变形的增大，块体受到的弯、剪应力和拉应力也增大，砌体抗压强度降低。和易性好的砂浆，施工时较易铺砌成饱满、均匀、密实的

灰缝，可减小砌体内的复杂应力状态，提高砌体抗压强度。

2. 砌体工程施工质量

砌体工程施工质量综合了砌筑质量、施工管理水平和施工技术水平等因素的影响，从本质上来说，它较全面地反映了对砌体内复杂应力作用的不利影响的程度。具体来说，上述因素有水平灰缝砂浆的饱满度、块体砌筑时的含水率、砂浆灰缝厚度、砌体组砌方法及施工质量控制等级，这些也是影响砌体工程各种受力性能的主要因素。

(1)灰缝砂浆的饱满度。

水平灰缝砂浆铺砌饱满、均匀，可改善块体在砌体中的受力性能，使之较均匀地受压，从而提高砌体的抗压强度；反之，则降低砌体的强度。试验表明，当水平灰缝砂浆饱满度为73%时，砌体的抗压强度可达到规定的强度值。砌体施工中要求砖砌体水平灰缝的砂浆饱满度不得小于80%，竖向灰缝不得出现透明缝、暗缝和假缝，砖柱和宽度小于1 m的窗间墙竖向灰缝的砂浆饱满程度不得低于60%。在保证质量的前提下，采用快速砌筑法能使砌体在砂浆硬化前即受压，可增加水平灰缝的密实性而提高砌体的抗压强度。对混凝土小型砌块砌体，水平灰缝的砂浆饱满度不得低于90%(按净面积计算)，竖向灰缝的饱满度不得小于80%，不得出现透明缝和瞎缝；对石砌体，砂浆饱满度不得低于80%。

(2)块体砌筑时的含水率。

砌体的抗压强度随块体砌筑时的含水率的增大而提高，而采用干燥的块体砌筑的砌体比采用饱和含水率块体砌筑的砌体的抗压强度约下降15%；但含水率对砌体抗剪强度的影响则不同，且施工中既要保证砂浆不至失水过快又要避免砌筑时产生砂浆流淌，因此应采用适宜的含水率。对烧结普通砖、多孔砖，含水率宜控制在10%～15%；对灰砂砖、粉煤灰砖，含水率宜为8%～12%，且应提前1～2天浇水湿润。普通混凝土小型砌块具有饱和吸水率低和吸水速度迟缓的特点，一般情况下施工时可不浇水(在天气干燥炎热的情况下可提前浇水湿润)；轻骨料混凝土小型砌块的吸水率较大，可提前浇水湿润。

(3)灰缝的厚度。

砂浆灰缝的作用在于将上层砌体传下来的压力均匀地传到下层。灰缝厚，容易铺砌均匀，对改善单块砖的受力性能有利，但砂浆横向变形的不利影响也相应增大；灰缝薄，虽然砂浆横向变形的不利影响可大大降低，但难以保证灰缝的均匀与密实性，使单块块体处于弯剪作用明显的不利受力状态，严重影响砌体的强度。因此，应控制灰缝的厚度，使其处于既容易铺砌均匀密实，厚度又尽可能薄。对于砖和小型砌块砌体，灰缝厚度应控制在8～12 mm；对于料石砌体，一般不宜大于20 mm。

(4)砌体的组砌方法。

砌体的组砌方法会直接影响砌体强度和结构的整体受力性能，不可忽视。应采用正确的组砌方法，上下错缝，内外搭砌。工程中常采用的一顺一丁、三顺一丁和梅花丁法砌筑的砖砌体整体性好，砌体抗压强度可得到保证。砖柱不得采用包心砌法，因为这样砌筑的砌体整体性差，抗压强度大大降低，容易酿成严重的工程事故。对砌块砌体，应对孔、错缝和反砌。所谓反砌，就是要求将砌块生产时的底面朝上砌筑于墙体上，从而有利于铺砌砂浆和保证水平灰缝砂浆的饱满度。

(5)施工质量控制等级。

砌体工程除与上述砌筑质量有关外，还应考虑施工现场的技术水平和管理水平等因素的影响，即施工质量控制等级的影响。依据施工现场的质量管理、砂浆和混凝土强度、砌筑工人技术等级综合水平，《砌体工程施工质量验收规范》(GB 50203—2011)从宏观上将砌体工程施工质量控制等级分为A、B、C三级，直接影响到砌体强度的取值。表6-7中，砂浆与混凝土强度有离散性小、离散性较小和离散性大之分，与砂浆、混凝土施工质量为“优良”“一般”“差”三个水平相对应，其划分方法见表6-8和表6-9。

表6-7　砌体施工质量控制等级

项目	施工质量控制等级		
	A	B	C
现场质量管理	制度健全，并严格执行；非施工方质量监督人员经常到现场，或现场设有常驻代表；施工方有在岗专业技术管理人员，人员齐全，并持证上岗	制度基本健全，并能执行；非施工方质量监督人员间断地到现场进行质量控制；施工方有在岗专业技术管理人员，并持证上岗	有制度；非施工方质量监督人员很少作现场质量控制；施工方有在岗专业技术管理人员
砂浆、混凝土强度	试块按规定制作，强度满足验收规定，离散性小	试块按规定制作，强度满足验收规定，离散性较小	试块强度满足验收规定，离散性大
砂浆拌和方式	机械拌和；配合比计量控制严格	机械拌和；配合比计量控制一般	机械或人工拌和；配合比计量控制较差
砌筑工人	中级工以上，其中高级工不少于20%	高、中级工不少于70%	初级工以上

表6-8　砌筑砂浆质量水平

项目	M2.5	M5	M7.5	M10	M15	M20
优良	0.5	1.00	1.50	2.00	3.00	4.00
一般	0.62	1.25	1.88	2.50	3.75	5.00
差	0.75	1.50	2.25	3.00	4.50	6.00

表6-9　混凝土施工质量水平

项目		优良		一般		差	
		＜C20	≥C20	＜C20	≥C20	＜C20	≥C20
强度标准差/MPa	预拌混凝土厂	≤3.0	≤3.5	≤4.0	≤5.0	＞4.0	＞5.0
	集中搅拌混凝土的施工现场	≤3.5	≤4.0	≤4.5	≤5.5	＞4.5	＞5.5

续表

项目		优良		一般		差	
		<C20	≥C20	<C20	≥C20	<C20	≥C20
强度等于或大于混凝土强度等级值的百分率/%	预拌混凝土厂、集中搅拌混凝土的施工现场	≥95		>85		≤85	

(6)砌体强度试验方法及其他因素。

砌体的抗压强度是按照一定的尺寸、形状和加载方法等条件，通过试验确定的。如果这些条件不一致，所测得的抗压强度显然是不同的。我国砌体抗压强度及其他强度按《砌体基本力学性能试验方法标准》(GB/T 50129—2011)的要求来确定。

小贴士

砌体的抗压强度除以上一些影响因素外，还与砌体的龄期和抗压试验方法等因素有关。一方面，因砂浆强度随龄期增长而提高，故砌体的强度亦随龄期增长而提高，但在龄期超过 28 d 后强度增长缓慢；另一方面，结构在长期荷载作用下，砌体强度有所降低。

(三)砌体抗压强度平均值的计算

影响砌体抗压强度的因素很多，若能建立一个相关关系式，全面而正确地反映影响砌体抗压强度的各种因素，就能准确计算出砌体的抗压强度，而这在目前是比较困难的。当今国际上多以影响砌体抗压强度的主要因素为参数，根据试验结果，各类砌体轴心抗压强度平均值主要取决于块体的抗压强度平均值 f_1，其次为砂浆的抗压强度平均值 f_2，经统计分析建立实用的表达式。计算公式如下：

$$f_m = k_1 f_1^{\alpha}(1+0.07f_2)k_2 \tag{6-1}$$

式中　f_m——砌体轴心抗压强度平均值(MPa)；

k_1——与块体类别及砌体类别有关的参数，见表 6-10；

f_1——块体的抗压强度平均值(MPa)；

α——与块体类别及砌体类别有关的参数，见表 6-10；

f_2——砂浆的抗压强度平均值(MPa)；

k_2——影响砂浆强度的修正参数，见表 6-10。

表 6-10　f_m 的计算参数

砌体类别	k_1	α	k_2
烧结普通砖、烧结多孔砖、蒸压灰砂砖、蒸压粉煤灰砖	0.78	0.5	当 $f_2 \leqslant 1$ 时，$k_2=0.6+0.4f_2$
混凝土砌块	0.46	0.9	当 $f_2=0$ 时，$k_2=0.8$
毛料石	0.79	0.5	当 $f_2<1$ 时，$k_2=0.6+0.4f_2$
毛石	0.22	0.5	当 $f_2<2.5$ 时，$k_2=0.4+0.24f_2$

注：1. k_2 在表列条件以外时均等于 1.0。

2. 混凝土砌块砌体的轴心抗压强度平均值计算时，当 $f_2>10$ MPa 时，应乘系数 $(1.1\sim0.01)f_2$，MU20 的砌体应乘以系数 0.95，且满足 $f_1\geqslant f_2$，$f_1\leqslant 20$ MPa。

二、砌体的局部受压性能

局部受压是砌体结构中常见的一种受压状态，其特点在于轴向压力仅作用于砌体的部分截面上。例如，砌体结构房屋中，承受上部柱或墙传来的压力的基础顶面，在梁或屋架端部支承处的截面上均产生局部受压，视局部受压面积上压应力分布的不同，分为局部均匀受压和局部不均匀受压。当砌体局部截面上受均匀压应力作用时，称为局部均匀受压(图 6-7)；当砌体局部截面上受不均匀压应力作用时，称为局部不均匀受压(图 6-8)。

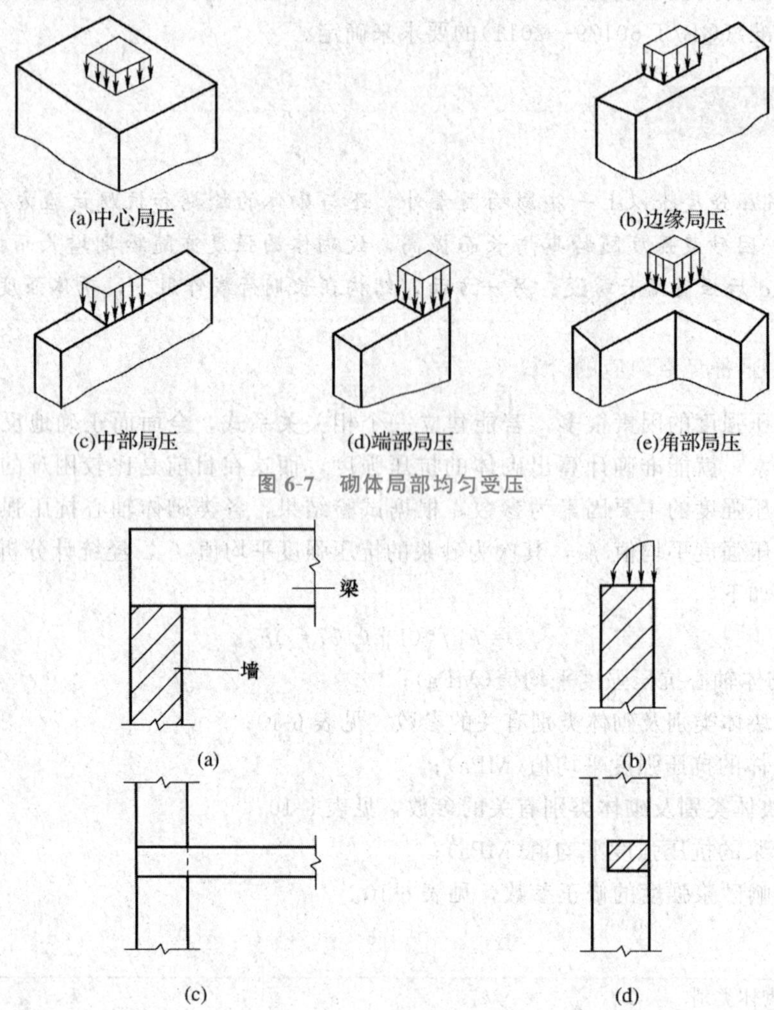

图 6-7　砌体局部均匀受压

图 6-8　砌体局部不均匀受压

(一)砌体局部受压破坏特征

根据试验结果可知，砌体局部受压有三种破坏形态。

1. 因竖向裂缝的发展而破坏

图 6-9 所示为中部作用局部压力的墙体。当砌体的截面面积 A 与局部受压面积 A_1 的比值较小时，施加局部压力后，第一批裂缝并不在与钢垫板直接接触的砌体内出现，而大多是在距钢垫板 1～2 皮砖以下的砌体内产生，裂缝细而短小。随着局部压力的继续增加，裂缝数量不断增多，纵向裂缝逐渐向上和向下发展，并出现其他纵向裂缝和斜裂缝。当其中的部分纵向裂缝延伸形成一条明显的主要裂缝时(裂缝上下贯通，上、下较细，中间较宽)，试件即将破坏[图 6-9(a)]。开裂荷载一般小于破坏荷载。在砌体的局部受压中，这是一种较为常见的破坏形态。

2. 劈裂破坏

当砌体的截面面积 A 与局部受压面积 A_1 的比值相当大时，在局部压力作用下，砌体产生数量少但较集中的纵向裂缝[图 6-9(b)]，而且纵向裂缝一出现，砌体很快就发生犹如刀劈一样的破坏，开裂荷载一般接近破坏荷载。在大量的砌体局部受压试验中，仅有少数为劈裂破坏情况。

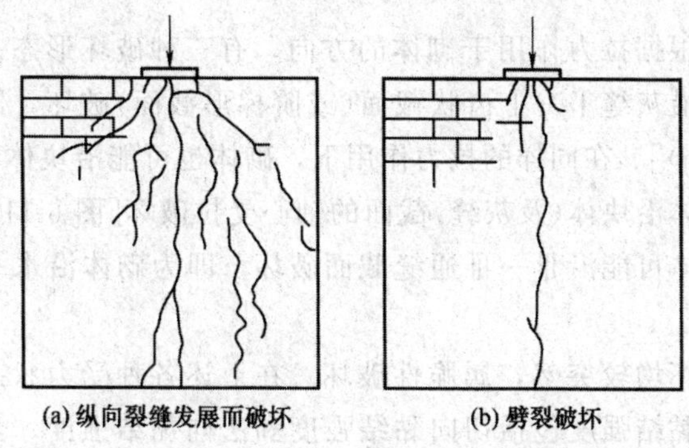

图 6-9　中部作用局部压力的墙体

3. 局部受压面积附近的砌体压坏

在实际工程中，当砌体的强度较低，但所支承的墙梁的高跨比较大时，有可能导致梁端支承处砌体局部被压碎而破坏。在砌体局部受压试验中，这种破坏极少发生。

(二)局部受压的工作机理

在局部压力作用下，局部受压区的砌体在产生竖向压缩变形的同时还产生横向变形，而周围未直接承受压力的砌体像套箍一样阻止该横向变形，且与垫板接触的砌体处于双向受压或三向受压状态，使得局部受压区砌体的抗压能力(局部抗压强度)比一般情况下的砌体抗压强度有较大程度的提高，这是“套箍强化”作用的结果(图 6-10)。

小贴士

对于边缘及端部局部受压情况，上述“套箍强化”作用不明显甚至不存在。

砌体局部受压时，尽管砌体局部抗压强度得到提高，但局部受压面积往往很小，这对于上部结构是很不利的。例如，因砌体局部受压承载力不足而曾发生过多起房屋倒塌事故，对此不可掉以轻心。

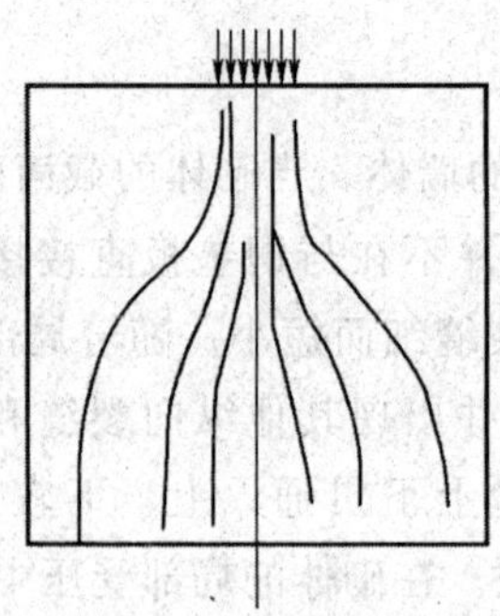

图 6-10 砌体局部受压套箍强化

三、砌体的轴心受拉性能

(一)砌体轴心受拉破坏特征

砌体轴心受拉时，根据拉力作用于砌体的方向，有三种破坏形态。当轴心拉力与砌体水平灰缝平行时，砌体可能沿灰缝Ⅰ—Ⅰ齿状截面(或阶梯形截面)破坏，即为砌体沿齿状灰缝截面轴心受拉破坏[图 6-11(a)]。在同样的拉力作用下，砌体也可能沿块体和竖向灰缝Ⅱ—Ⅱ较为整齐的截面破坏，即为砌体沿块体(及灰缝)截面的轴心受拉破坏[图 6-11(a)]。当轴心拉力与砌体的水平灰缝垂直时，砌体可能沿Ⅲ—Ⅲ通缝截面破坏，即为砌体沿水平通缝截面轴心受拉破坏[图 6-11(b)]。

砌体轴心受拉的破坏均较突然，属脆性破坏。在上述各种受力状态下，砌体抗拉强度取决于砂浆的黏结强度，该黏结强度包括切向黏结强度和法向黏结强度。当轴心拉力与砌体水平灰缝平行作用时，若块体与砂浆连接面的切向黏结强度低于块体的抗拉强度，则砌体将沿水平和竖向灰缝成齿状或阶梯形破坏。此时，砌体的抗拉力主要由水平灰缝的切向黏结力提供，砌体的竖向灰缝因其一般不能很好地填满砂浆，且砂浆在其硬化过程中的收缩大大削弱、甚至完全破坏了块体与砂浆的黏结，所以不考虑竖向灰缝参与受力。而块体与砂浆间的黏结强度取决于砂浆的强度等级，这样，砌体的抗拉强度将由破坏截面上水平灰缝的面积和砂浆的强度等级决定。在同样的拉力作用下，若块体与砂浆连接面的切向黏结强度高于块体的抗拉强度，即砂浆的强度等级较高，而块体的强度等级较低，砌体则可能沿块体与竖向灰缝截面破坏。此时，砌体的轴心抗拉强度完全取决于块体的强度等级。由于同样不考虑竖向灰缝参与受力，因此实际抗拉截面面积只有砌体受拉面积的一半，而一般为计算方便，仍取全部受拉面积，但强度以块体强度的一半计算。

小贴士

当轴心拉力与砌体的水平灰缝垂直作用时，由于砂浆和块体之间的法向黏结强度数值非常小，因此砌体容易产生沿水平通缝的截面破坏。而实际工程中受砌筑质量等因素的影响，此法向黏结强度往往得不到保证，因此在设计中不允许采用图 6-11(b)所示沿水平通缝截面轴心受拉的构件。

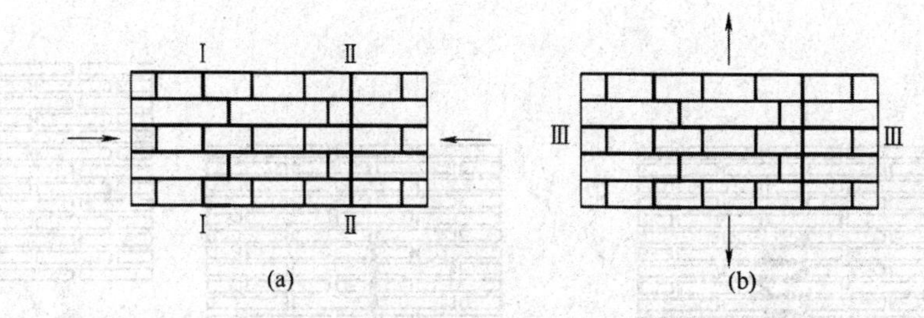

图 6-11　砌体轴心受拉破坏形态

(二)砌体轴心抗拉强度平均值的计算

现行的《砌体结构设计规范》中提高了块体的最低强度等级，一般可防止和避免砌体沿块体与竖向灰缝截面的受拉破坏情况。因此，砌体的轴心受拉主要考虑沿齿缝破坏的形式，规范规定砌体沿齿缝截面破坏的轴心抗拉强度平均值计算公式如下：

$$f_{t,m}=k_3\sqrt{f_2} \tag{6-2}$$

式中　$f_{t,m}$——砌体轴心抗拉强度平均值(MPa)；

k_3——与砌体类别有关的参数，见表 6-11；

f_2——砂浆的抗压强度平均值(MPa)。

表 6-11　砌体轴心抗拉强度平均值计算参数

砌体类别	k_3
烧结普通砖、烧结多孔砖	0.141
蒸压灰砂砖、蒸压粉煤灰砖	0.09
混凝土砌块	0.069
毛石	0.075

砌体施工时竖向灰缝中的砂浆往往不饱满，且因干缩而易与块体脱开。因此，当砌体沿齿缝截面轴心受拉时，其取值全部拉力只考虑由水平灰缝砂浆承担。其抵抗的拉力不仅与水平灰缝的面积有关，还与砌体的组砌方法有关。因此，用形状规则的块体砌筑的砌体，其轴心抗拉强度还应考虑砌体内块体的搭接长度与块体高度的比值的影响。

四、砌体弯曲受拉

(一)砌体弯曲受拉破坏特征

砌体结构弯曲受拉时，按其弯曲拉应力使砌体截面破坏的特征，同样存在三种破坏形态，即可分为沿齿缝截面受弯破坏[图 6-12(a)]、沿块体与竖向灰缝截面受弯破坏[图 6-12(b)]及沿通缝截面受弯破坏[图 6-12(c)]三种形态。

与轴心受拉时情况相同，砌体的弯曲抗拉强度主要取决于砂浆和块体之间的黏结强度。沿齿缝截面受弯破坏和沿水平通缝截面受弯破坏分别取决于砂浆与块体之间的切向和法向黏结强度，而沿块体与竖向通缝截面受弯破坏新规范通过提高块体的最低强度等级，可以避免和防止此类受弯破坏。

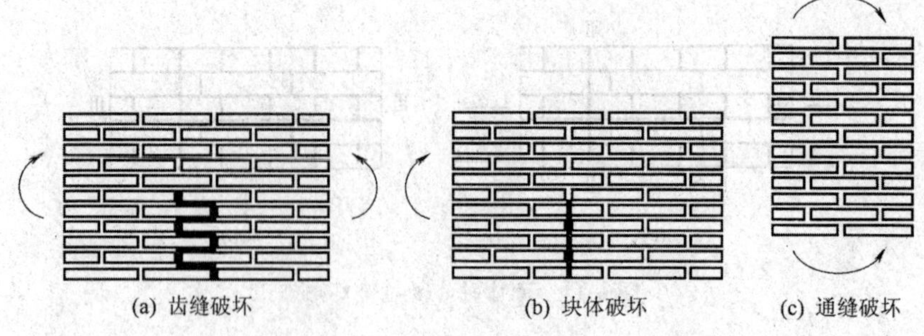

图 6-12 弯曲受拉破坏形式

(二)砌体弯曲抗拉强度平均值的计算

砌体沿齿缝和通缝截面的弯曲抗拉强度可按下式计算：

$$f_{tm,m}=k_4\sqrt{f_2} \tag{6-3}$$

式中 $f_{tm,m}$——砌体弯曲抗拉强度平均值(MPa)；

k_4——与砌体类别有关的参数，见表 6-12；

f_2——砂浆的抗压强度平均值(MPa)。

表 6-12 砌体弯曲抗拉强度平均值计算参数

砌体类别	k_4	
	沿齿缝截面破坏	沿通缝截面破坏
烧结普通砖、烧结多孔砖	0.250	0.125
蒸压灰砂砖、蒸压粉煤灰砖	0.18	0.09
混凝土砌块	0.081	0.056
毛石	0.113	—

由表 6-12 可知，砌体沿通缝截面的弯曲抗拉强度远低于沿齿缝截面的弯曲抗拉强度。对于砌体沿齿缝截面和沿通缝截面的弯曲抗拉强度，同样应考虑砌体内块体搭接长度与块体高度比值的影响。对于毛石砌体，因毛石外形不规则，弯曲受拉时只可能产生沿齿缝截面的破坏，故表中未给出沿通缝时的值。

五、砌体的受剪性能

(一)砌体受剪破坏特征

实际工程中，砌体截面上存在垂直压应力的同时往往也存在剪应力，因此砌体结构的受剪是受压砌体结构的另一种重要受力形式，而其受力性能和破坏特征也与其所受的垂直压应力密切相关。

当砌体结构在竖向压应力的作用下受剪时[图 6-13(a)]，通缝截面上的法向压应力与剪应力的比值(σ_y/τ)是变化的，故当其比值在不同范围内时，构件可能发生以下三种不同的受剪破坏形态。当 σ_y/τ 较小，即通缝方向与竖直方向的夹角 $\theta\leqslant45°$时，砌体沿水平通缝方向受剪且在摩擦力作用下产生滑移而破坏[图 6-13(b)]，称为剪摩破坏；当 σ_y/τ 较大，即通缝方向与竖直方

向的夹角 45°<θ≤60°时，砌体将沿阶梯形灰缝截面受剪破坏，称为主拉应力破坏，又称剪压破坏[图 6-13(c)]；当 σ_y/τ 更大，即通缝方向与竖直方向的夹角 60°<θ≤90°时，砌体将沿块体与灰缝截面受剪破坏，称为斜压破坏[图 6-13(d)]。

砌体的受剪破坏属脆性破坏，上述斜压破坏更具脆性，设计上应予以避免。

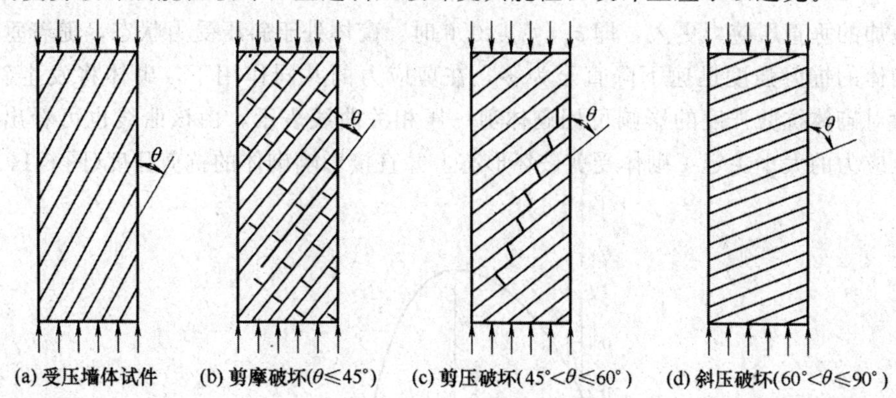

图 6-13　垂直压力作用下砌体剪切破坏形态

（二）影响砌体抗剪强度的因素

影响砌体抗剪强度的因素有很多，主要有砌体材料的强度、垂直压应力的大小和砌体工程施工质量等。

1. 砌体材料的强度

视砌体受剪破坏形态的不同，块体和砂浆强度对砌体抗剪强度的影响程度也不一样。对于剪摩破坏和剪压破坏砌体，由于破坏面沿砌体灰缝截面发生，因此砂浆的强度影响较大，块体的强度影响较小。而对于斜压破坏砌体，由于破坏面沿压力作用方向的块体和灰缝截面发生，因此裂缝贯通灰缝发展，在这种情况下，提高块体的强度使砌体的抗剪强度增大的幅度大于提高砂浆强度时的幅度，即块体的强度对砌体的抗剪强度影响相对较大，砂浆的强度影响相对较小。

小贴士

在灌孔混凝土砌块砌体中还有芯柱混凝土的影响，由于芯柱混凝土自身的抗剪强度和芯柱在砌体中的“销栓”作用，因此随灌孔混凝土强度的增大，灌孔砌块砌体的抗剪强度有较大幅度的提高。对于符合《烧结多孔砖》(GB 13544—2011)标准的多孔、小孔空心砖，由于砌筑时砂浆嵌入孔洞形成“销键”，因此其通缝抗剪强度也有所提高。

2. 垂直压应力的大小

砌体截面上的垂直压应力的大小不仅决定着砌体的剪切破坏形态，也直接影响着砌体的抗剪强度。当砌体截面上施加的垂直压应力较小，即 $\sigma_y/f_m<0.2$（f_m 为砌体的轴心抗压强度平均值），砌体处于剪摩受力状态时，由于水平灰缝中砂浆产生较大的剪切变形，而由垂直压应力产

生的摩擦力将阻止砌体剪切面的水平滑移，因此随垂直压应力 σ_y 的增大，砌体的抗剪强度提高，随着剪应力的增加，砌体最终将发生剪摩破坏；当砌体截面上施加的垂直压应力较大，即 $0.2<\sigma_y/f_m<0.6$，砌体处于剪压受力状态时，垂直压应力增大，砌体的抗剪强度也增加，但增加幅度越来越小，随着剪应力的增加，砌体最终将因斜截面上主拉应力不足而发生剪压破坏；当砌体截面上施加的垂直压应力更大，即 $\sigma_y/f_m \geqslant 0.6$ 时，砌体处于斜压受力状态，随着垂直压应力的增加，砌体的抗剪强度迅速下降直至为零，在剪应力的共同作用下，砌体将发生斜压破坏。垂直压应力对砌体抗剪强度的影响可用砌体剪—压相关曲线表示，由该曲线也可看出，砌体截面上垂直压应力的大小决定了砌体受剪破坏形态，并直接影响砌体的抗剪强度(图 6-14)。

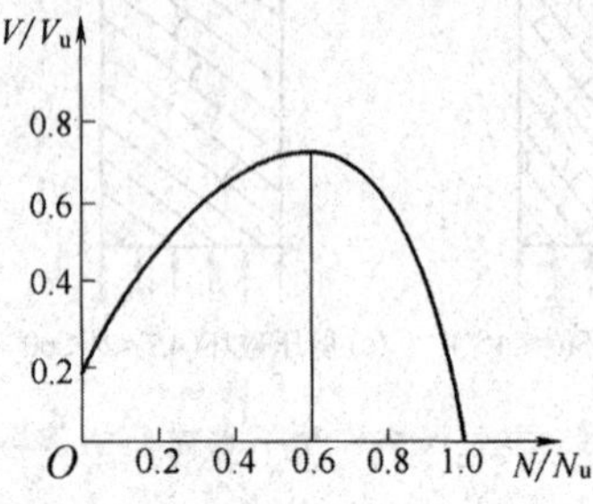

图 6-14　砌体剪—压相关曲线

3. 砌体工程施工质量。

综上所述，砌体的砌筑质量不仅对砌体的抗压强度有较大的影响，而且对砌体的抗剪强度也有较大的影响。砌体的砌筑质量对砌体抗剪强度的影响主要体现在砌筑时灰缝砂浆的密实性、饱和度及块体的含水率等，其中竖向灰缝砂浆饱满度的影响不可忽视。灰缝砂浆的密实性、饱和度影响着砂浆与块体间的黏结强度，而砂浆与块体间的黏结强度对剪摩破坏和剪压破坏的砌体的抗剪强度均有较大影响，而块体在砌筑时的含水率也影响着砌体的抗剪强度。由多孔砖砌体沿齿缝截面受剪的试验表明，当砌体水平灰缝砂浆饱满度大于 92%而竖向灰缝未灌砂浆，当水平灰缝砂浆饱满度大于 62%而竖向灰缝内砂浆饱满，或当水平灰缝砂浆饱满度大于 80%而竖向灰缝砂浆饱满度大于 40%时，砌体抗剪强度可达规定值。但当水平灰缝砂浆饱满度为70%～80%而竖向灰缝内未灌砂浆时，砌体抗剪强度较规定值降低 20%～30%。对于块体砌筑时的含水率，有的试验研究认为，随着含水率的增加砌体抗剪强度相应提高，它对砌体抗压强度的影响规律一致。但较多的试验结果与此不同，如砖的含水率对砌体抗剪强度的影响，存在一个较佳含水率，当砖的含水率约为 10%时，砌体的抗剪强度最高。

4. 试验方法

砌体的抗剪强度与试件的形式、尺寸及加载方式有关，试验方法不同，所测得的抗剪强度也不相同。

(三)砌体的抗剪强度平均值的计算

砌体的抗剪强度主要取决于水平灰缝中砂浆与块体的黏结强度，新规范不区分沿齿缝截面与沿通缝截面破坏的抗剪强度，是因为砂浆与块体之间的法向黏结强度很低，而且在实际工程中砌体竖向灰缝内的砂浆往往又不饱满。因此，规范规定砌体的抗剪强度平均值计算公式如下：

$$f_{v,m}=k_5\sqrt{f_2} \tag{6-4}$$

式中　$f_{v,m}$——砌体抗剪强度平均值(MPa)；

k_5——与砌体类别有关的参数，见表6-13；

f_2——砂浆的抗压强度平均值(MPa)。

表6-13　砌体抗剪强度平均值计算参数

砌体类别	k_5
烧结普通砖、烧结多孔砖	0.125
蒸压灰砂砖、蒸压粉煤灰砖	0.090
混凝土砌块	0.069
毛石	0.188

六、砌体的其他性能

对于砌体结构的研究，除要确定其强度外，还应研究砌体的其他性能。例如，对砌体应力—应变关系、砌体的弹性模量和剪变模量、砌体的线膨胀系数和收缩率、砌体的摩擦系数等性能同样要进行研究，以全面了解和掌握砌体结构的破坏机理、内力分析、承载力计算，以及裂缝的开展与防范等，为砌体结构的精确分析和准确设计提供依据。

(一)砌体的应力—应变关系

砌体受压时的应力—应变曲线是砌体的基本性能之一。砌体是弹塑性材料，砌体受压时，随应力的增加，应变也增大，但这种增长从一开始就不是呈线性变化的。砌体结构受压应力—应变曲线有多种不同的表达式，国内外多采用对数应力—应变的曲线。图6-15所示为砖砌体对数应力—应变曲线，其计算表达式如下：

$$\varepsilon=-\frac{1}{\xi}\ln\left(1-\frac{\sigma}{f_m}\right) \tag{6-5}$$

式中　f_m——砌体抗压强度平均值(MPa)；

ξ——砌体变形的弹性特征系数，主要与砂浆的强度等级有关。

由图6-15可知，当砌体应力较小时，其应力—应变关系近似于直线，说明砌体基本上处于弹性阶段；当砌体应力较大时，其应变增长的速率逐渐大于应力的增长速率，砌体已逐渐进入弹塑性阶段，呈现出明显的非线性关系。砌体受压时，砌体的变形主要集中于灰缝砂浆中，即灰缝的应变占总应变中很大的比例，而灰缝应变除砂浆本身的压缩变形外，块体与砂浆接触面空隙的压密也是其中一个重要的因素。

(二)砌体的弹性模量和剪变模量

砌体的弹性模量是其应力与应变的比值，主要用于计算构件在荷载作用下的变形，是衡量砌体抵抗变形能力的一个物理量。砌体的弹性模量大小可通过实测砌体的应力—应变曲线求得，而根据应力与应变取值的不同，砌体弹性模量也有几种不同的表示方式。

在砌体的受压应力—应变曲线上任取一点切线的正切值来表示该点的弹性模量就是该点的

切线弹性模量，如图 6-16 中的 A 点所示，其切线模量如下：

$$E'=\tan\alpha=\frac{d\sigma}{d\varepsilon}=\xi f_m\left(1-\frac{\sigma}{f_m}\right) \tag{6-6}$$

当 $\frac{\sigma}{f_m}=0$ 时，在曲线原点切线的正切称为初始弹性模量，由式(6-6)得

$$E_0=\tan\alpha_0=\xi f_m \tag{6-7}$$

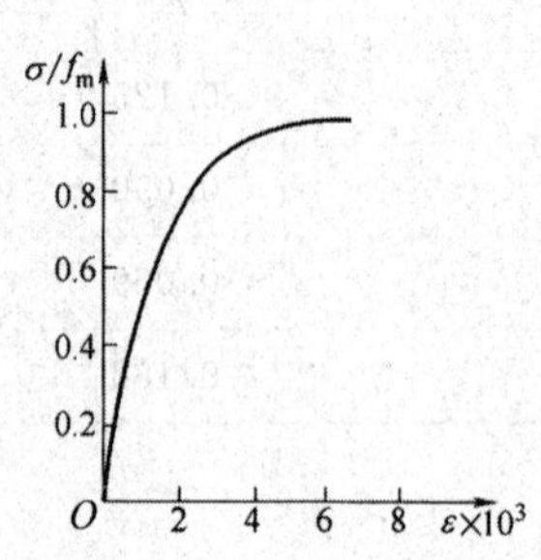

图 6-15 砖砌体对数应力—应变曲线

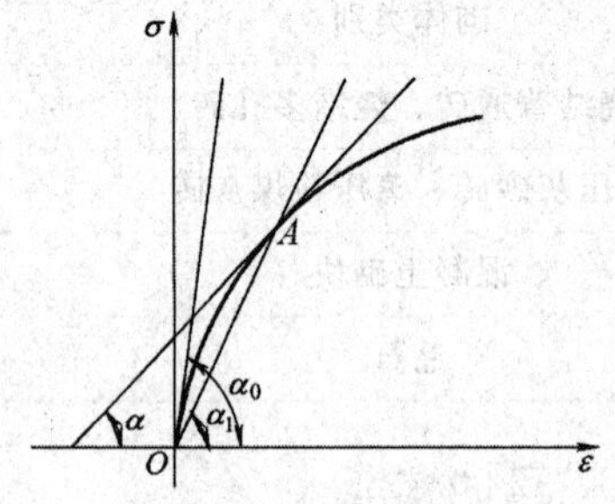

图 6-16 砌体受压应力—应变曲线

在应力—应变曲线上某点 A 与坐标原点连成的割线的正切称为割线模量。工程上一般取 $\sigma=0.43f_m$时的割线模量作为砌体的弹性模量，这是比较符合砌体在使用阶段受力状态下的工作性能的。当 $\sigma=0.43f_m$ 时：

$$E=\tan\alpha_1=\frac{\sigma_A}{\varepsilon_A}=\frac{\sigma_{0.43}}{\varepsilon_{0.43}}=\frac{0.43f_m}{-\frac{1}{\xi}\ln 0.57}=0.8\xi f_m \tag{6-8}$$

即 $E\approx 0.8E_0$。对于砖砌体，ξ 值可取 $460\sqrt{f_m}$，则上式可写成

$$E\approx 370f_m\sqrt{f_m} \tag{6-9}$$

为便于应用，现行《砌体结构设计规范》对砌体受压弹性模量采用了更为简化的结果，按不同强度等级砂浆，取弹性模量与砌体的抗压强度设计值成正比关系。而对于石材抗压强度和弹性模量远高于砂浆相应值的石砌体，砌体的受压变形主要集中在灰缝砂浆中，故石砌体弹性模量可仅按砂浆强度等级确定。各类砌体的受压弹性模量见表 6-14。

表 6-14 各类砌体的变压弹性模量

砌体种类	砂浆强度等级			
	≥M10	M7.5	M5	M2.5
烧结普通砖、烧结多孔砖砌体	1 600f	1 600f	1 600f	1 390f
蒸压灰砂砖、蒸压粉煤灰砖砌体	1 060f	1 060f	1 060f	—
非灌孔混凝土砌块砌体	1 700f	1 600f	1 500	—
粗料石、毛料石、毛石砌体	—	5 650 MPa	4 000 MPa	2 250 MPa
细料石砌体	—	17 000 MPa	12 000 MPa	6 750 MPa

注：1. f 为砌体的抗压强度设计值。

2. 轻骨料混凝土砌块砌体的弹性模量，可按表中混凝土砌块砌体的弹性模量采用。

3. 单排孔且对孔砌筑的混凝土砌块灌孔砌体的弹性模量，应按 $E=2\ 000f_g$ 计算，f_g 为灌孔砌体的抗压强度设计值。

当计算墙体的剪切变形时，需用到砌体的剪变模量。砌体的剪变模量与砌体的弹性模量和泊松比有关，根据材料力学公式，剪变模量 G 的计算公式如下：

$$G=\frac{E}{2(1+\nu)} \tag{6-10}$$

式中　ν——材料的泊松比，取值一般为 0.1～0.2，而规范值近似取 $G=0.4E$。

（三）砌体的线膨胀系数和收缩率

温度变化时，砌体将产生热胀冷缩变形。当这种变形受到约束时，砌体内将产生附加内力，而当此内力达到一定程度时，将会造成砌体结构开裂和裂缝的扩展。为计算和控制此附加内力，避免此裂缝的形成和开展，要用到砌体的温度线膨胀系数，此系数与砌体种类有关。规范规定的各类砌体的线膨胀系数见表 6-15。

除热胀冷缩变形外，砌体在浸水时体积膨胀，在失水时体积收缩，这种收缩变形为干缩变形，它比膨胀变形大得多。同样，当这种变形受到约束时，砌体内将产生干缩应力，当此应力大到一定程度时，将引起砌体结构变形和裂缝开展。各类砌体的收缩率见表 6-15。

表 6-15　各类砌体的线膨胀系数和收缩率

砌体类别	线膨胀系数/(10^{-6} ℃$^{-1}$)	收缩率/(mm・m^{-1})
烧结普通砖、烧结多孔砖砌体	5	−0.1
蒸压灰砂砖、蒸压粉煤灰砖砌体	8	−0.2
混凝土普通砖、混凝土多孔砖、混凝土砌块砌体	10	−0.2
轻骨料混凝土砌块砌体	10	−0.3
料石和毛石砌体	8	—

注：表中的收缩率是达到收缩允许标准的块体砌筑 28 d 的砌体收缩率，当地有可靠的砌体收缩试验数据时，也可以采用当地的试验数据。

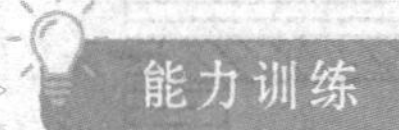

能力训练

1. 在砌体结构中，块体和砂浆的作用是什么？砌体对所用块体和砂浆各有何基本要求？

2. 砌体的种类有哪些？各类砌体应用前景如何？

3. 选择砌体结构所用材料时，应注意哪些事项？

4. 试述砌体轴心受压时的破坏特征。

5. 试分析影响砌体抗压强度的主要因素。

6. 试述砌体受压强度远小于块体的强度等级，而又大于砂浆的强度等级(砂浆强度等级较小时)的原因。

7. 试分析垂直压应力对砌体抗剪强度的影响。

8. 试述砌体轴心受拉和弯曲受拉的破坏形态。为何不允许设计采用沿水平通缝截面轴心受拉的构件？

项目七　过梁、墙梁、挑梁及圈梁设计

能力目标

1. 过梁、墙梁、挑梁的受力特点与破坏特征。
2. 过梁、墙梁、挑梁承载力计算方法和构造要求。
3. 圈梁的作用、布置要求及构造要求。

任务一　过　　梁

一、过梁的类型及构造要求

过梁是设在门窗洞口上部，用于承受门窗洞口上部墙体及梁板传来的荷载而设置的梁。常用的过梁有砖砌过梁和钢筋混凝土过梁两种类型，砖砌过梁又可分为砖砌平拱过梁和钢筋砖过梁，如图 7-1 所示。

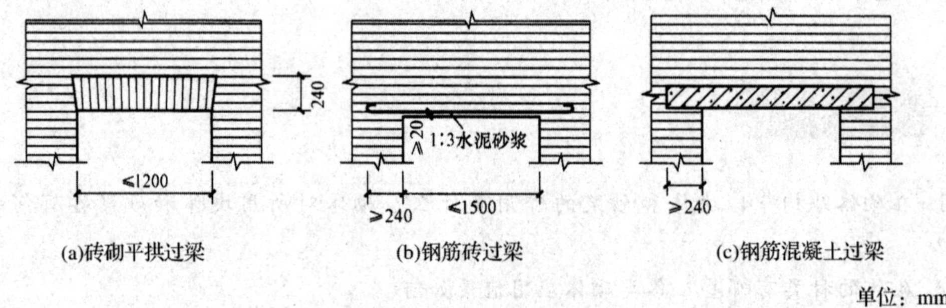

图 7-1　过梁常用类型

(一)砖砌过梁

1. 砖砌平拱过梁

砖砌平拱过梁是将砖竖立和侧砌而成的，灰缝上宽下窄，砖向两边倾斜成拱，两端下部深入墙内 20～30 mm，中部起拱高度为跨度的 1/50，其用竖砖砌筑部分高度不宜小于 240 mm，净跨不应超过 1.2 m。其优点是钢筋、水泥用量少，缺点是施工速度慢、跨度小，有集中荷载或半砖墙不宜使用。用砖强度等级不宜低于 MU10，砂浆的强度等级不宜低于 M5。

2. 钢筋砖过梁

在洞口顶部配置钢筋，形成加筋砖砌体，钢筋砖过梁底面砂浆层处的钢筋直径不应小于 5 mm，间距不宜大于 120 mm，钢筋伸入两端支座砌体内的长度不宜小于 2 40 mm，砂浆层厚度不宜小于 30 mm，净跨不应超过 1. 5 m。砖砌过梁截面计算高度内的砂浆不宜低于 M5。

（二）钢筋混凝土过梁

钢筋混凝土过梁一般采用预制构件，支承长度不宜小于 240 mm，对有较大震动荷载或可能产生不均匀沉降的房屋，应采用钢筋混凝土过梁。

二、过梁上的荷载

过梁上的荷载是作用于过梁上的墙体自重和过梁计算高度范围内的梁、板荷载。

试验表明，若过梁上的砌体采用水泥混合砂浆砌筑，当砖砌体的砌筑高度接近跨度的 1/2 时，跨中挠度的增加明显减小。此时，过梁上砌体的当量荷载相当于高度等于 1/3 跨度时的墙体自重。这是因为砌体砂浆随时间增长而逐渐硬化，参与工作的砌体高度不断增加，砌体的组合作用不断增强。当过梁上墙体有足够高度时，施加在过梁上的竖向荷载将通过墙体的内拱作用直接传给支座。因此，过梁上的墙体荷载按如下要求取用。

（一）梁、板荷载

对于砖和小型砌块砌体，当梁、板下的墙体高度 $h_w < l_n$（l_n 为过梁的净跨）时，应计入梁、板传来的荷载；当梁、板下的墙体高度 $h_w \geqslant l_n$ 时，可不考虑梁、板传来的荷载。

（二）墙体荷载

(1)对砖砌体，当过梁上的墙体高度 $h_w < l_n/3$ 时，应按墙体的均布自重计算；当墙体高度 $h_w \geqslant l_n/3$ 时，应按高度为 $l_n/3$ 墙体的均布自重计算。

(2)对混凝土砌块砌体，当过梁上的墙体高度 $h_w < l_n/2$ 时，应按墙体的均布自重计算；当墙体高度 $h_w \geqslant l_n/2$ 时，应按高度为 $l_n/2$ 墙体的均布自重计算。

大量的过梁试验表明，当过梁上墙体达到一定高度时，过梁上墙体形成的内拱将使一部分荷载直接传给支座。《砌体结构设计规范》规定过梁上的荷载取值见表 7-1。

表 7-1　过梁上的荷载取值

类型	简图	砌体种类	荷载取值	
墙体荷载	过梁 h_w l_n h_w 力过梁上墙体高度	砖砌体	$h_w < l_n/3$	按墙体的均布自重采用
			$h_w \geqslant l_n/3$	按高度为 $l_n/3$ 的墙体的均布自重采用
		混凝土砌块砌体	$h_w < l_n/2$	按墙体的均布自重采用
			$h_w \geqslant l_n/2$	按高度 $l_n/2$ 的墙体的均布自重采用

续表

类型	简图	砌体种类	荷载取值	
梁板荷载	h_w 为梁板下墙体高度	砖或小型砌块砌体	$h_w<l_n$	按梁板传来的荷载采用
			$h_w \geqslant l_n$	梁板荷载不予考虑

三、过梁承载力的计算

(一)砖砌过梁的破坏特征

砖砌平拱过梁的工作机理类似于三铰拱，除可能发生受弯破坏和受剪破坏外，在跨中开裂后，还会产生水平推力，此水平推力由两端支座处的墙体承受。当此墙体的灰缝抗剪强度不足时，会发生支座滑动而破坏，这种破坏易发生在房屋端部的门窗洞口处墙体上[图 7-2 (a)]。

钢筋砖过梁的工作机理类似于带拉杆的三铰拱，有两种可能的破坏形式：正截面受弯破坏和斜截面受剪破坏。当过梁受拉区的拉应力超过砖砌体的抗拉强度时，则在跨中受拉区会出现垂直裂缝；当支座处斜截面的主拉应力超过砖砌体沿齿缝的抗拉强度时，在靠近支座处会出现斜裂缝，在砌体材料中表现为阶梯形斜裂缝[图 7-2 (b)]。

小贴士

由过梁的破坏形式可知，应对过梁进行受弯、受剪承载力验算。对砖砌平拱，还应按其水平推力验算端部墙体的水平受剪承载力。

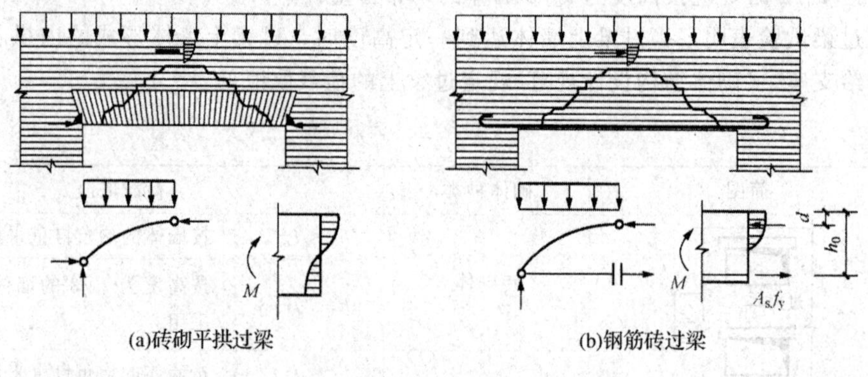

(a)砖砌平拱过梁　　(b)钢筋砖过梁

图 7-2　砖砌过梁的破坏特征

（二）砖砌平拱的计算

1. 受弯承载力

砖砌平拱过梁的截面计算高度一般取 $l_n/3$，若需要考虑上部梁板的荷载，则计算高度取梁板底至过梁底的高度。砖砌平拱过梁跨中截面受弯承载力可按下式计算：

$$M \leqslant f_{tm} W \tag{7-1}$$

式中　f_{tm}——砌体弯曲抗拉强度设计值；

W——截面抵抗矩。

2. 受剪承载力

过梁由于两端墙体的抗推力，提高了沿通缝的弯曲抗拉强度，因此砌体弯曲抗拉强度取沿齿缝截面的数值，平拱截面受剪承载力可按下式计算：

$$V \leqslant f_v bz \tag{7-2}$$

$$z = I/S \tag{7-3}$$

式中　f_v——砌体抗剪强度设计值；

b——截面宽度；

z——内力臂，对于矩形截面，取 $z=2h/3$；

I——截面惯性矩；

S——截面面积矩；

h——矩形截面高度。

（三）钢筋砖过梁的计算

钢筋砖过梁应进行跨中正截面的受弯承载力和支座斜截面的受剪承载力计算。

1. 受弯承载力

$$M \leqslant 0.85 h_0 f_y A_s \tag{7-4}$$

式中　M——按简支梁计算的跨中弯矩设计值；

f_y——钢筋的抗拉强度设计值；

A_s——受拉钢筋的截面面积；

h_0——过梁的有效高度，$h_0 = h - a_s$，a_s 为受拉钢筋重心至截面下边缘的距离，h 为过梁的截面计算高度，取过梁底面以上的墙体高度，但不大于 $l_n/3$，但考虑梁、板传来的荷载时，则按梁、板下的高度采用。

2. 受剪承载力。

可按式(7-2)计算。

（四）钢筋混凝土过梁

钢筋混凝土过梁按钢筋混凝土受弯构件计算，且要验算过梁下砌体局部受压承载力。由于过梁与上部墙体的共同工作，梁端的变形很小，因此可取其有效支承长度 a_0 与实际支承长度相等，且局部压应力图形完整系数 $\eta=1.0$，在计算时取 $\psi=0$，不考虑上层荷载的影响。

（五）算例

【例 7-1】已知钢筋砖过梁净跨 $l_n=1.2$ m，墙厚为 240 mm，在离窗口顶面标高 500 mm 处作用有楼板传来的均布恒荷载标准值 6.0 kN/m，均布活荷载标准值为 5.0 kN/m，采用 MU15 烧结多孔砖、M7.5 混合砂浆砌筑，试验算过梁的承载力。

【解】

(1)内力计算。

$$h_w=0.5\text{ m}<l_n=1.2\text{ m}$$

故必须考虑梁板荷载，过梁计算高度取 500 mm。

过梁自重标准值(计入两面抹灰)：

$$0.5\times(0.24\times19+2\times0.02\times17)=2.62\text{ (kN/m)}$$

按永久荷载控制时，作用在过梁上的均布荷载设计值为

$$q=1.35\times(6.0+2.62)+1.4\times0.7\times5.0=16.54\text{ (kN/m)}$$

$$M=\frac{ql_n^2}{8}=16.54\times\frac{1.2^2}{8}=2.98\text{ (kN·m)}$$

$$V=\frac{ql_n}{2}=16.54\times\frac{1.2}{2}=9.93\text{ (kN)}$$

(2)受弯承载力。

$$h_0=500-15=485\text{ (mm)}$$

采用 HPB235 钢筋，$f_y=210$ N/mm²，$2\phi6(A_s=57\text{ mm}^2)$，有

$$0.85f_yA_sh_0=0.85\times210\times57\times485\times10^{-6}=4.93\text{ (kN·m)}>2.98\text{ kN·m}$$

满足要求。

(3)受剪承载力计算。

砌体抗剪强度设计值查表得 $f_v=0.17$ N/mm²，则有

$$z=\frac{2}{3}h=\frac{2}{3}\times500=333\text{ mm}$$

$$f_vbz=0.17\times240\times333=13\,586\text{ (N)}=13.58\text{ kN}>V=9.94\text{ kN}$$

满足要求。

任务二　墙　　梁

墙梁是由钢筋混凝土托梁和托梁以上计算高度范围内的砌体墙组成的组合构件。其中，钢筋混凝土梁称为托梁。与钢筋混凝土框架结构相比，墙梁可节约 40%钢材、50%模板、水泥造价降低 20%，同时具有施工速度快的优势。墙梁可用于工业与民用建筑，如商场、住宅、旅馆建筑及工业厂房的围护墙。墙梁按承受荷载不同分为承重墙梁和自承重墙梁两类；按支承条件不同分为简支墙梁、框支墙梁和连续墙梁(图 7-3)；根据墙上是否开洞，墙梁又可分为无洞口墙梁和有洞口墙梁。

一、简支墙梁的受力性能及其破坏形态

墙梁中的墙体不仅作为荷载作用在钢筋混凝土托梁上，而且与托梁共同工作形成组合构件，

作为结构的一部分与托梁共同工作。墙梁的受力性能与支承情况、托梁和墙体的材料、托梁的高跨比、墙体的高跨比、墙体上是否开洞口、洞口的大小与位置等因素有关。墙梁的受力较为复杂，其破坏形态是墙梁设计的重要依据。

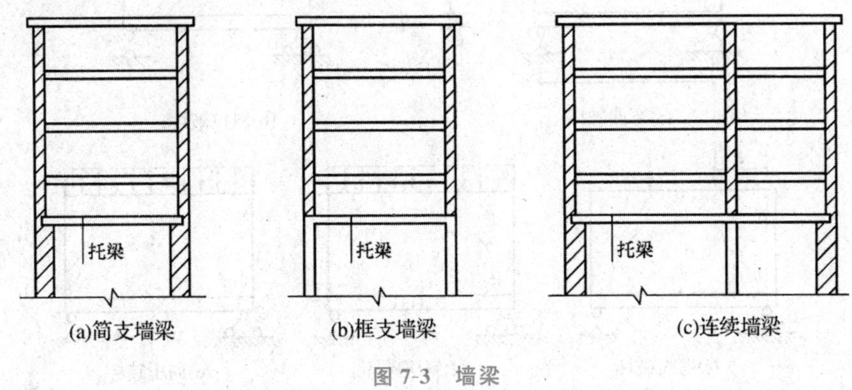

图 7-3　墙梁

(一)简支无洞口墙梁

无洞口梁在未出现裂缝前，其受力性能与深梁相似。图 7-4 (a)所示为根据有限元计算结果得到简支墙梁在均布荷载作用下墙梁的主应力迹线。作用在墙梁上的荷载是通过墙体拱作用传向两边支座，两边主应力迹线直接指向支座，在支座附近托梁的上方形成很大的主压应力集中，二者形成一个带拉杆拱的受力机构[图 7-4 (b)]，其内力分布如图 7-4 (c)所示，这种受力格局从墙梁受力开始一直延续到破坏。简支墙梁的破坏形态如图 7-5 所示。

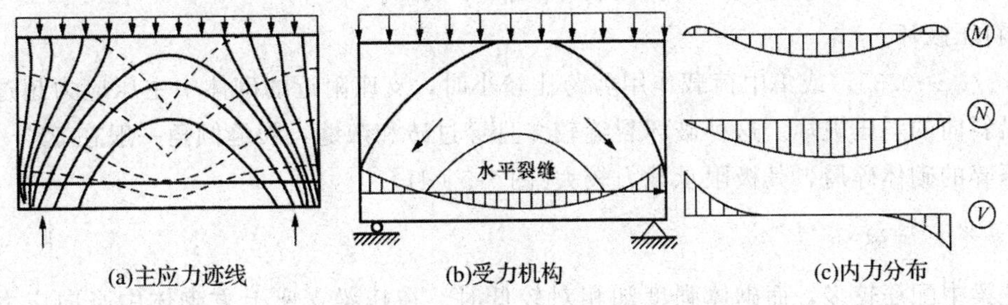

图 7-4　均布荷载作用下的应力状态

1. 弯曲破坏

当托梁中的配筋较少，而砌体强度却相对较高，且 h_w/l_0 也较小时，则一般先在跨中出现竖向裂缝。随着荷载的增加，竖向裂缝穿过托梁和墙体界面迅速上升，最后托梁的下部和上部主筋先后达到屈服，墙梁沿跨中垂直截面发生弯曲破坏[图 7-5 (a)]。

2. 剪切破坏

而当托梁中配筋较多，而砌体强度却相对较低，且 h_w/l_0 适中时，易在支座上部的砌体中因主拉或主压应力引起斜裂缝，导致砌体的剪切破坏。由于影响因素的变化，因此剪砌破坏形态有以下几种。

(1)斜拉破坏。

当 $h_w/l_0<0.35$ 砂浆强度等级又较低时，砌体因主拉应力超过沿齿缝的抗拉强度，产生沿

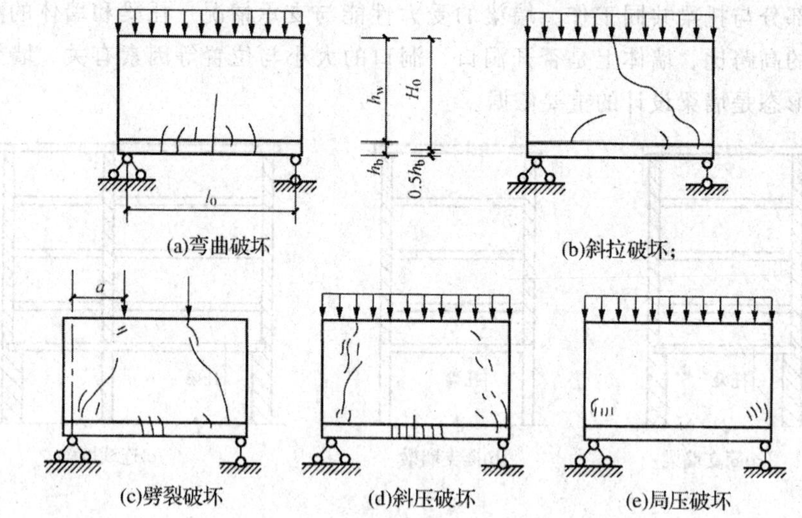

图 7-5　简支墙梁的破坏形态

齿缝截面比较平缓的斜裂缝而破坏。或当墙梁顶部作用集中力，且剪跨比较大时，也易产生斜拉破坏[图 7-5 (b)]。

(2)劈裂破坏。

在集中荷载的作用下，当临近破坏时，墙梁突然在集中力作用点与支座连线上出现一条通长的裂缝，并伴发响声，墙体发生劈裂破坏。这种破坏形态的开裂荷载和破坏荷载比较接近，破坏突然，因无预兆而较危险，属脆性破坏[图 7-5 (c)]。

(3)斜压破坏。

当 $h_w/l_0>0.35$，或集中荷载作用剪跨比较小时，支座附近的砌体中主压应力超过抗压强度而产生沿斜向的斜压破坏。这种破坏裂缝较多且穿过砖和灰缝，裂缝倾角一般在 55°～60°，破坏时有被压碎的砌体碎屑，其极限承载力较大[图 7-5 (d)]。

3. 局部受压破坏

当托梁中配筋较多，而砌体强度却相对较低时，在托梁支座上方砌体中竖向应力集中，当该处应力超过砌体的局部抗压强度时，将产生砌体局部受压破坏[图 7-5 (e)]。

(二)简支有洞口墙梁

当墙梁上有洞口时，通常有中开洞口和偏开洞口两种形式，随洞口位置的不同，具有不同的受力性能。当中开洞口时，墙体虽有所削弱，但并不影响墙梁的组合拱受力性能，其应力分布和主应力迹线与无洞口墙梁基本一致(图 7-6)，其破坏形态与无洞口墙梁类似。

当洞口为偏开时，主应力迹线如图 7-7 (a)所示，墙体顶部荷载一部分向两支座传递，另一部分则向门洞内侧附近的托梁上传递，形成一个大拱内套一个小拱的受力形式，托梁既是大拱的拉杆，又是小拱的弹性支座，形成梁一拱组合受力机构[图 7-7 (b)]，其内力分布如图 7-7 (c)所示。墙体开洞使墙梁的刚度明显削弱，但仍然比一般的钢筋混凝土梁的强度大很多。

破坏形态有弯曲破坏、剪切破坏和局部受压破坏。

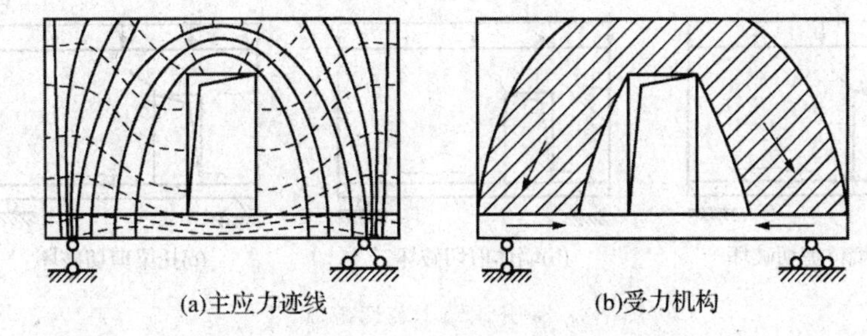

图 7-6　中开洞口墙梁的应力状态

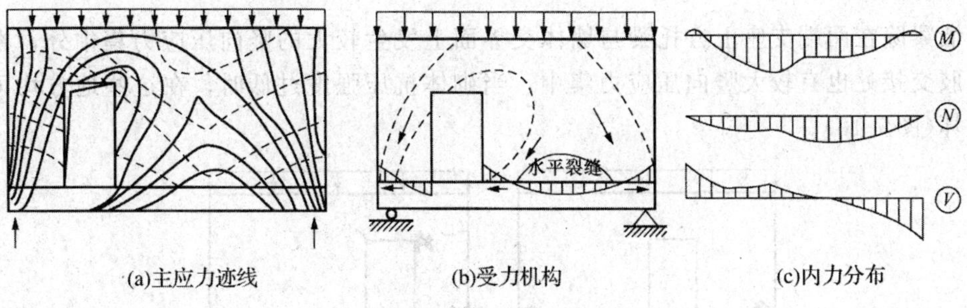

图 7-7　偏开洞口墙梁的应力状态

1. 弯曲破坏

当洞口距 a/l_0 较小($a/l_0 \leqslant 0.25$)时，在洞口内侧边缘托梁垂直截面下部开裂，随着荷载增大，缝宽度增加，并向上延伸。当托梁下部钢筋屈服，裂缝开展过大时，托梁破坏，裂缝一般不会贯通托梁高度，这证明托梁呈大偏心受拉破坏[图 7-8 (a)]。

当洞口距 a/l_0 较大($a/l_0 > 0.25$)时，在洞口内侧托梁截面贯通整个截面，托梁呈小偏心受拉破坏[图 7-8 (b)]。

2. 剪切破坏

墙体在达到 60%～80%的破坏荷载时，距洞口较小一侧的支座斜上方出现趋势较陡的斜裂缝；随着荷载的增加，最后砌体沿裂缝方向压碎，这种破坏为斜压破坏。当洞口距较小时，也可能在洞口顶部小墙肢水平截面剪切破坏[图 7-9 (a)、(b)]。

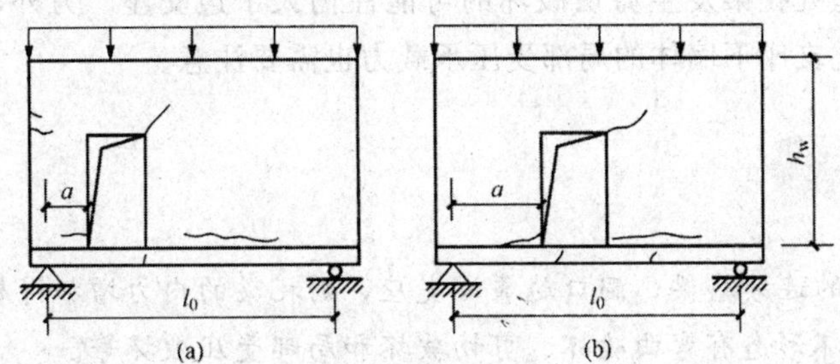

图 7-8　偏开洞墙梁弯曲破坏

当洞口距较小、托梁混凝土强度较低且箍筋数量较少时，洞口处托梁因过大的剪力而发生斜截面剪切破坏[图 7-9 (c)]。

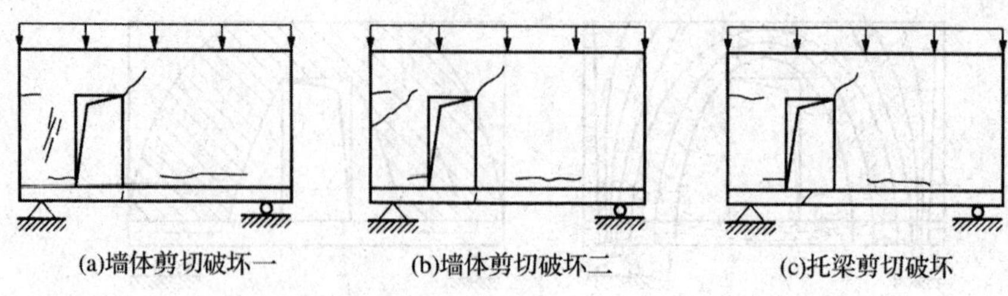

图 7-9　偏开洞墙梁剪切破坏

3. 局部受压破坏

开洞墙梁除在两端支座上方托梁与墙体交界面上发生较大的竖向压应力集中外，在洞口上部与小墙肢交接处也有较大竖向压应力集中，当砌体抗压强度过低时，在这些地方均可发生局部受压破坏(图 7-10)。

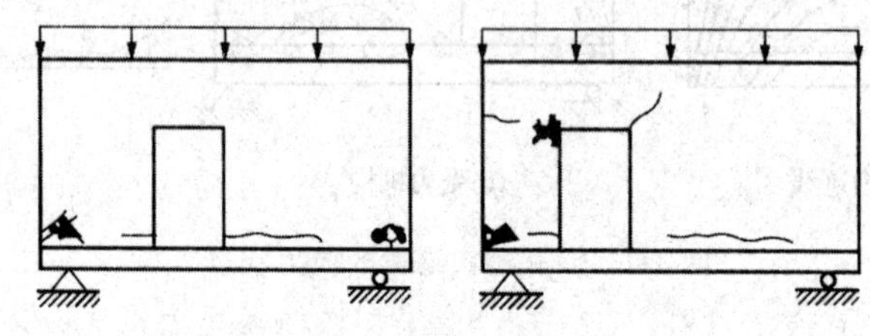

图 7-10　偏开洞墙梁局部受压破坏

二、连续墙梁和框支墙梁受力性能及其破坏形态

(一)连续墙梁

按构造要求，连续墙梁在其顶面处设置有通长的钢筋混凝土圈梁以形成连续墙梁的碑梁。

经研究，在弹性阶段，连续墙梁的工作由托梁、墙体和顶梁组合而成，并随着裂缝的发展逐渐转换为连续组合拱受力体系。对于等跨连续墙梁，由于组合作用，因此托梁的跨中弯矩、第一内支座弯矩和边支座剪力等均有所降低。托梁的大部分区段处于偏拉状况，但在中间支座附近，由于组合拱的推力，因此托梁处于偏压剪的受力状况。顶梁的存在有利于提高墙梁的受剪承载力，但中间支座处托梁发生剪切破坏的可能性仍大于边支座。另外，中间支座由于竖向正应力较为集中，因此支座下墙体的局部受压承载力也需要注意。

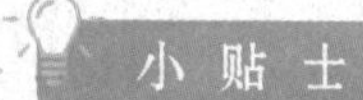

对于开有洞口的连续墙梁，洞口越靠近支座，则托梁的内力增加得越多。
连续墙梁的破坏形态有弯曲破坏、剪切破坏和局部受压破坏等。

(二)框支墙梁

由钢筋混凝土框架支承的墙梁结构体系称为框支墙梁。框支墙梁可以适应较大的跨度和较重的荷载，并有利于抗震。

框支墙梁在弹性阶段的应力分布与简支的及连续的墙梁类似。约在40%的破坏荷载时，托梁的跨中截面先出现竖向裂缝，并迅速向上延伸至墙体中。在70%～80%的破坏荷载时，在墙体或托梁端部出现斜裂缝，经过延伸逐渐形成框架组合受力体系。临近破坏时，在梁和墙体的界面可能出现水平裂缝，在框架柱中出现竖向或水平裂缝。

框支墙梁的破坏形态有如下几种。

1. 弯曲破坏

当h_w/l_0稍小，框架梁、柱配筋较少而砌体强度较高时，易发生这种破坏。此时梁的纵向钢筋先屈服，在跨中形成一个拉弯塑性铰。随后可能在托梁端部负弯矩处钢筋屈服形成塑性铰，或在框架柱上端截面外侧纵筋屈服产生大偏心受压破坏形成压弯塑性铰，最后使框支墙梁形成弯曲破坏机构[图 7-11 (a)]。

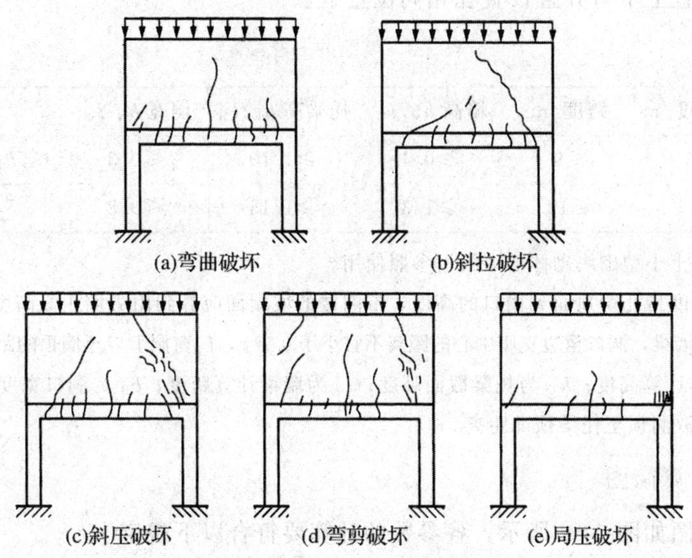

图 7-11　框支墙梁破坏

2. 剪切破坏

当框架梁、柱配筋较多，承载力较强而墙砌体强度较低时，在一般的高跨比情况下，靠近支座的墙体会出现斜裂缝而发生剪切破坏。根据破坏成因的不同，可分为以下两种。

当墙梁的高跨比较小，墙体的主拉应力超过墙体复合抗拉强度时，墙体会沿灰缝发生阶梯形斜向裂缝。倾角一般小于45°，称为斜拉破坏[图 7-11 (b)]；当墙梁的高跨比较大，主压应力易超过砌体的复合抗压强度时，在墙体上形成斜裂缝，裂缝的倾角一般为55°～60°，称为斜压破坏[图 7-11 (c)]。若斜压裂缝延伸入框架的梁柱节点，则产生劈裂破坏。

3. 弯剪破坏

当框架梁与墙砌体强弱相当，即梁受弯承载力和墙体受剪承载力接近时，梁跨中竖向裂缝开展后纵筋屈服，同时墙体斜裂缝开展导致斜压破坏，梁端上部钢筋或柱顶截面外侧钢筋屈服，框支墙梁发生弯剪破坏。弯剪破坏其实是弯曲破坏和剪切破坏间的界限破坏[图 7-11 (d)]。

4. 局部受压破坏

当墙体高跨比较大，支座上方应力较集中时，会发生支座上方墙体的局部受压破坏或框架梁柱节点区的局压破坏[图 7-11 (e)]。

三、墙梁结构设计

(一)墙梁计算的一般规定

当墙梁采用烧结普通砖、烧结多孔砖和配筋砌体时，墙梁的一般规定见表 7-2，当采用混凝土小型砌块砌体的墙梁时可参照使用。在墙梁的计算高度范围内每跨允许设置一个到支座中心的距离 a_i 的洞口，且洞口距边支座不应小于 $0.15l_{0i}$，距中支座不应小于 $0.07l_{0i}$。对于多层房屋的墙梁，各层洞口宜上下对齐且设置在相同位置上。

表 7-2　墙梁的一般规定

墙梁类别	墙体总高度/m	跨度/m	墙高 h_w/l_{0i}	托梁高 h_b/l_{0i}	洞宽 b_h/l_{0i}	洞高 h_h
承重墙梁	≤18	≤9	≥0.4	≥1/10	≤0.3	$\leqslant 5h_w/6$ 且 $h_w-h_b\geqslant 0.4$ m
自承重墙梁	≤18	≤12	≥1/3	≥1/15	≤0.8	

注：1. 采用混凝土小型砌块砌体的墙梁可参照使用。

2. 墙体总高度指托梁顶面到檐口的高度，带阁楼的坡屋面应算到山尖墙 1/2 高度处。

3. 对自承重墙梁，洞口至边支座中心的距离不宜小于 $0.1l_{0i}$，门窗洞上口至墙顶的距离不宜小于 0.5 m。

4. h_w 为墙体计算高度；h_b 为托梁截面高度；l_{0i} 为墙梁计算跨度；b_h 为洞口宽度；h_h 为洞口高度，对于窗洞，取洞顶至托梁顶面距离。

(二)墙梁的计算简图

墙梁的计算简图如图 7-12 所示，各参数的计算要符合以下规定。

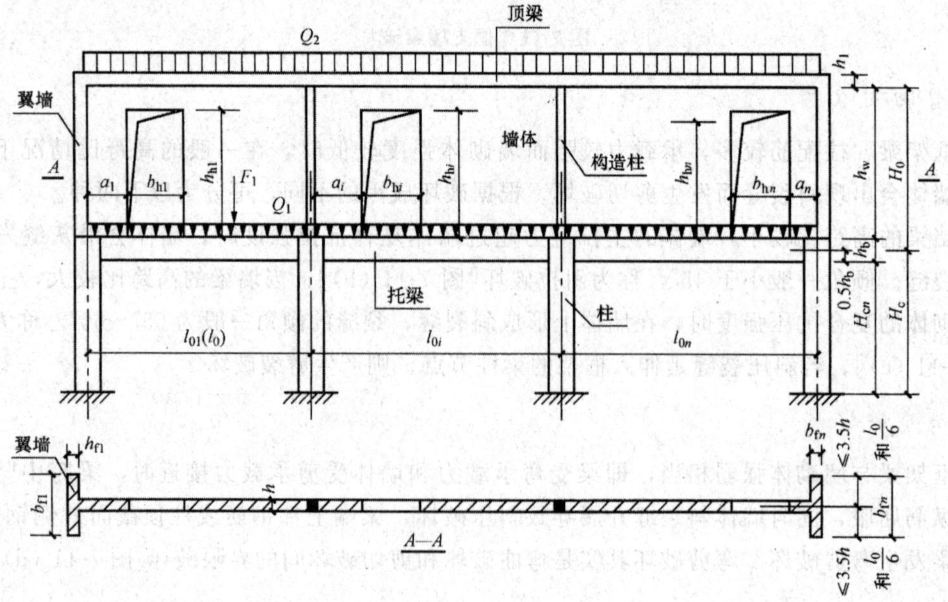

图 7-12　墙梁的计算简图

(1)墙梁的计算跨度 $l_0(l_{0i})$。对简支墙梁和连续墙梁，取净跨的 1.1 倍即 $1.1l_n(1.1l_{ni})$ 与支座中心线距离 $l_c(l_{ci})$ 的较小值。若为框支墙梁，则取框架柱中心线间的距离 $l_c(l_{ci})$。

(2)墙体计算高度 h_w。取托梁顶面上一层墙体高度，当 $h_w>l_0$ 时，取 $h_w=l_0$。对于连续梁和多跨框支墙梁，则 l_0 取各跨的平均值。

(3)墙梁跨中截面计算高度 H_0。取 $H_0=h_w+0.5h_b$。

(4)翼墙计算宽度 b_f。取窗间墙宽度或横墙间距的 2/3，且每边不大于 $3.5h$(h 为墙体厚度)和 $l_0/6$。

(5)框架柱计算高度 H_c。取 $H_c=H_{cn}+0.5h_b$。其中，H_{cn} 为框架柱的基础顶面至托梁底面的距离，即净高。

(三)墙梁的计算荷载

1. 使用阶段墙梁上的荷载

当墙梁为承重墙梁时，只有在墙梁顶面荷载作用下考虑荷载组合作用，其他情况不予考虑。托梁顶面的荷载设计值 Q_1、F_1 取托梁以上各层墙体的自重及本层楼盖的恒荷载和活荷载；墙梁顶面荷载设计值 Q_2，取托梁以上各层墙体自重、墙梁顶面及以上各层楼盖的恒荷载和活荷载，集中荷载可沿作用的跨度近似视为均布荷载。

当墙梁为自承重墙梁时，则墙梁顶面的荷载设计值 Q_2，取托梁自重及托梁以上墙体自重。

2. 施工阶段托梁上的荷载

施工阶段托梁上的荷载可取托梁自重及本层楼盖的恒荷载；本层楼盖的施工荷载；墙体自重可取高度为各计算跨度的最大值 $l_{0\max}$ 的 1/3 的墙体自重，开洞时尚应按洞顶以下实际分布的墙体自重复核。

(四)托梁正截面的承载力计算

1. 托梁跨中截面

按混凝土偏心受拉构件进行计算，其弯矩 M_{bi} 和轴心拉力 N_{bti} 按以下公式进行计算：

$$M_{bi}=M_{1i}+\alpha_m M_{2i} \tag{7-5}$$

$$N_{bti}=\eta_N M_{2i}/H_0 \tag{7-6}$$

对于简支墙梁：

$$\alpha_M=\psi_M(1.7h_b/l_0-0.03) \tag{7-7}$$

$$\psi_M=4.5-10a_i/l_0 \tag{7-8}$$

$$\eta_N=0.44+2.1h_w/l_0 \tag{7-9}$$

对于连续墙梁和框支墙梁：

$$\alpha_M=\psi_M(2.7h_b/l_{0i}-0.08) \tag{7-10}$$

$$\psi_M=3.8-8a_i/l_{0i} \tag{7-11}$$

$$\eta_N=0.8+2.6h_w/l_{0i} \tag{7-12}$$

式中　M_{1i}——荷载设计值 Q_1、f_1 作用下的简支梁跨中弯矩或按连续梁或框架分析的托梁各跨跨中最大弯矩；

M_{2i}——荷载设计值 Q_2 作用下的简支梁跨中弯矩或按连续梁或框架分析的托梁各跨跨中最大弯矩；

α_M——考虑墙梁组合作用下的托梁跨中弯矩系数，可按式(7-7)和式(7-10)计算，但对自承重简支梁应乘以 0.8，式(7-7)中的 $h_b/l_0>1/6$ 时取 $h_b/l_0=1/6$，式(7-10)中的 $h_b/l_0>1/7$ 时取 $h_b/l_0=1/7$；

η_N——考虑墙梁组合作用的托梁跨中轴力系数，可按式(7-9)和式(7-12)计算，但对自承重简支梁应乘以 0.8，$h_w/l_{0i}>1$ 时取 $h_w/l_{0i}=1$；

ψ_M——洞口对托梁弯矩的影响系数，对无洞口的墙梁取 1.0，对有洞口墙梁可按式(7-8)和式(7-11)计算；

a_i——洞口边至墙梁最近支座的距离，$a_i>0.35l_{0i}$ 时取 $a_0=0.35l_{0i}$。

2. 托梁支座截面

托梁支座截面应按混凝土受弯构件计算，其弯矩 M_{bi} 可按下式计算：

$$M_{bi}=M_{1j}+\alpha_M M_{2j} \tag{7-13}$$

$$\alpha_M=0.75-a_i/l_{0i} \tag{7-14}$$

式中 M_{1i}——荷载设计值 Q_1、F_1 作用下按连续梁或框架分析的托梁支座弯矩；

M_{2j}——荷载设计值 Q_2 作用下按连续梁或框架分析的托梁支座弯矩；

α_M——考虑组合作用的托梁支座弯矩系数，无洞口墙梁取 0.4，有洞口墙梁按式(7-14)计算，当支座两边的墙均有洞口时，a_i 取较小值。

对在墙梁顶面荷载 Q_2 作用下的多跨框支墙梁的框支柱，当边柱的轴力不利时，应乘以修正系数 1.2。

(五)墙梁斜截面承载力计算

墙梁的斜截面抗剪承载力很少发生托梁的剪切破坏，一般总是由墙体的剪切破坏来控制的，为切实保证墙梁的承载力，《砌体结构设计规范》规定必须分别对墙体和托梁进行抗剪承载力计算。

1. 墙梁的墙体受剪承载力计算

墙体斜截面受剪承载力应以斜压破坏形态为依据进行计算，墙梁的墙体受剪承载力可按下式计算：

$$V_2\leqslant\xi_1\xi_2\left(0.2+\frac{h_b}{l_{0i}}+\frac{h_t}{l_{0i}}\right)fhh_w \tag{7-15}$$

式中 V_2——荷载设计值 Q_2 作用下墙梁支座边剪力的最大值；

ξ_1——翼墙或构造柱影响系数，单层墙梁取 1.0，多层墙梁 $b_f/h=3$ 时取 1.3，$b_f/h=7$ 时取 1.5，$3<b_f/h<7$ 时按线性插入法取值；

ξ_2——洞口影响系数，无洞口墙梁取 1.0，多层有洞口墙梁取 0.9，单层有洞口墙梁取 0.6；

h_t——墙梁顶面圈梁的截面高度。

2. 托梁的斜截面受剪承载力计算

当托梁的混凝土强度等级很低(如 C10～C15)，且无箍筋或者箍筋很少时，托梁可能发生剪

切破坏，因此要计算托梁的斜截面的受剪承载力。托梁的斜截面受剪承载力应按钢筋混凝土受弯构件计算，其剪力 V_{bi} 为

$$V_{bi}=V_{1j}+\beta_v V_{2j} \tag{7-16}$$

式中 V_{1j}——荷载设计值 Q_1、F_1 作用下按连续梁或框架分析的托梁支座边剪力或简支梁支座边剪力；

V_{2j}——荷载设计值 Q_2 作用下按连续梁或框架分析的托梁支座边剪力或简支梁支座边剪力；

β_v——考虑墙梁组合作用的托梁剪力系数，无洞口墙梁边支座取 0.6，中支座取 0.7，有洞口墙梁边支座取 0.7，中支座取 0.8，对于自承重简支墙梁，无洞口时取 0.45，有洞口时取 0.5。

（六）墙梁局部受压承载力计算

试验表明，当墙梁砌体强度较低，两端无翼墙，且 $h_w/l_0>0.75$ 时，托梁支座上部砌体容易因竖向正应力集中而引起砌体的局部受压破坏。设应力系数 c 为托梁界面上墙体最大压应力 σ_{ymax} 与墙梁顶面荷载 Q_2/h 之比，局部强度提高系数 γ 为 σ_{ymax} 与砌体抗压强度 f 之比，局部受压系数 $\xi=\gamma/c$，则托梁支座上部砌体局部受压承载力按下式计算：

$$Q_2\leqslant\xi hf \tag{7-17}$$

$$\xi=0.25+0.08b_f/h \tag{7-18}$$

式中 ξ——局压系数，$\xi>0.81$ 时取 $\xi=0.81$。

当 $b_f/h\geqslant5$ 或墙梁支座处设置上下贯通的构造柱时，可不验算局部受压承载力。

（七）施工阶段托梁的验算

考虑施工阶段作用在托梁上的荷载设计值产生的最大弯矩和剪力按钢筋混凝土受弯构件验算其受弯和受剪承载力。此时，可取结构重要性系数 $\gamma_0=0.9$。

四、墙梁的构造要求

墙梁的构造要符合《砌体结构设计规范》和《混凝土结构设计规范》的有关构造规定。此外，还要符合以下要求。

（一）材料

(1)托梁的混凝土强度等级不低于 C30。

(2)墙梁的纵向钢筋宜采用强度等级为 HRB335、HRB400、RRB400 的钢筋。

(3)用于承重墙梁的砖、块体的强度等级不宜低于 MU10，计算高度范围内墙体的砂浆强度等级不应低于 M10。

（二）墙体

(1)设有承重的简支墙梁、连续墙梁的房屋，以及框支墙梁的上部砌体房屋，应满足刚性方案房屋的要求。

(2)墙梁计算高度范围内的墙体，每天可砌高度不应超过 1.5 m，超过了要加设临时支撑。

(3)墙梁洞口上方需设置支承长度不应小于 240 mm 的混凝土过梁，且洞口范围内不应施加集中荷载。

(4)墙梁的计算高度范围内的墙体厚度，对砖砌体不应小于 240 mm，对混凝土小型砌块砌体不应小于 190 mm。

(5)框支墙梁的框架柱上方应设置构造柱，墙梁顶面及托梁标高的翼墙应设置圈梁，构造柱应与每层圈梁连接。

(6)承重墙梁的支座处应设置落地翼墙，对于砖砌体翼墙厚度不应小于 240 mm，对于混凝土砌块砌体冀墙厚度不应小于 190 mm，且翼墙宽度不应小于墙体墙梁厚度的 3 倍，并与墙体墙梁同时砌筑。当不能设置翼墙时，应设置落地混凝土构造柱。

(三)托梁

(1)承重墙梁的托梁跨中截面纵向受力钢筋总配筋率不应小于 0.6%。

(2)托梁每跨底部的纵向钢筋不得在跨中段弯起或截断，均应通长设置，钢筋接长宜采用机械连接或焊接。

(3)承重墙梁的托梁的纵向受力钢筋应伸入支座，并应符合受拉钢筋的最小锚固要求，在砌体墙、柱上的支承长度不应小于 350 mm。

(4)托梁截面高度 $h \geqslant 500$ mm 时，应沿梁高设置直径不小于 12 mm，间距不应大于 200 mm 的通长水平腰筋。

(5)有墙梁的房屋的托梁两边各一个开间及相邻开间处应采用现浇钢筋混凝土楼盖，楼板的厚度不宜小于 120 mm，当楼板厚度大于 150 mm 时，宜采用双层双向钢筋网，楼板上应少开洞，洞口尺寸大于 800 mm 时应设洞边梁。

(6)在托梁距边支座 $l_0/4$ 范围内，其上部钢筋面积不应小于跨中下部钢筋面积的 1/3，连续墙梁或多跨框支墙梁的托梁中支座上部附加纵向钢筋从支座边算起每边延伸不少于 $l_0/4$。

(7)现浇托梁需要在混凝土达到设计强度 80%后拆模，否则应加设临时支撑，冬期施工托梁下应加设临时支撑，在墙梁计算高度范围内的砌体强度达到设计强度的 80%以前不得拆除。

【例 7-2】图 7-13 所示为某单跨五层商店一住宅建筑的局部平面、剖面、楼盖荷载标准值及各层门洞口尺寸。托梁采用 C30 混凝土、HRB335 纵向受力钢筋和 HPB235 箍筋，墙体厚度为 240 mm，采用 MU10 砖，计算高度范围内用 M10 混合砂浆，其余用 M5 混合砂浆砌筑。墙梁顶部圈梁为240 mm×240 mm。试设计该墙梁。

【解】

(1)初步确定钢筋混凝土托梁的截面尺寸和材料强度指标。

$$h_b = \frac{1}{8} \times 7\,000 = 875\ (\text{mm})$$

取 $h_b = 900$ mm，$b = 300$ mm。

C30 混凝土：$f_{ck} = 20.1\ \text{N/mm}^2$，$f_c = 14.3\ \text{N/mm}^2$，$f_t = 1.43\ \text{N/mm}^2$。

HRB335 钢筋：$f_y = 300\ \text{N/mm}^2$。

HPB235 粮筋：$f_y = 210\ \text{N/mm}^2$。

MU10 砖、M10 混合砂浆的砌体：$f = 1.89\ \text{N/mm}^2$。

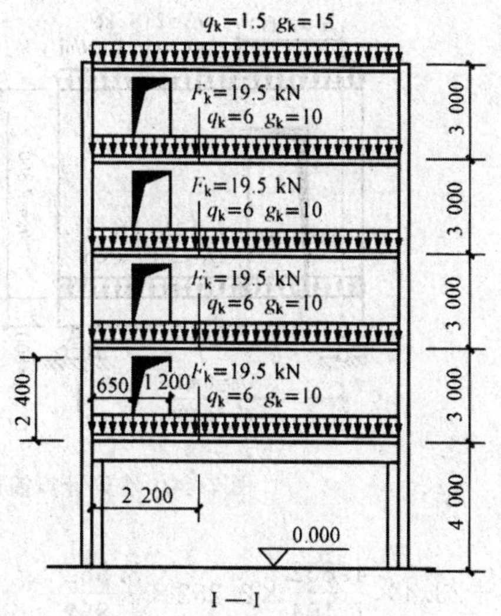

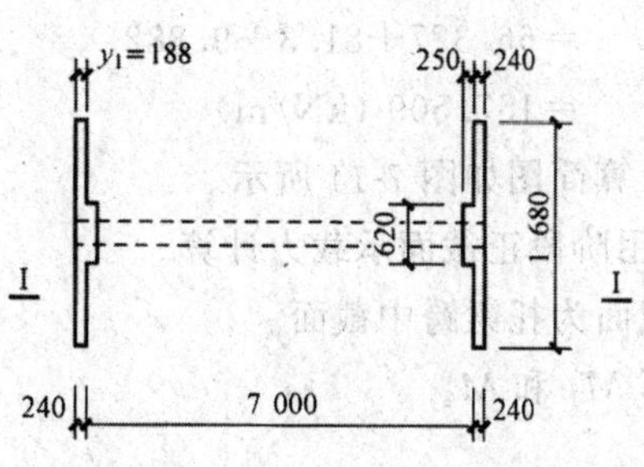

图中均布荷载以 kN/m 计，尺寸以 mm 计

图 7-13 例 7-2 图

(2)计算有关参数。

$$l_n=7-0.5=6.5\ (\text{m})$$

$$l_c=7+(0.24-0.188)\times 2=7.104\ (\text{m})$$

$$1.1l_n=1.1\times 6.5=7.15\ (\text{m})$$

$$h_w=2.86\ \text{m},\ H_0=h_w+\frac{h_b}{2}=2.86+\frac{0.9}{2}=3.31\ (\text{m})$$

$$a=(7.104-7.0)/2+0.65=0.702\ (\text{m})$$

(3)荷载计算。

①作用在托梁顶面上的荷载设计值。

集中荷载：

$$F_1=1.2\times 19.5=23.4\ (\text{kN})$$

托梁自重：

$$1.2\times[0.3\times 0.9\times 25+(0.3+0.9\times 2)\times 0.02\times 20]=9.108\ (\text{kN/m})$$

二层楼盖：

$$1.4\times 6+1.2\times 10=20.4\ (\text{kN/m})$$

$$Q_1=9.108+20.4=29.508\ (\text{kN/m})$$

②作用在墙梁顶面上的荷载设计值。

墙体自重：

$$g_w=1.2\times[5.24\times(2.86\times 7.104-1.2\times 2.4+1.2\times 2.4\times 0.45)]\times\frac{4}{7.104}$$

$$=66.327(\text{kN/m})$$

二层以上楼盖和屋盖：

$$Q'_2=(6\times 3+1.5)\times 1.4+1.2\times(10\times 3+15)=81.3\ (\text{kN/m})$$

三层以上集中荷载化为均布荷载：

$$Q''_2=1.2\times19.5\times\frac{3}{7.104}$$

$$=9.882\ (\text{kN/m})$$

$$Q_2=g_w+Q'_2+Q''_2$$

$$=66.327+81.3+9.882$$

$$=157.509\ (\text{kN/m})$$

墙梁计算简图如图 7-14 所示。

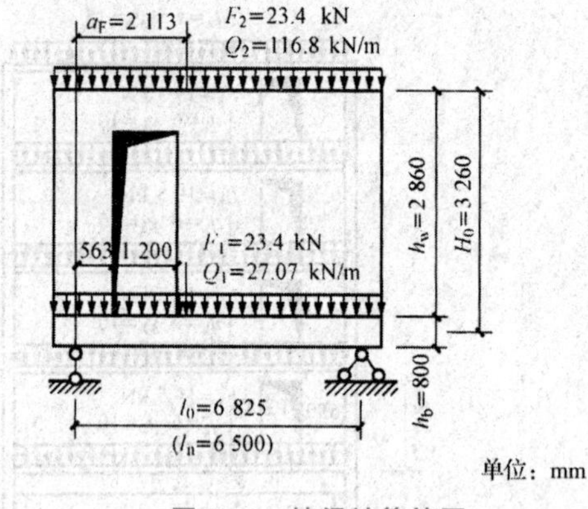

图 7-14 墙梁计算简图

(4)使用阶段正截面承载力计算。

计算截面为托梁跨中截面。

①计算 M_1 和 M_2。

$$M_1=\frac{1}{8}\times29.508\times7.104^2+23.4\times\frac{4.852}{7.104}\times2.252\times\frac{3.552}{4.852}$$

$$=186.147+26.348$$

$$=212.495\ (\text{kN}\cdot\text{m})$$

$$M_2=\frac{1}{8}\times157.509\times7.104^2=993.622\ (\text{kN}\cdot\text{m})$$

②计算 M_b 和 N_{bt}。

$$\psi_M=4.5-10\times\frac{a}{l_0}=4.5-10\times\frac{0.702}{7.104}=3.512$$

$$\alpha_M=\psi_M\left(1.7\times\frac{h_b}{l_0}-0.03\right)=3.512\times\left(1.7\times\frac{0.9}{7.104}-0.03\right)=0.651$$

$$\eta_N=0.44+2.1\times\frac{h_w}{l_0}=0.44+2.1\times\frac{2.86}{7.104}=1.285$$

$$M_b=M_1+\alpha_M M_2=212.495+0.651\times993.622=859.343(\text{kN}\cdot\text{m})$$

$$N_{bt}=\eta_N\frac{M_2}{H_0}=1.285\times\frac{993.622}{3.31}=385.741\ (\text{kN})$$

③判断大小偏心。

$$e_0=\frac{M_b}{N_{b1}}=\frac{859.343}{385.741}=2.228(\text{m})>\frac{h_b}{2}-a_s=\frac{0.9}{2}-0.06=0.39(\text{m})$$

故为大偏心受拉构件。

④计算 A'_s。

$$e=e_0-\frac{h_b}{2}+a_s=2.228-0.45+0.06=1.835(\text{m})$$

$$\xi_b=\frac{\beta_1}{1+\dfrac{f_s}{E_s\varepsilon_{cu}}}=\frac{0.8}{1+\dfrac{300}{2\times10^5\times0.0033}}=0.552$$

取 $x=\xi_b h_0$，有

$$A'_s=\frac{N_{bt}e-\alpha_1 f_c b_b \xi_b h_{b0}^2(1-0.5\xi_b)}{f'_y(h_0-a'_s)}$$

$$=\frac{385.741\times10^3\times1\ 851-1.0\times14.3\times300\times0.55\times840^2\times(1-0.5\times0.55)}{300\times(840-35)}<0$$

按构造配筋：$\rho_{\min}=0.2\%$，有

$$A'_s=\rho_{\min}bh_0=0.2\%\times300\times840=504\ (\mathrm{mm}^2)$$

实配2Φ18($A'_s=509\ \mathrm{mm}^2$)，满足要求。

⑤求A_s。

$$M'_b=f'_yA'_s(h_0-a'_s)=300\times504\times(740-35)=106\ 596\ 000\ (\mathrm{N\cdot m})$$

$$M'_b=N_{bt}e-M'_b=385\ 741\times1\ 851-106\ 596\ 000=607\ 410\ 591\ (\mathrm{N\cdot m})$$

$$\alpha_s=\frac{M''_b}{\alpha_1f_cb_bh_{b0}^2}=\frac{607\ 410\ 591}{1\times14.3\times300\times740^2}=0.259(x>2\alpha_s)$$

$$\gamma_s=0.853,\ \xi=0.295,\ x=0.295\times740=218\ (\mathrm{mm})$$

$$A_s=\frac{N_{bt}+f'_yA'_s+\alpha_1f_cbx}{f_y}$$

$$=\frac{385\ 741+300\times504+1\times14.3\times300\times218}{300}$$

$$=4\ 907(\mathrm{mm}^2)$$

实配8Φ28($A_s=4\ 926\ \mathrm{mm}^2$)。

(5)使用阶段斜截面受剪承载力计算。

①墙体斜截面受剪承载力计算。

$$V_2=\frac{1}{2}\times153.796\times7.000=538.286\ (\mathrm{kN})$$

$$\frac{b_f}{h}=\frac{1.68}{0.24}=7,\ \xi_1=1.5,\ \xi_2=0.9$$

则由相关公式验算得

$$\xi_1\xi_1\left(0.2+\frac{h_b}{l_0}+\frac{h_t}{l_0}\right)fhh_w=1.5\times0.9\times\left(0.2+\frac{0.9}{7.104}+\frac{0.24}{7.104}\right)\times1.89\times240\times2\ 860$$

$$=631\ 314(\mathrm{N})631.314\ \mathrm{kN}>V_2$$

满足要求。

②托梁斜截面受剪承载力计算。

$$V_1=\frac{29.508\times6.5}{2}+\frac{23.4\times4.55}{6.55}=112.156\ (\mathrm{kN})$$

$$V_2=\frac{153.796\times6.5}{2}=499.837\ (\mathrm{kN})$$

由式(7-16)计算得

$$V_b=V_1+\beta_vV_2=112.156+0.7\times499.837=462.042(\mathrm{kN})$$

按钢筋混凝土受弯构件计算得

$$V\leqslant0.7f_tbh_0+1.25f_{yv}\frac{A_{sv}}{s}h_0$$

$$\frac{A_{sv}}{s}\geqslant\frac{V-0.7f_tbh_0}{1.25f_{yv}h_0}=\frac{462\ 042-0.7\times1.27\times300\times840}{1.25\times210\times840}=1.079$$

采用双肢箍 $\phi10@140$，$\frac{A_{sv}}{s}=\frac{157}{140}=1.121>1.079$，满足要求。

(6)使用阶段托梁支座上部砌体局部受压承载力计算。

$$\xi=0.25+0.08\times\frac{b_f}{h}=0.25+0.08\times\frac{1.68}{0.24}=0.81$$

$$\xi h_f=0.81\times1.27\times240=246.888\ (\text{kN/m})$$

$$Q_2=153.796\ \text{kN/m}<246.888\ \text{kN/m}=\xi h_f$$

满足要求。

(7)施工阶段托梁承载力验算。

结构重要性系数 $\gamma_0=0.9$。

施工阶段作用在托梁上的均布荷载为

$$Q_1'=29.508+2.4\times0.24\times19\times1.2=42.641(\text{kN/m})$$

$$\gamma_0 M=0.9\times\frac{1}{8}\times42.641\times7.104^2=242.095(\text{kN}\cdot\text{m})$$

$$\alpha_s=\frac{242.095\times10^6}{14.3\times1\times300\times840^2}=0.080$$

$$\gamma_s=0.957,\ A_s=\frac{242.095\times10^6}{300\times0.957\times840}=1\ 003.86\ (\text{mm}^2)$$

已配 8Φ28($A_s=4\ 926\ \text{mm}^2$)，满足要求。

$$\gamma_0 V=0.9\times\frac{1}{2}\times42.641\times6.5=124.725\ (\text{kN})<462.042\ \text{kN}$$

已配 $\phi10@140$ 箍筋，满足要求。

任务三　挑　　梁

阳台、雨篷及悬挑外廊等是混合结构房屋中经常遇到的构件，这些构件往往是由端嵌固于砌体中、一端悬挑在外的钢筋混凝土梁来支撑的。这种一端嵌入墙内、一端挑出的梁或板称为悬挑构件。

一、挑梁的受力性能及其破坏形态

根据挑梁埋入墙内的长度及梁相对于砌体的刚度不同，可以将挑梁分为弹性挑梁及刚性挑梁。当埋入墙内长度较长，梁的相对刚度较小时，梁本身将发生较大的挠曲变形，这种挑梁称为弹性挑梁；当埋入长度较短，梁的相对刚度较大时，可以将梁视为刚性体，只发生刚体的转动变形，这种挑梁称为刚性挑梁。这两种挑梁的受力性能和破坏特点是有区别的。

(一)弹性挑梁

挑梁在竖向荷载作用下，钢筋混凝土梁与砌体共同工作，是一种组合构件。随着荷载的增加，挑梁经历了弹性工作阶段、带裂缝工作阶段和破坏阶段三个阶段。

1. 弹性工作阶段

挑梁的埋入部分在上下交界面产生拉、压应力，其分布图如图 7-15 所示。其中，正号表示

拉应力，负号表示压应力。此时，砌体的变形基本呈线性，整体性良好。

2. 带裂缝工作阶段

当荷载逐渐加大时，拉应力就会超过砌体的抗拉强度，此时会出现图 7-16所示的裂缝，首先出现①、②号水平裂缝，然后是③号阶梯形裂缝，当水平裂缝开展较大，导致挑梁下砌体的受压区减少过多时，可能会出现局部受压破坏的④号裂缝。

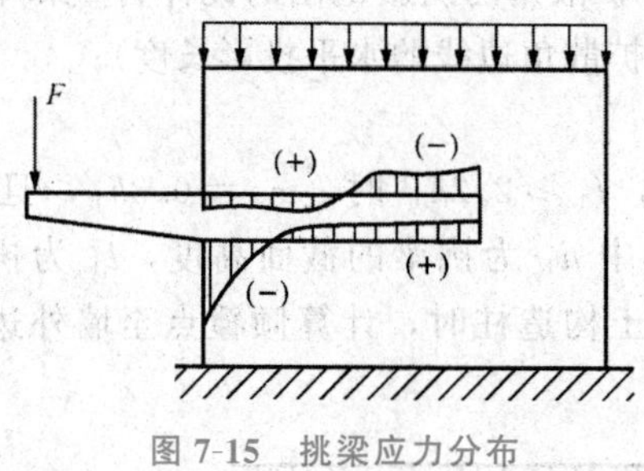

图 7-15　挑梁应力分布

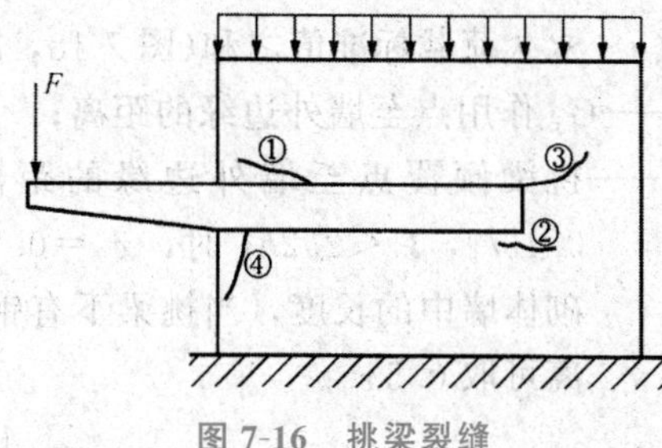

图 7-16　挑梁裂缝

3. 破坏阶段

当荷载逐渐加大时，挑梁最后会发生破坏。挑梁可能会发生以下三种破坏。

(1)倾覆破坏。当挑梁的抗倾覆力矩小于倾覆力矩而使挑梁围绕倾覆点 O 发生倾覆破坏时，如图 7-17 (a)。

(2)局压破坏。挑梁下砌体局部受压破坏，如图 7-17(b)。

(3)挑梁本身破坏。挑梁本身强度不够时会在倾覆点附近正截面受弯破坏或斜截面受剪破坏。

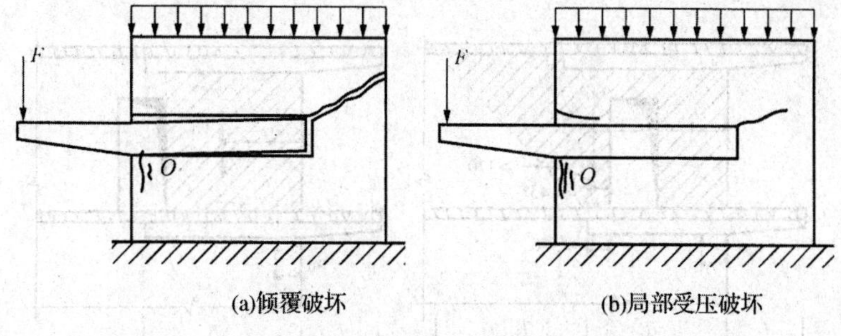

(a)倾覆破坏　　(b)局部受压破坏

图 7-17　挑梁破坏形态

(二)刚性挑梁

对于刚性挑梁，由于其埋入砌体的长度较短，因此在荷载作用下，其埋入墙内的梁挠曲变形很小，可视为挑梁为绕砌体内某点发生刚体转动，直至发生倾覆破坏，一般不会出现梁下砌体局部受压破坏。但当嵌入墙体的长度较长，或者砌体的抗压强度较低时，也可能出现局部受压破坏。

二、挑梁设计

(一)挑梁的抗倾覆验算

砌体墙中钢筋混凝土挑梁的倾覆按下式进行计算：

$$M_{ov} \geqslant M_r \tag{7-19}$$

式中　M_{ov}——挑梁的荷载设计值对计算倾覆点产生的倾覆力矩；

M_r——挑梁的抗倾覆力矩设计值。

挑梁抗倾覆力矩设计值 M_r 可按下式进行计算：

$$M_r = 0.8G_r(l_2 - x_0) \tag{7-20}$$

式中　G_r——挑梁的抗倾覆荷载，为挑梁尾端上部45°扩散角的阴影范围的砌体自重和本层楼面永久荷载标准值之和(图7-18，l_3 为45°扩散角边线的水平投影长度)；

l_2——G_r 作用点至墙外边缘的距离；

x_0——挑梁倾覆点至墙外边缘的距离为 x_0，$l_1 \geqslant 2.2h_b$ 时，$x_0 = 0.3h_b$，且不大于 $0.13l_1$，$l_1 < 2.2h_b$ 时，$x_0 = 0.13l_1$，其中 h_b 为挑梁的截面高度，l_1 为挑梁埋入砌体墙中的长度，当挑梁下有钢筋混凝土构造柱时，计算倾覆点至墙外边缘的距离可取 $0.5x_0$。

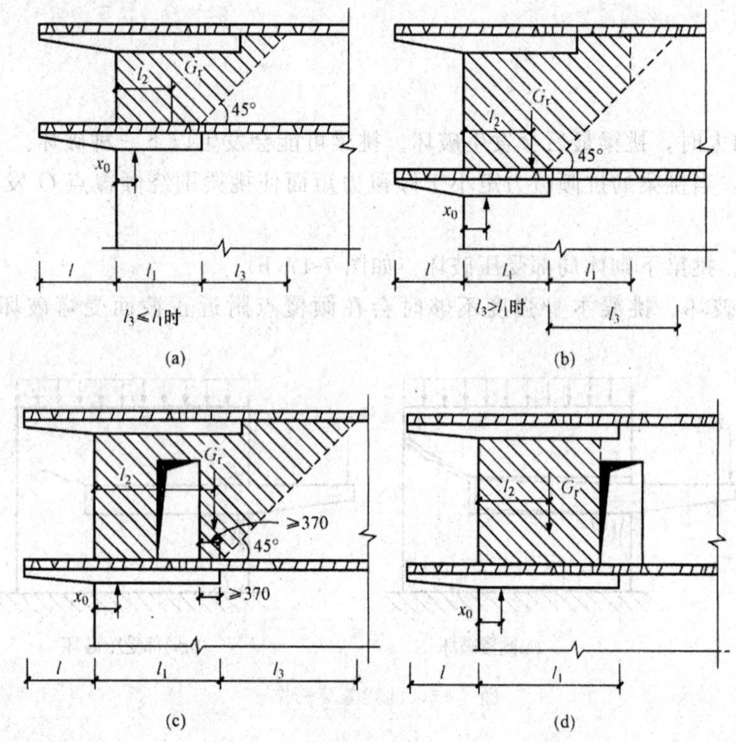

图 7-18　挑梁的抗倾覆荷载

雨篷的抗倾覆计算仍按照上述公式进行计算，其中抗倾覆荷载 G_r 距墙外边缘的距离分别为 $l_2 = l_1/2$ 和 $l_3 = l_n/2$(图7-19)。

(二)挑梁下砌体局部受压承载力计算

挑梁下砌体局部受压承载力按下式进行计算：

$$N_l \leqslant \eta\gamma A_l f \tag{7-21}$$

式中　N_l——挑梁下的支承压力。在发生倾覆破坏时，支撑点所受荷载应取倾覆端和抗倾覆端荷载之和，因此可取 $N = 2R$，R 为挑梁的倾覆荷载设计值；

η——挑梁下压应力图形完整系数，可取0.7；

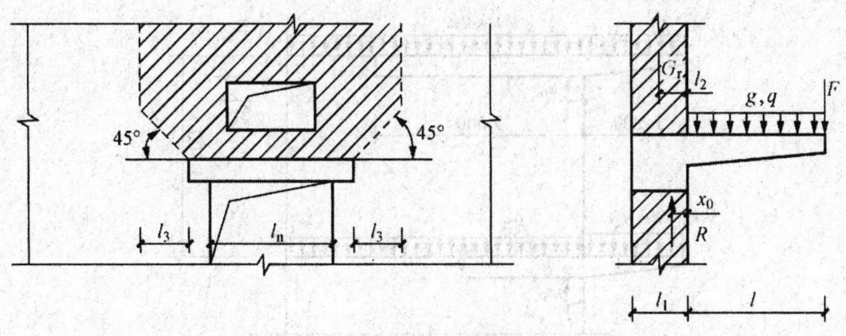

图 7-19　雨篷的抗倾覆荷载

γ——砌体局部受压强度提高系数，对挑梁支承在一字墙可取 1.25，挑梁支承在丁字墙可取 1.5(图 7-20)；

A_1——挑梁下砌体局部受压面积，可取 $A_1=1.2bh_b$，b 为挑梁的截面宽度，h_b 为挑梁的截面高度。

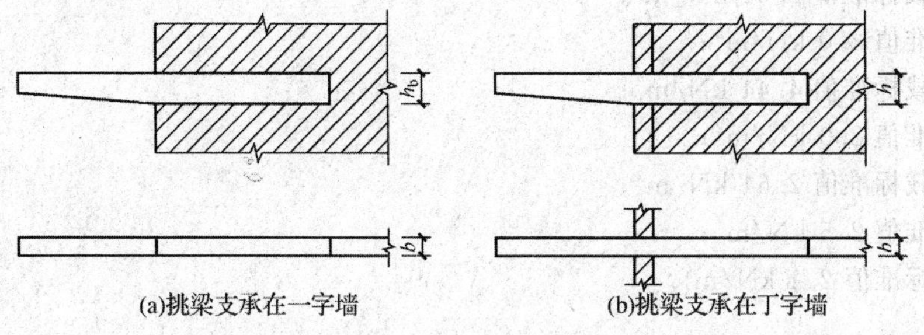

图 7-20　挑梁下砌体局部受压

（三）挑梁的承载力计算

挑梁自身的受弯、受剪承载力计算与一般的钢筋混凝土受弯构件进行正截面受弯承载力和斜截面受剪承载力计算相同。

挑梁自身的正截面受弯承载力最大弯矩设计值 M_{max} 为

$$M_{max}=M_{ov} \tag{7-22}$$

挑梁自身的斜截面受剪承载力最大剪力设计值 V_{max} 为

$$V_{max}=V_0 \tag{7-23}$$

式中　V_0——挑梁荷载设计值在挑梁的墙外边缘处截面产生的剪力。

（四）挑梁的构造

(1)纵向受力钢筋不少于 $2\phi12$，且至少应有 1/2 的钢筋面积伸入梁尾端，其余钢筋伸入支座的长度不应小于挑梁埋入砌体长度的 l_1 的 2/3。

(2)挑梁埋入砌体的长度与挑出长度宜采用 $l_1/l>1.2$，当挑梁上无砌体时，宜采用$l_1/l>2$。

（五）相关实例

【例 7-3】某钢筋混凝土挑梁埋于带翼墙的丁字形截面的墙体中(图 7-21)，挑梁截面 $bh_b=240\ \text{mm}\times350\ \text{mm}$，挑梁上、下墙厚均为 240 mm，挑梁挑出长度 $l=1.8$ m，埋入长度 $l_1=2.2$ m，顶层埋入长度为 3.6 m，挑梁间墙体净高为 2.95 m，房屋开间为 3.6 m，采用 C25 混凝土、MU10 烧结普通砖和 M2.5 的混合砂浆砌筑，施工质量控制等级为 B 级。试设计该挑梁。

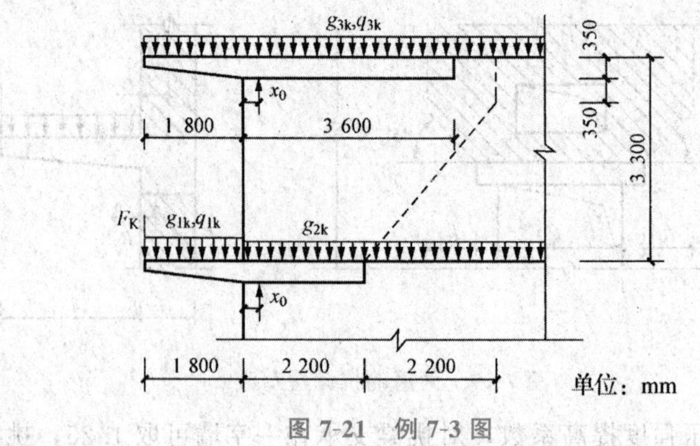

图 7-21 例 7-3 图

已知荷载标准值如下。
墙面荷载标准值 5.24 kN/m^2；
楼面恒荷载标准值 2.61 kN/m^2；
活荷载标准值 2.0 kN/m^2；
屋面恒荷载标准值 4.44 kN/m^2；
活荷载标准值 2.0 kN/m^2；
阳台恒荷载标准值 2.64 kN/m^2；
活荷载标准值 2.5 kN/m^2；
挑梁自重标准值 2.1 kN/m^2。

【解】

(1)荷载计算。

屋面均布荷载标准值为

$$g_{3k}=4.44\times3.6=15.98\ (\text{kN/m})$$
$$q_{3k}=2.0\times3.6=7.2\ (\text{kN/m})$$

楼面均布荷载标准值为

$$g_{2k}=2.64\times3.6=9.5\ (\text{kN/m}),\ g_{1k}=2.5\times3.6=9\ (\text{kN/m})$$
$$F_k=3.5\times3.6=12.6(\text{kN})$$

桃梁自重标准值为

$$g_k=2.1\ \text{kN/m}$$

(2)挑梁抗倾覆验算。

①计算倾覆点。

因 $l_1=2.2\ \text{m}>h_b=0.77\ \text{m}$，取 $x_0=0.3h_b=0.105\ (\text{m})<0.13l_1=0.286\ (\text{m})$。

②倾覆力矩。

顶层倾覆力矩：

$$M_{ov}=\frac{1}{2}\times[1.2\times(2.1+15.98)+1.4\times7.2]\times(1.8+0.105)^2$$
$$=28.77\ (\text{kN}\cdot\text{m})$$

楼层倾覆力矩：

$$M_{ov}=\frac{1}{2}\times[1.2\times(2.1+9.5)+1.4\times9]\times(1.8+0.105)^2+1.2\times12.6\times(1.8+0.105)$$

$=52.82\ (kN \cdot m)$

③抗倾覆力矩。挑梁的抗倾覆力矩由本层挑梁尾端上部扩展角45°范围内的墙体和楼面恒荷载标准值产生。

对于顶层抗倾覆力矩：

$$G_r=(2.1+15.98)\times(3.6-0.105)=63.19\ (kN)$$

$$M_r=0.8G_r(l_2-x_0)=88.34\ kN \cdot m$$

满足要求。

对于楼层抗倾覆力矩：

$$M_r=0.8\sum G_r(l_2-x_0)=98.24\ kN \cdot m$$

满足要求。

(3)挑梁下砌体局部受压承载力验算。

对于顶层挑梁下的支承压力：

$$N_l=2R=2\times[1.2\times(2.1+15.98)+1.4\times7.2]\times(1.8+0.105)=121.07(kN)$$

满足要求。

对于楼层挑梁下的支承力压力：

$$N_l=2\times\{[1.2\times(2.1+9.5)+1.4\times9]\times(1.8+0.105)+1.2\times12.6\}$$
$$=131.28\ (kN)$$

则有

$$\eta\gamma A_1 f=137.59\ kN>131.28\ kN$$

满足要求。

(4)钢筋混凝土梁承载力计算。

以楼层挑梁为例：

$$V_{max}=V_0=1.2\times12.6+[1.2\times(2.1+9.5)+1.4\times9]\times1.8=62.86\ (kN)$$

$$M_{max}=M_{ov}=76.92\ kN \cdot m$$

按钢筋混凝土受弯构件计算梁的正截面和斜截面承载，采用C25混凝土、HRB335级钢筋：

$$\alpha_s=\frac{M}{a_1 f_c bh_0^2}=0.271$$

$$\xi=1-\sqrt{1-2\alpha_s}=0.324<\xi_b$$

$$A_s=a_1 f_c bh_0\xi/f_y=971.6\ mm^2$$

选用2Φ25($A_s=982\ mm^2$)，因为$0.7f_1bh_0=67.21\ kN>62.86\ kN$，所以可按构造配置箍筋，选用$\phi$8@200。

任务四 圈 梁

砌体房屋结构中，在墙体内水平方向设置封闭的按构造配筋的钢筋混凝土梁称为圈梁，设置的数量和位置与建筑物的高度、层数、地基状况和地震强度有关。

一、圈梁的作用与布置

(一)圈梁的作用

(1)增强房屋的整体性和空间刚度，增强纵、横墙的联结，提高房屋整体性；作为楼盖的边缘构件，提高楼盖的水平刚度。

(2)防止地基不均匀沉降而使墙体开裂，提高墙体的抗剪、抗拉强度，设置在基础顶面部位和檐口部位的圈梁对抵抗不均匀沉降作用最为有效。当房屋中部沉降较两端为大时，位于基础顶面部位的圈梁作用较大；当房屋两端沉降较中部为大时，檐口部位的圈梁作用较大。

(3)减少振动作用对房屋产生的不利影响。

(4)与构造柱配合有助于提高砌体结构的抗震性能。

(二)圈梁的布置

(1)对车间、仓库、食堂等大空间的单层房屋，应按下列规定设置圈梁。

①砖砌体房屋。当檐口标高为 5～8 m 时，应设置圈梁一道；当檐口标高大于 8 m 时，应适当增加设置数量。

②砌块及料石砌体房屋。当檐口标高为 4～5 m 时，应设置圈梁一道；当檐口标高大于 5 m 时，应适当增加设置数量。

③有吊车或较大振动设备的单层工业房屋。除在檐口或窗顶标高处设置现浇钢筋混凝土圈梁外，还应在吊车梁标高处或其他适当位置增加设置数量。

(2)对多层砌体民用建筑，如住宅、宿舍、办公楼等，当房屋层数为 3～4 层时，应在檐口标高处设置圈梁一道；当层数超过 4 层时，应从底层开始在包括顶层在内的所有纵横墙上隔层设置圈梁。

(3)对多层砌体工业房屋，应每层设置现浇混凝土圈梁。对有较大振动设备的多层房屋，应每层设置现浇圈梁。

(4)对设置墙梁的多层砌体结构房屋，为保证使用安全，应在托梁、墙梁顶面和檐口标高处设置现浇钢筋混凝土圈梁，其他楼层处应在所有纵横墙上每层设置。

二、圈梁的构造要求

(1)圈梁宜连续设在同水平面上，沿纵横墙方向形成封闭。当圈梁被门窗洞口截断时，应在洞口上部增设相同截面的附加圈梁。附加圈梁与圈梁的搭接长度不宜小于其中垂直间距的 2 倍，且不得小于 1 m(图 7-22)。

(2)纵横墙交接处的圈梁应有可靠的连接(图 7-23)。刚弹性和弹性方案房屋，圈梁应与屋架、大梁等构件可靠连接。

(3)钢筋混凝土圈梁的宽度宜与墙厚相同。当墙厚 $h \geqslant 240$ mm 时，其宽度不宜小于 $2h/3$，圈梁高度不宜小于 120 mm，纵向钢筋不宜少于 $4\phi10$，绑扎接头的搭接长度按受拉钢筋考虑，箍筋间距不宜大于 300 mm。

(4)圈梁兼作为过梁时，过梁部分的钢筋应按计算用量另行增配。

(5)采用现浇楼(屋)盖的多层砌体结构房屋，当层数超过 5 层，在按相关标准隔层设置现浇钢筋混凝土圈梁时，应将梁板和圈梁一起现浇。未设置圈梁的楼面板嵌入墙内的长度不应小于

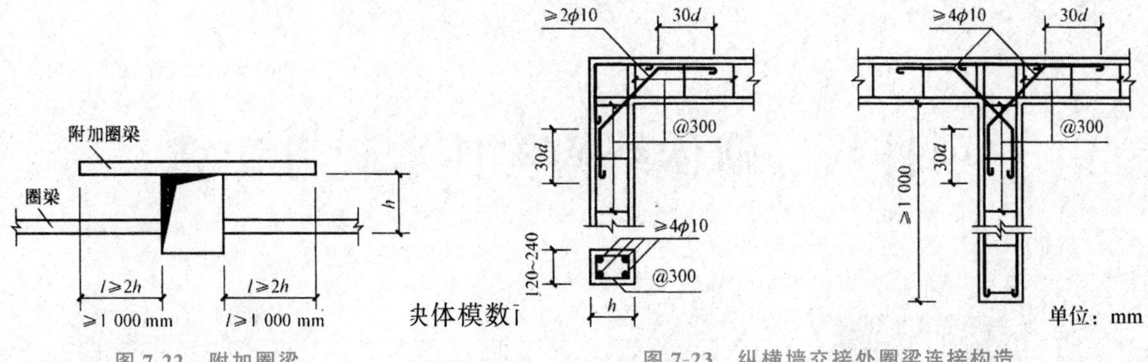

图 7-22　附加圈梁

图 7-23　纵横墙交接处圈梁连接构造

能力训练

1. 什么是过梁？过梁的形式有哪些？简述各种过梁形式的应用范围。

2. 什么是墙梁？墙梁作用是什么？简述墙梁的分类。

3. 墙梁承载力计算有哪些内容？

4. 墙梁在使用阶段和施工阶段的荷载有什么不同？

5. 挑梁在设计时需要计算哪些内容？简述其计算步骤。

6. 如何确定过梁上的荷载？

7. 什么是圈梁？圈梁的作用是什么？

8. 已知过梁净跨 l_n＝3.3 m，过梁上墙体高度 1.0 m，墙厚 240 mm，承受梁、板荷载12 kN/m(其中活荷载 5 kN/m)。墙体采用 MU10 黏土砖，M7.5 混合砂浆，过梁混凝土强度等级 C20，纵筋为 HRB335 级钢筋，箍筋为 HPB235 级钢筋。试设计该混凝土过梁。

项目八　砌体结构构件承载力计算

能力目标

1. 学会墙柱高厚比验算。
2. 掌握无筋砌体受压承载力、局部受压的计算。
3. 掌握轴心受拉、受弯和受剪构件承载力计算。

任务一　墙柱高厚比验算

墙柱高厚比验算是保证墙柱构件在施工阶段和使用期间稳定性的一项重要构造措施。墙柱高厚比还是计算其受压承载力的重要参数。

墙柱无论是否承重，首先都应确保其稳定性。一片独立墙从基础顶面开始砌筑到足够高度时，即使未承受外力，也可能在自重下失去稳定而倾倒。若增加墙体厚度，则不致倾倒的高度增大；若墙体上下或周边的支承情况不同，则不致倾倒的高度也不同。墙柱丧失整体稳定的原因包括施工偏差、施工阶段和使用期间的偶然撞击和振动等。

小贴士

需要进行高厚比验算的构件不仅包括承重的柱、无壁柱墙、带壁柱墙，也包括带构造柱墙及非承重墙等。无壁柱墙是指壁柱之间或相邻窗间墙之间的墙体。构造柱是在房屋外墙或纵、横墙交接处先砌墙，后浇筑混凝土，并与墙连成整体的钢筋混凝土柱，用于抗震设防房屋中。

一、墙柱的计算高度

计算墙柱高厚比时，构件的高度指计算高度。结构中的细长构件在轴心受压时，常常因侧向变形的增大而引发稳定破坏。失稳时，临界荷载的大小与构件端部约束程度有关。墙柱的实际支承情况极为复杂，不可能是完全铰支，也不可能是完全固定。同时，各类砌体由于水平灰缝数量多，其整体性也受到削弱，因此确定计算高度时既要考虑构件上、下端的支承条件(对于墙来说，还要考虑墙两侧的支承条件)，又要考虑砌体结构的构造特点。

综合各种影响因素，墙、柱的计算高度 H_0 见表 8-1。表中构件高度 H 按下列规定取值。

表 8-1　墙、柱的计算高度 H_0

<table>
<tr><th colspan="3" rowspan="2">房屋类别</th><th colspan="2">柱</th><th colspan="3">带壁柱墙或周边拉结的墙</th></tr>
<tr><th>排架方向</th><th>垂直排架方向</th><th>$S>2H$</th><th>$2H\geq S>H$</th><th>$S\leq H$</th></tr>
<tr><td rowspan="3">有吊车的单层房屋</td><td rowspan="2">变截面柱上段</td><td>弹性方案</td><td>$2.5H_u$</td><td>$1.25H_u$</td><td colspan="3">$2.5H_u$</td></tr>
<tr><td>刚性、刚弹性方案</td><td>$2.0H_u$</td><td>$1.25H_u$</td><td colspan="3">$2.0H_u$</td></tr>
<tr><td colspan="2">变截面柱下段</td><td>$1.0H_l$</td><td>$0.8H_l$</td><td colspan="3">$1.0H_l$</td></tr>
<tr><td rowspan="5">无吊车的单层和多层房屋</td><td rowspan="2">单跨</td><td>弹性方案</td><td>$1.5H$</td><td>$1.0H$</td><td colspan="3">$1.5H$</td></tr>
<tr><td>刚弹性方案</td><td>$1.2H$</td><td>$1.0H$</td><td colspan="3">$1.2H$</td></tr>
<tr><td rowspan="2">多跨</td><td>弹性方案</td><td>$1.25H$</td><td>$1.0H$</td><td colspan="3">$1.25H$</td></tr>
<tr><td>刚弹性方案</td><td>$1.10H$</td><td>$1.0H$</td><td colspan="3">$1.1H$</td></tr>
<tr><td colspan="2">刚性方案</td><td>$1.0H$</td><td>$1.0H$</td><td>$1.0H$</td><td>$0.4S+0.2H$</td><td>$0.6S$</td></tr>
</table>

注：1. 表中 H_u 为变截面柱的上段高度，H_l 为变截面柱的下段高度；

2. 对于上端为自由端的构件，$H_0=2H$；

3. 独立砖柱，当无柱间支撑时，柱在垂直排架方向的 H_0 应按表中数值乘以 1.25 后采用；

4. S 为相邻横墙间距；

5. 自承重墙的计算高度应根据周边支承或拉结条件确定。

(1)房屋底层为楼顶面到构件下端的距离，下端支点的位置可取在基础顶面，当基础埋置较深且有刚性地面时，可取室外地面以下 500 mm。

(2)房屋其他层为楼板与其他水平支点之间的距离。

(3)无壁柱的山墙可取层高加山墙尖高度的 1/2，带壁柱山墙可取壁柱处的山墙高度。

二、墙柱高厚比验算

无壁柱墙或矩形截面柱高厚比按下式计算：

$$\beta=\frac{H_0}{h} \tag{8-1}$$

式中　H_0——墙、柱的计算高度，见表 8-1；

h——墙厚或矩形柱与 H_0 相对应的边长。

带壁柱墙(T 形和十字形等截面)高厚比按下式进行计算：

$$\beta=\frac{H_0}{h_T} \tag{8-2}$$

式中　h_T——T 形截面 H_0 相对应的折算厚度，可近似按 $h_T=3.5i$ 计算，i 为截面的回转半径，$i=\sqrt{I/A}$，I、A 分别为截面的惯性矩和面积。

此时，T 形截面的计算翼缘宽度 b_f 可按下列规定确定：多层房屋中，当有门窗洞口时，取窗间墙宽度；无门窗洞口时，每侧翼缘可取壁柱高度的 1/3；单层厂房中，可取壁柱宽加 2/3 墙高，但不大于窗间墙宽度和相邻壁柱间距离。同时，按表 8-1 确定带壁柱墙的计算高度 H_0 时，应取 S 为相邻横墙间的距离；设有钢筋混凝土圈梁的带壁柱墙的 $b/S\geq1/30$ 时(b 为圈梁的厚度)，可把圈梁看作壁柱间墙的不动铰支点。计算带构造柱墙的高厚比时，h 取墙厚，计算高度 H_0 应按相邻横墙的间距确定。

墙柱高厚比应符合下式要求：

$$\beta \leqslant \mu_1 \mu_2 [\beta] \tag{8-3}$$

式中 $[\beta]$——墙、柱允许高厚比限值，见表 8-2。

μ_1——自承重墙允许高厚比的修正系数，$h=240$ mm 时 $\mu_1=1.2$，$h=90$ mm 时 $\mu_1=1.5$，90 mm<0<240 mm 时可按线性插入法取值，墙体上端为自由端时，μ_1 取值还可提高 30%，对厚度小于 90 mm 的墙，当双面采用不低于 M10 的水泥砂浆抹面，包括抹面层的厚度不小于 90 mm 时，可按墙厚等于 90 mm 验算高厚比。

μ_2——有门洞口的墙允许高厚比修正系数，即

$$\mu_2 = 1 - 0.4\frac{b_s}{S} \tag{8-4}$$

式中 b_s——宽度 S 范围内的门窗洞口宽度(图 8-1)；

S——相邻横墙或壁柱之间的距离(图 8-1)。

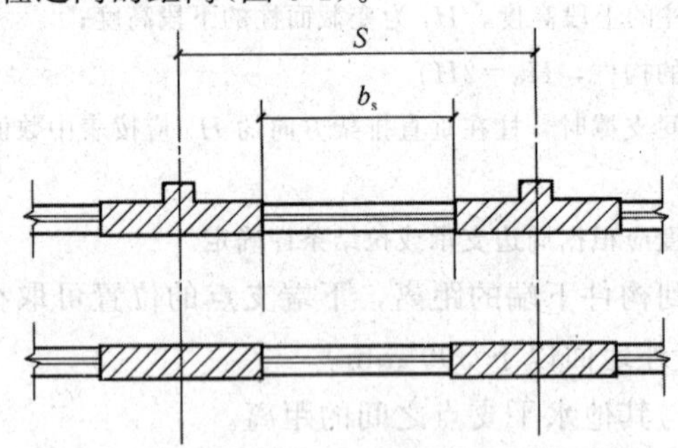

图 8-1 有门窗洞口墙允许高厚比的修正系数的计算

当计算结果 μ_2 小于 0.7 时，应取 $\mu_2=0.7$；当洞口高度小于墙高的 1/5 时，可取 $\mu_2=1.0$；当洞口高度大于或等于墙高的 4/5 时，可按独立墙段验算高厚比。

影响墙、柱高厚比限值[β]的因素很多，根据实践经验和现阶段材料质量和施工技术水平，通过综合分析，《混凝土结构设计规范》规定的[β]取值见表 8-2。

表 8-2 墙、柱允许高厚比限值

砌体类型	砂浆强度等级	墙	柱
无筋砌体	M2.5	22	15
	M5.0 或 Mb5.0、Ms5.0	24	16
	≥M7.5 或 Mb7.5、Ms7.5	26	17
配筋砌块砌体	—	30	21

注：1. 毛石墙、柱允许高厚比应按表中数值降低 20%；

2. 带有混凝土或砂浆面层的组合砖砌体构件的允许高厚比可按表中数值提高 20%，但不得大于 28；

3. 验算施工阶段砂浆尚未硬化的新砌砌体高厚比时，允许高厚比对墙取 14，对柱取 11。

当与墙连接的相邻两横墙间的距离 $S \leqslant \mu_1 \mu_2 [\beta] h$ 时，墙的高度不受高厚比的限制。

变截面柱的高厚比可按上、下截面分别验算，其计算高度可按表 8-1 的规定取用。验算上柱

的高厚比时，墙、柱的允许高厚比可按表 8-2 的数值乘以 1.3 后采用。

带壁柱墙的高厚比验算应包括两部分：横墙之间的整片墙的高厚比验算和壁柱间墙的高厚比验算(图 8-2)。整片墙的高厚比可按式(8-2)计算，当确定带壁柱墙的计算高度 H_0 时，墙的长度 S 应取与之相交相邻墙之间的距离(图 8-2)。

对于带构造柱墙，当构造柱截面宽度不小于墙厚时，可按式(8-1)验算带构造柱墙的高厚比，此时式中的 h 取墙厚。当确定带构造柱墙的高厚比 H_0 时，S 应取相邻横墙之间的距离，墙的允许高厚比[β]可乘以修正系数 μ_c，考虑构造柱对于高厚比的有利影响，但在施工阶段时不应考虑构造柱对高厚比的有利影响。μ_c 可按式计算：

$$\mu_c=1+\gamma\frac{b_c}{l} \tag{8-5}$$

式中　γ——系数，细料石砌体 $\gamma=0$，混凝土砌块、混凝土多孔砖、粗料石、毛料石及毛石砌体 $\gamma=1.0$，其他砌体 $\gamma=1.5$；

b_c——构造柱沿墙长方向的宽度；

l——构造柱的间距。

当 $b_c/l>0.25$ 时，取 $b_c/l=0.25$；当 $b_c/l<0.05$ 时，取 $b_c/l=0$。

验算壁柱间墙或构造柱间墙的高厚比时，墙的长度 S 取相邻壁柱间或构造柱间的距离。设有钢筋混凝土圈梁的带壁柱墙或构造柱墙，当 $b/S\geqslant1/30$ 时，圈梁可视作壁柱间墙或构造柱间墙的不动铰支座(图 8-2)；当不满足上述条件且不允许增加圈梁宽度时，可按墙体平面外等刚度原则增加圈梁高度，此时，圈梁仍可视为壁柱间墙或构造柱间墙的不动铰支点。

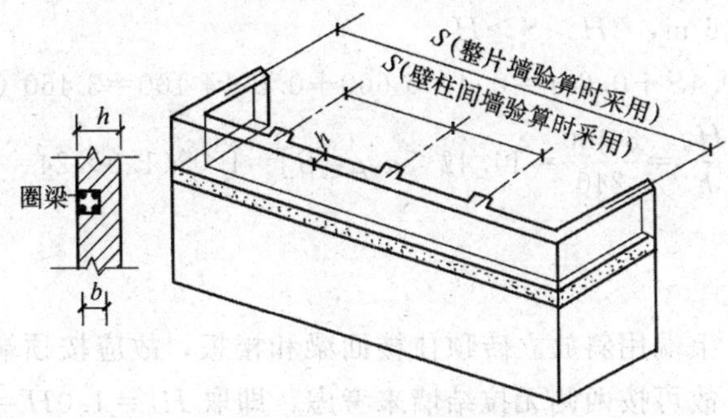

图 8-2　带壁柱的高厚比验算

【例 8-1】某办公楼的平面图如图 8-3 所示，采用钢筋混凝土楼盖，为刚性方案房屋。底层墙高 4.1 m (算至基础顶面)，以上各层墙高 3.6 m。纵、横墙均为 240 mm 厚，砂浆强度等级为 M5。隔墙厚 120 mm，砂浆强度等级为 M2.5，高 3.6 m。试验算各墙的高厚比。

【解】

(1)纵墙高厚比验算。

最大横墙间距 $S=7.2\times2=14.4$(m)，由表 8-2 查得[β]=24。

横墙间距 $S>2H$，查表得

$$H_0=1.0H=4.1\text{ m}$$

窗间墙间距 $S=3.6$ m，且 $b_s=1.6$ m，有

$$\mu_2=1-0.4\times\frac{b_s}{S}=1-0.4\times\frac{1\,600}{3\,600}=0.822$$

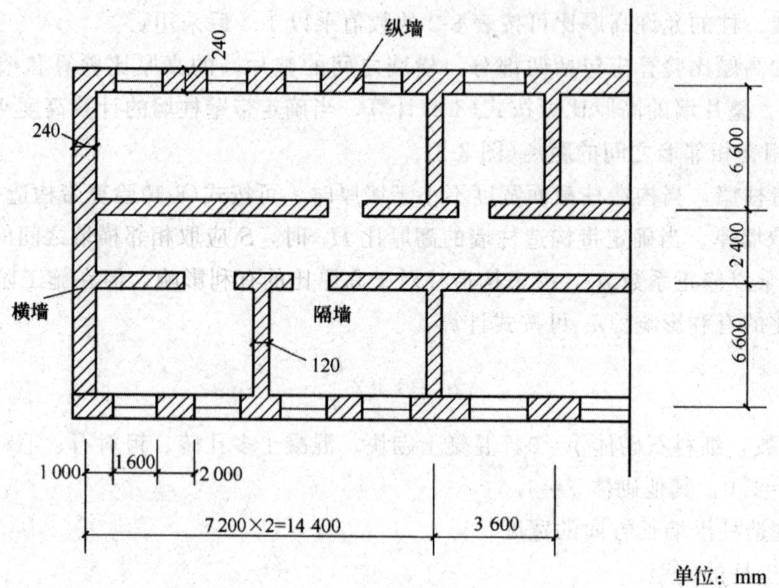

图 8-3　例 8-1 图

$$\beta=\frac{H_0}{h}=\frac{4\ 100}{240}=17.08<\mu_1\mu_2[\beta]=1.0\times0.822\times24=19.73$$

满足要求。

(2)横墙高厚比验算。

最大纵墙间距 $S=6.6$ m，$2H>S>H$。

$$H_0=0.4S+0.2H=0.4\times6\ 600+0.2\times4\ 100=3\ 460\ (\text{mm})$$

$$\beta=\frac{H_0}{h}=\frac{3\ 460}{240}=14.42<\mu_1\mu_2[\beta]=1.0\times1.0\times24=24$$

满足要求。

(3)隔墙高厚比验算。

隔墙一般是后砌的，上端用斜放立砖顶住楼面梁和楼板，故应按顶端为不动铰支座来考虑，因两侧与纵墙拉结不好，故可按两侧无拉结墙来考虑，即取 $H_0=1.0H=3.6$ m。

隔墙无洞口，$\mu_2=1$。

隔墙是非承重墙，$h=120$ mm，有

$$\mu_1=1.2+\frac{1.5-1.2}{240-90}\times(240-120)=1.44$$

$$\mu_1\mu_2[\beta]=1.44\times1\times22=31.68$$

$$\beta=\frac{H_0}{h}=\frac{3\ 600}{120}=30<\mu_1\mu_2[\beta]=31.68$$

满足要求。

【例 8-2】某单跨房屋壁柱间距 6 m，壁柱间距范围内开有 2.8 m 的窗洞，屋架下弦标高为 5 m，室内地坪至基础顶面距离为 0.5 m，墙厚 240 mm，采用强度等级为 M5 的砂浆。根据房屋的楼盖类别，确定为刚弹性方案，试验算此带壁柱墙的高厚比(窗间墙的截面如图 8-4 所示)。

【解】

(1)窗间墙的几何特征。

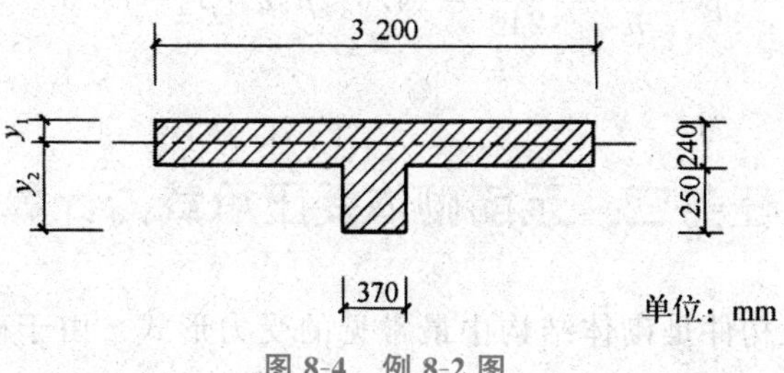

图 8-4　例 8-2 图

截面积：

$$A=240\times 3\ 200+370\times 250=860\ 500\ (\mathrm{mm}^2)$$

形心位置：

$$y_1=\frac{240\times 3\ 200\times 120+370\times 250\times (240+250/2)}{860\ 500}=146.3\ (\mathrm{mm})$$

$$y_2=(240+250)-146.3=343.7\ (\mathrm{mm})$$

惯性矩：

$$I=\frac{1}{12}\times 3\ 200\times 240^3+3\ 200\times 240\times (146.3-120)^2+\frac{1}{12}\times 370\times 250^3+370\times 250\times (343.7-125)^2=9.12\times 10^9\ (\mathrm{mm}^4)$$

回转半径：

$$i=\sqrt{\frac{I}{A}}=\sqrt{\frac{9.12\times 10^9}{860\ 500}}=102.9\ (\mathrm{mm})$$

折算厚度：

$$h_\mathrm{T}=3.5i=3.5\times 102.9=360.2\ (\mathrm{mm})$$

壁柱高度：

$$H=5+0.5=5.5\ (\mathrm{m})$$

(2)整片墙的高厚比验算。

由表 8-1 得

$$H_0=1.2H=1.2\times 5.5=6.6\ (\mathrm{m})$$

由表 8-2 得

$$[\beta]=24$$

承重墙：

$$\mu_1=1,\ \mu_2=1-0.4\frac{b_s}{S}=1-0.4\times\frac{2.8}{6}=0.813$$

$$\beta=\frac{H_0}{h_\mathrm{T}}=\frac{6\ 600}{360.2}=18.32<\mu_1\mu_2[\beta]=1\times 0.813\times 24=19.5$$

满足要求。

(3)壁柱间墙的高厚比验算。

壁柱间墙的高厚比验算，按刚性方案，查表得

$$H_0=0.4S+0.2H=0.4\times 6+0.2\times 5.5=3.5\ (\mathrm{m})$$

$$\beta=\frac{H_0}{h}=\frac{3\ 500}{240}=14.6<\mu_1\mu_2[\beta]=19.5$$

满足要求。

任务二　无筋砌体受压承载力计算

在实际工程中，受压构件是砌体结构中最常见的受力形式。由于砌体的抗压性能较好，而抗拉性能较差，因此无筋砌体不适用于偏心距过大的情况。偏心距过大时，应考虑选用组合砌体、配筋砌块砌体结构或钢筋混凝土结构。

一、无筋砌体受压破坏的特点

轴压短柱的截面中应力分布均匀，破坏时截面承受的最大压应力即砌体的轴心抗压强度设计值 f[图 8-5(a)]。当砌体承受偏心压力时，截面中应力呈曲线分布。当偏心距较小时，截面虽然全部受压，但破坏将发生在压应力较大的一侧，破坏时边缘压应力比 f 大[图 8-5(b)]。随着偏心距进一步增大，在应力较小边出现拉应力，但只要在受压边压碎前受拉边的拉应力尚未达到砌体的通缝抗拉强度，截面的受拉边就不会开裂，即直至破坏构件仍然是全截面受力[图 8-5(c)]。若偏心距再增大，一旦截面受拉边的拉应力超过砌体沿通缝的抗拉强度时，将出现水平裂缝，使实际受力的截面面积减小。对于出现裂缝后的剩余截面，荷载的偏心距将减小[图 8-5(d)]，这时剩余截面的应力合力与偏心压力达到新的平衡。随着偏心压力的不断增大，水平裂缝不断开展，当受力截面面积小到一定程度时，砌体受压边出现竖向裂缝，最后导致构件破坏。

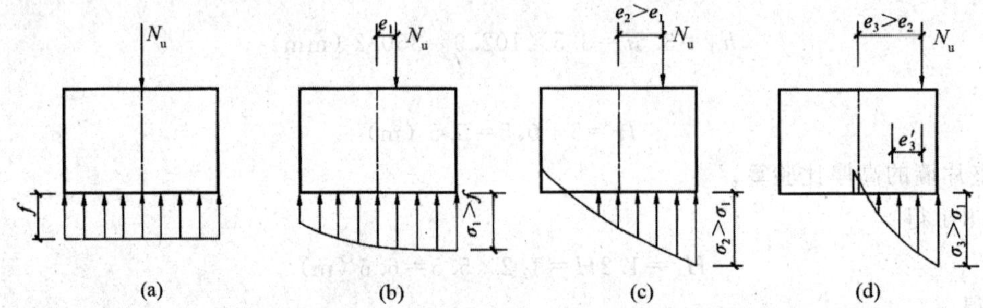

图 8-5　无筋砌体受压破坏截面应力

此外，由于偏心受压时砌体极限变形值较轴心受压时增大，因此破坏时的最大压应力比轴心受压时的最大压应力有所提高，提高的程度随着偏心距的增大而增大。

二、影响砌体受压构件承载力的主要因素

大量试验表明，砌体受压构件的承载力将随着荷载偏心距的增大而明显下降，而且偏心荷载会引起二阶弯矩，加速构件的破坏，使承载力进一步降低。因此，受压构件的承载力应考虑偏心距和纵向弯曲的影响。下面将就其对单向偏心受压短柱、长柱和双向偏心受压构件承载力的影响分别加以讨论。

（一）短柱单向偏心受压构件影响系数 φ

短柱是指其承载力仅与截面尺寸和材料强度有关的柱。设计中按高厚比区分，可认为 $\beta \leqslant 3$ 的构件即短柱。根据国内用矩形、T形、十字形和环形截面受压短柱所做的破坏试验，可得破坏压力随偏心距 e 的增大而降低的规律，其降低程度可用偏心影响系数 φ 来考虑。φ 与 e/i 的关系如图 8-6 所示。

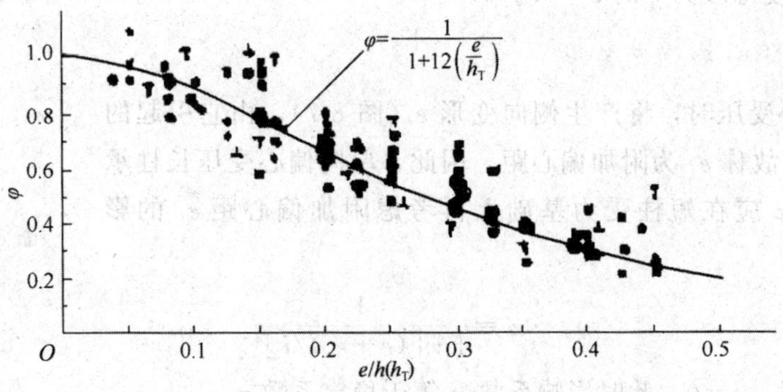

图 8-6　φ 与 e/i 的关系

根据试验经统计分析，对于矩形截面墙、柱，影响系数 φ 可按下式计算：

$$\varphi=\frac{1}{1+12(e/h)^2} \tag{8-6}$$

式中　h——矩形截面在轴向力偏心方向的边长；

e——轴向力的偏心距，$e=\frac{M}{N}$，其中 M、N 分别为截面弯矩和轴向力设计值。

计算 T 形、十字形等截面构件时也可直接用式(8-6)计算，但此时应以折算厚度 h_T 取代 h，取 $h_T=3.5i$，i 为截面的回转半径。此时，式(8-6)可简化为

$$\varphi=\frac{1}{1+(e/i)^2} \tag{8-7}$$

式中　i——截面回转半径，$i=\sqrt{\frac{I}{A}}$，其中 I、A 分别为截面沿偏心方向的惯性矩和构件毛截面面积。

（二）长柱轴心受压稳定系数 φ_0 及单向偏心受压影响系数 φ

长柱的受压承载力计算还应考虑高厚比的不利影响，设计时可认为 $\beta>3$ 的墙柱构件属于长柱受力。

1. 长柱轴心受压稳定系数 φ_0

较细长的柱或高而薄的墙承受轴心压力时，往往因砌体材料的非匀质性、砌筑时构件尺寸的偏差及轴心压力实际作用位置的偏差等因素而引起偶然偏心，这种偶然偏心会产生侧向变形，引起构件纵向弯曲，使长柱承载力低于短柱。这种纵向弯曲的影响可以用轴心受压构件的稳定系数 φ_0 反映：

$$\varphi_0=\frac{1}{1+\alpha\beta^2} \tag{8-8}$$

式中 β——构件的高厚比；

α——与砂浆强度等级有关的系数，砂浆强度等级大于等于 M5 时 $\alpha=0.0015$，砂浆强度等级为 M2.5 时 $\alpha=0.002$，砂浆强度等级为 0 时 $\alpha=0.009$。

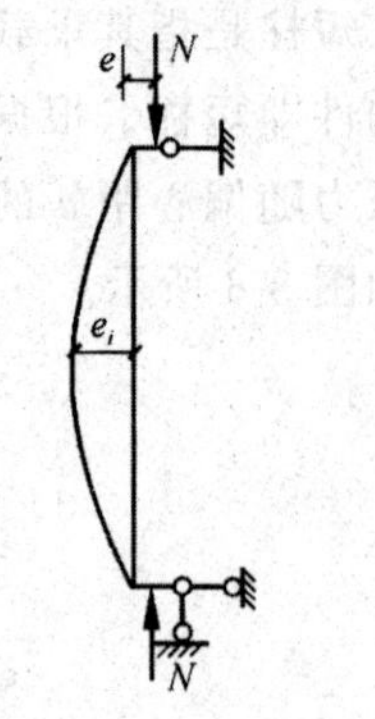

图 8-7 附加偏心距

2. 长柱单向偏心影响系数 φ

长柱单向偏心受压时，将产生侧向变形 e_i（图 8-7），由它引起的附加弯矩为 M_{ei}，故称 e_i 为附加偏心距。因此，单向偏心受压长柱承载力的影响系数 φ 应在短柱受力基础上再考虑附加偏心距 e_i 的影响，即

$$\varphi=\frac{1}{1+[(e+e_i)/i]^2} \tag{8-9}$$

当轴心受压时，$e=0$，此时影响系数 φ 等于稳定系数 φ_0：

$$\frac{1}{1+(e_i/i)^2}=\varphi_0 \tag{8-10}$$

由式(8-10)解得

$$e_i=i\sqrt{\frac{1}{\varphi_0}-1} \tag{8-11}$$

将式(8-11)代入式(8-9)得

$$\varphi=\frac{1}{1+\left(\frac{e}{i}+\sqrt{\frac{1}{\varphi_0}-1}\right)^2} \tag{8-12}$$

上式可用于计算任意截面的单向偏心受压影响系数 φ。

当为矩形截面时，附加偏心距 e_i 根据式(8-11)可写为

$$e_i=\frac{h}{\sqrt{12}}\sqrt{\frac{1}{\varphi_0}-1} \tag{8-13}$$

将式(8-13)代入式(8-9)，影响系数 φ 按下式计算：

$$\varphi=\frac{1}{1+12\times\left[\frac{e}{h}+\sqrt{\frac{1}{12}\times\left(\frac{1}{\varphi_0}-1\right)}\right]^2} \tag{8-14}$$

其中，稳定系数 φ_0 按式(8-8)计算。

为便于计算，《混凝土结构设计规范》给出了影响系数 φ 的计算表格，见表 8-3～8-5。根据构件所用砂浆强度等级、高厚比 β 和相对偏心距 e/h（或 e/h_T），可查相应的 φ 值。表 8-5（砂浆强度为 0）用于施工阶段砂浆尚未硬化的新砌体构件计算。

表 8-3　影响系数 φ(砂浆强度等级≥M5)

β	$\frac{e}{h}$ 或 $\frac{e}{h_T}$												
	0	0.025	0.05	0.075	0.1	0.125	0.15	0.175	0.2	0.225	0.25	0.275	0.3
≤3	1	0.99	0.97	0.94	0.89	0.84	0.79	0.73	0.68	0.62	0.57	0.52	0.48
4	0.98	0.95	0.90	0.85	0.80	0.74	0.69	0.64	0.58	0.53	0.49	0.45	0.41
6	0.95	0.91	0.86	0.81	0.75	0.69	0.64	0.59	0.54	0.49	0.45	0.42	0.38
8	0.91	0.86	0.81	0.76	0.70	0.64	0.59	0.54	0.50	0.46	0.42	0.39	0.36
10	0.87	0.82	0.76	0.71	0.65	0.60	0.55	0.50	0.46	0.42	0.39	0.36	0.33
12	0.82	0.77	0.71	0.66	0.60	0.55	0.51	0.47	0.43	0.39	0.36	0.33	0.31
14	0.77	0.72	0.66	0.61	0.56	0.51	0.47	0.43	0.40	0.36	0.34	0.31	0.29
16	0.72	0.67	0.61	0.56	0.52	0.47	0.44	0.40	0.37	0.34	0.31	0.29	0.27
18	0.67	0.62	0.57	0.52	0.48	0.44	0.40	0.37	0.34	0.31	0.29	0.27	0.25
20	0.62	0.57	0.53	0.48	0.44	0.40	0.37	0.34	0.32	0.29	0.27	0.25	0.23
22	0.58	0.53	0.49	0.45	0.41	0.38	0.35	0.32	0.30	0.27	0.25	0.24	0.22
24	0.54	0.49	0.45	0.41	0.38	0.35	0.32	0.30	0.28	0.26	0.24	0.22	0.21
26	0.50	0.46	0.42	0.38	0.35	0.33	0.30	0.28	0.26	0.24	0.22	0.21	0.19
28	0.46	0.42	0.39	0.36	0.33	0.30	0.28	0.26	0.24	0.22	0.21	0.19	0.18
30	0.42	0.39	0.36	0.33	0.31	0.28	0.26	0.24	0.22	0.21	0，20	0.18	0.17

表 8-4　影响系数 φ(砂浆强度等级 M2.5)

β	$\frac{e}{h}$ 或 $\frac{e}{h_T}$												
	0	0.025	0.05	0.075	0.1	0.125	0.15	0.175	0.2	0.225	0.25	0.275	0.3
≤3	1	0.99	0.97	0.94	0.89	0.84	0.79	0.73	0.68	0.62	0.57	0.52	0.48
4	0.97	0.94	0.89	0.84	0.78	0.73	0.67	0.62	0.57	0.52	0.48	0.44	0.40
6	0.93	0.89	0.84	0.78	0.73	0.67	0.62	0.57	0.52	0.48	0.44	0.40	0.37
8	0.89	0.84	0.78	0.72	0.67	0.62	0.57	0.52	0.48	0.44	0.40	0.37	0.34
10	0.83	0.78	0.72	0.67	0.61	0.56	0.52	0.47	0.43	0.40	0.38	0.34	0.31
12	0.78	0.72	0.67	0.61	0.56	0.56	0.47	0.43	0.40	0.37	0.34	0.31	0.29
14	0.72	0.66	0.61	0.56	0.51	0.47	0.43	0.40	0.36	0.34	0.31	0.29	0.27
16	0.66	0.61	0.56	0.51	0.47	0.43	0.40	0.36	0.34	0，31	0.29	0.26	0.25
18	0.61	0.56	0.51	0.47	0.43	0.40	0.36	0.33	0.31	0.29	0.26	0.24	0.23
20	0.56	0.51	0.47	0.43	0.39	0.36	0.33	0.31	0.28	0.26	0.24	0.23	0.21
22	0.51	0.47	0.43	0.39	0.36	0.33	0.31	0.28	0.26	0.24	0.23	0.21	0.20
24	0.46	0.43	0.39	0.36	0.33	0.31	0.28	0.26	0.24	0.23	0.21	0.20	0.18
26	0.42	0.39	0.36	0.33	0.31	0.28	0.26	0.24	0.22	0.21	0.20	0.18	0.17
28	0.39	0.36	0.33	0.30	0.28	0.26	0.24	0.22	0.21	0.20	0.18	0.17	0.16
30	0.36	0.33	0.30	0.28	0.26	0.24	0.22	0.21	0.20	0.18	0.17	0.16	0.15

表 8-5　影响系数 φ（砂浆强度 0）

β	$\frac{e}{h}$ 或 $\frac{e}{h_T}$												
	0	0.025	0.05	0.075	0.1	0.125	0.15	0.175	0.2	0.225	0.25	0.275	0.3
≤3	1	0.99	0.97	0.94	0.89	0.84	0.79	0.73	0.68	0.62	0.57	0.52	0.48
4	0.87	0.82	0.77	0.71	0.66	0.60	0.55	0.51	0.46	0.43	0.39	0.36	0.33
6	0.76	0.70	0.65	0.59	0.54	0.50	0.46	0.42	0.39	0.36	0.33	0.30	0.28
8	0.63	0.58	0.54	0.49	0.45	0.41	0.38	0.35	0.32	0.30	0.28	0.25	0.24
10	0.53	0.48	0.44	0.41	0.37	0.34	0.32	0.29	0.27	0.25	0.23	0.22	0.20
12	0.44	0.40	0.37	0.34	0.31	0.29	0.27	0.25	0.23	0.21	0.20	0.19	0.17
14	0.36	0.33	0.31	0.28	0.26	0.24	0.23	0.21	0.20	0.18	0.17	0.16	0.15
16	0.30	0.28	0.26	0.24	0.22	0.21	0.19	0.18	0.17	0.16	0.15	0.14	0.13
18	0.26	0.24	0.22	0.21	0.19	0.18	0.17	0.16	0.15	0.14	0.13	0.12	0.12
20	0.22	0.20	0.19	0.18	0.17	0.16	0.15	0.14	0.13	0.12	0.12	0.11	0.10
22	0.19	0.18	0.16	0.15	0.14	0.14	0.13	0.12	0.12	0.11	0.10	0.10	0.09
24	0.16	0.15	0.14	0.13	0.13	0.12	0.11	0.11	0.10	0.10	0.09	0.09	0.08
26	0.14	0.13	0.13	0.12	0.11	0.11	0.10	0.10	0.09	0.09	0.08	0.08	0.07
28	0.12	0.12	0.12	0.11	0.10	0.10	0.09	0.09	0.08	0.08	0.08	0.07	0.07
30	0.11	0.10	0.10	0.09	0.09	0.09	0.08	0.08	0.07	0.07	0.07	0.07	0.06

（三）双向偏心受压构件（包括长柱与短柱）承载力影响系数 φ 的确定

轴向压力在截面的两个主轴方向都有偏心距，同时承受轴向压力及两个方向弯矩的构件即双向偏心受压构件（图 8-8）。

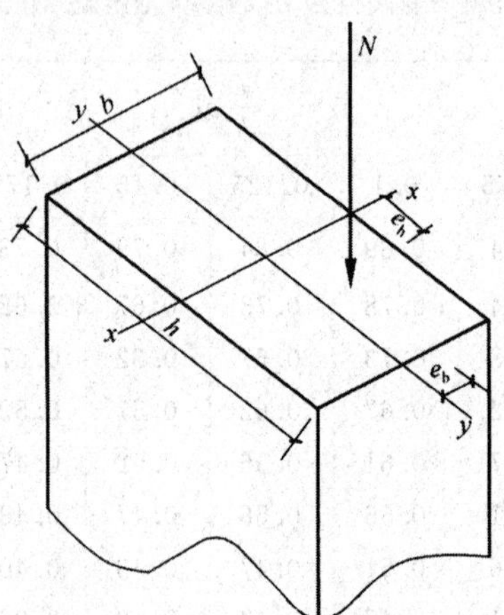

图 8-8　双向偏心受压示意图

双向偏心受压构件截面承载力的计算比较复杂。根据湖南大学的试验研究，《砌体结构设计规范》建议仍采用附加偏心距法，此时影响系数 φ 的计算公式为

$$\varphi=\frac{1}{\left[1+\left(\frac{e_b+e_{ib}}{i_b}\right)^2+\left(\frac{e_h+e_{ih}}{i_h}\right)^2\right]} \tag{8-15}$$

当构件为矩形截面时，式(8-15)可以表示为

$$\varphi=\frac{1}{1+12\times\left[\left(\frac{e_b+e_{ib}}{b}\right)^2+\left(\frac{e_h+e_{ih}}{h}\right)^2\right]} \tag{8-16}$$

式中　e_b、e_h——轴向力在截面重心 x 轴、y 轴方向的偏心距，e_b、e_h 宜分别不大于 0.5x 和 0.5y；

x、y——自截面重心沿 x 轴、y 轴至轴向力所在偏心方向截面边缘的距离；

e_{ib}、e_{ih}——轴向力在截面重心 x 轴、y 轴方向的附加偏心距。

当构件沿 h 方向单向偏压时，由式(8-15)得

$$\varphi=\frac{1}{1+12\times\left(\frac{e_h+e_{ih}}{h}\right)^2} \tag{8-17}$$

当 e_h＝08 时，$\varphi=\varphi_0$，则得

$$e_{ih}=\frac{h}{\sqrt{12}}\sqrt{\frac{1}{\varphi_0}-1} \tag{8-18}$$

同理，沿 b 方向单向偏压时，可得

$$e_{ib}=\frac{b}{\sqrt{12}}\sqrt{\frac{1}{\varphi_0}-1} \tag{8-19}$$

对于双向偏心受压构件，根据试验结果对式(8-18)和式(8-19)进行修正得

$$e_{ih}=\frac{h}{\sqrt{12}}\sqrt{\frac{1}{\varphi_0}-1}\left(\frac{e_h/h}{e_h/h+e_b/b}\right) \tag{8-20}$$

$$e_{ib}=\frac{b}{\sqrt{12}}\sqrt{\frac{1}{\varphi_0}-1}\left(\frac{e_b/\mathrm{b}}{e_h/h+e_b/b}\right) \tag{8-21}$$

三、受压构件的承载力计算

根据以上分析，无筋砌体轴心受压，单向偏心受压及双向偏心受压构件的承载力应按下式计算：

$$N\leqslant\varphi fA \tag{8-22}$$

式中　N——轴向力设计值；

φ——高厚比 β 和轴向力的偏心距 e 对受压构件承载力的影响系数，轴心受压和单向偏心受压构件按式(8-6)、式(8-7)、式(8-12)和式(8-14)计算或查表确定，双向偏心受压构件和矩形截面双向偏心受压构件分别按式(8-15)和式(8-16)计算；

f——砌体抗压强度设计值；

A——截面面积，对各类砌体均按毛截面计算。

对矩形截面单向偏心受压构件，当轴向力偏心方向的截面边长大于另一方向的边长时，除按偏心受压计算外，还应对较小的边长按轴心受压进行验算。

在应用式(8-22)进行承载力计算时，应注意以下问题。

(1)对于轴心受压构件 h(或 h_T)，应采用截面尺寸较小的数值。对单向偏心受压构件，h(或

h_T)应采用荷载偏心方向的截面边长；对另一方向，需进行轴心受压构件验算时，h 应采用垂直于弯矩作用方向的截面边长。

(2)在确定影响系数 φ 时，为考虑不同种类砌体在受力性能上的差异，构件高厚比应按下列公式确定。

对矩形截面：

$$\beta=\gamma_\beta \frac{H_0}{h} \tag{8-23}$$

对 T 形截面：

$$\beta=\gamma_\beta \frac{H_0}{h_T} \tag{8-24}$$

式中 H_0——受压构件的计算高度，见表 8-1；

γ_β——不同材料的高厚比修正系数，见表 8-6。

表 8-6 高厚比修正系数 γ_β

砌体材料的类别	γ_β	砌体材料的类别	γ_β
烧结普通砖、烧结多孔砖	1.0	蒸压灰砂普通砖、蒸压粉煤灰普通砖、细料石	1.2
混凝土普通砖、混凝土多孔砖、混凝土及轻集料混凝土砌块	1.1	粗料石、毛石	1.5

注：对灌孔混凝土砌块砌体，取 $\gamma_\beta=1.0$。

(3)矩形截面双向偏心受压构件，当一个方向的偏心率(e_b/b 或 e_h/h)不大于另一个方向偏心率的 5%时，可简化按另一个方向的单向偏心受压计算，其承载力的计算误差小于 5%。承载力影响系数按式(8-16)确定。

(4)轴向力的偏心距 e 按内力设计值计算。

(5)偏心距的限值由试验表明，当偏心距较大时，很容易在截面受拉边产生水平裂缝，截面受压区减少，构件刚度降低，纵向弯曲的不利影响加大，使构件的承载力显著下降，既不安全也不经济。因此，《混凝土结构设计规范》规定无筋砌体受压构件的偏心距不应超过 $0.6y$，y 为截面重心到轴向力所在偏心方向截面边缘的距离。

小贴士

此外，对于双向偏心受压构件，试验表明，当偏心距 $e_b>0.3b$，$e_h>0.3h$ 时，随着荷载的增大，砌体内水平裂缝和竖向裂缝几乎同时发生，甚至水平裂缝早于竖向裂缝产生。因此，设计双向偏心受压构件时，《混凝土结构设计规范》规定偏心距宜分别为 $e_b\leqslant 0.5x$，$e_h\leqslant 0.5y$。当偏心距超过上述限值时，可采取组合砌体和配筋砌块砌体；否则，应采取相应措施以减小偏心距。

【例 8-3】某烧结普通砖柱，截面尺寸为 370 mm×490 mm，砖的强度等级为 MU10，采用混合砂浆砌筑，强度等级为 M5，柱的计算高度为 3.3 m，承受轴向压力标准值 $N_k=150$ kN (其中永久荷载标准值为 120 kN，包括砖柱自重)，试验算该柱承载力。

【解】

按可变荷载效应起控制作用的荷载组合：

$$N=1.2\times120+1.4\times30=186\ (\text{kN})$$

按永久荷载效应起控制作用的荷载组合：

$$N=1.35\times120+1.4\times0.7\times30=191.4\ (\text{kN})$$

所以取第二种组合进行该柱承载力验算。

柱的高厚比为

$$\beta=\frac{3\,300}{370}=8.92<[\beta]=16$$

由式(8-8)得

$$\varphi=\varphi_0=\frac{1}{1+\alpha\beta^2}=\frac{1}{1+0.001\,5\times8.92^2}=0.893$$

也可查表确定 φ。

柱截面面积：

$$A=0.37\times0.49=0.181\,3\ (\text{m}^2)$$

应考虑砌体抗压承载力设计值调整系数：

$$\gamma_a=0.7+0.181\,3=0.881\,3$$

得 $f=1.5$ MPa，则该柱的轴心抗压承载力设计值为

$$\varphi fA=0.893\times0.881\,3\times1.5\times0.181\,3\times10^6=214\,024\ (\text{N})=214.02\ \text{kN}>192\ \text{kN}$$

所以该柱的承载力满足要求。

【例 8-4】某矩形截面单向偏心受压柱的截面尺寸 $b\times h=490\ \text{mm}\times620\ \text{mm}$，计算高度为 5.0 m，承受轴力和弯矩设计值分别为 $N=160$ kN，$M=20$ kN·m，弯矩沿截面长边方向。用 MU15 蒸压灰砂砖及 M5 水泥砂浆砌筑。试验算此柱的承载力。

【解】

(1)验算柱长边方向承载力。

偏心距：

$$e=\frac{M}{N}=\frac{20\times10^3}{160}=125\ (\text{mm})<0.6y=0.6\times\frac{620}{2}=186\ (\text{mm})$$

$$\frac{e}{h}=\frac{125}{620}=0.202$$

查表得柱的允许高厚比为$[\beta]=16$，有

$$\beta=\frac{H_0}{h}=\frac{5.0}{0.62}=8.06<[\beta]=16$$

承载力计算时，柱的高厚比为

$$\beta=\gamma_\beta\frac{H_0}{h}=1.2\times\frac{5.0}{0.62}=9.7$$

查表得 $\varphi=0.47$，得 $f=1.83$ MPa，有

$$A=490\times620=303\,800\ (\text{mm}^2)=0.304\ \text{m}^2>0.3\ \text{m}^2$$

$$\varphi fA=0.47\times1.83\times0.304\times10^6=261\,470\ (\text{N})=261.47\ \text{kN}>N=160\ \text{kN}$$

满足要求。

(2)验算柱短边方向承载力。

由于轴向力的偏心方向沿截面的长边，故应对短边按轴心受压进行承载力验算。

$$\beta=\frac{H_0}{b}=\frac{5\ 000}{490}=10.20<[\beta]=16$$

计算承载力时，柱的高厚比为

$$\beta=\gamma_\beta \frac{H_0}{b}=1.2\times\frac{5\ 000}{490}=12.24$$

得 $\varphi=0.82$，有

$$\varphi fA=0.82\times1.83\times0.304\times10^6=456\ 182\ (\mathrm{N})=456.2\ \mathrm{kN}>N=160\ \mathrm{kN}$$

满足要求。

【例 8-5】某窗间墙截面尺寸为 1 200 mm×190 mm，采用强度等级为 MU7.5 的混凝土小型空心砌块，孔洞率 $\delta=46\%$，砂浆强度等级为 Mb7.5，施工质量控制等级为 B 级。作用于墙上的轴向力设计值 $N=180$ kN，在截面厚度方向的偏心距 $e=40$ mm。试核算该窗间墙的受压承载力。

【解】

高厚比验算从略。

由式(8-23)和表 8-6 得

$$\beta=\gamma_\beta \frac{H_0}{h}=1.1\times\frac{4.2}{0.19}=24.3$$

偏心距验算：

$$e=40\ \mathrm{mm}<0.6\times190/2=57\ (\mathrm{mm})$$

$$\frac{e}{h}=\frac{40}{190}=0.21$$

轴心受压稳定系数：

$$\varphi_0=\frac{1}{1+0.001\ 5\times24.3^2}=0.53$$

偏心受压影响系数：

$$\varphi=\frac{1}{1+12\times\left[\frac{e}{h}+\sqrt{\frac{1}{12}\times\left(\frac{1}{\varphi_0}-1\right)}\right]^2}=\frac{1}{1+12\times\left[0.21+\sqrt{\frac{1}{12}\times\left(\frac{1}{0.53}-1\right)}\right]^2}=0.264$$

$$A=1.2\times0.19=0.228\ (\mathrm{m}^2)<0.3\ \mathrm{m}^2$$

强度设计值修正系数：

$$\gamma_a=0.7+A=0.928$$

可得 $f=1.93$ MPa。

根据式(8-22)计算墙体承载力：

$$\varphi fA=0.264\times0.928\times1.93\times0.228\times10^3=107.8\ (\mathrm{kN})<180\ \mathrm{kN}$$

此时，该窗间墙的承载力不满足要求。

采用灌孔混凝土提高构件的承载力，将墙体沿砌块孔洞每隔 1 孔用 Cb20 混凝土灌孔，砌体

的灌孔率为 $\rho=50\%$。

灌孔率：

$$\rho=50\%>33\%$$

Cb20 混凝土灌孔，$f_c=9.6$ MPa，有

$$\alpha=\delta\rho=0.46\times0.5=0.23$$

单排孔混凝土砌块对孔砌筑的灌孔砌体的抗压强度设计值为

$$f_g=f+0.6\alpha f_c=1.93+0.6\times0.23\times9.6=3.25\ (\text{MPa})<2f$$

根据上述计算：

$$\varphi=0.264$$

按式(8-22)计算：

$$\varphi f_g A=0.264\times3.25\times0.928\times0.228\times10^3=181.5\ (\text{kN})>180\ \text{kN}$$

可见，混凝土小型空心砌块砌体灌孔后，墙体的受压承载力得到较大程度的提高。

【例 8-6】带壁柱砖墙截面尺寸如图 8-9 所示，采用 MU10 烧结普通砖，混合砂浆 M7.5 砌筑，柱的计算高度为 5 m，承受轴向压力设计值 $N=230$ kN，轴向力作用在距墙边缘 100 mm 处的 A 点，试计算其承载力。

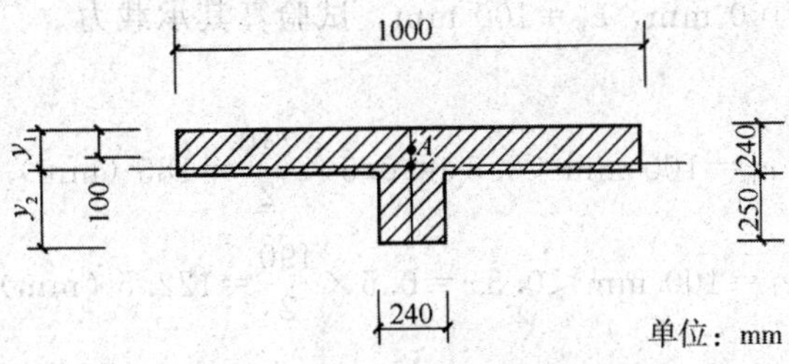

图 8-9　带壁柱砖墙截面尺寸

【解】

(1)截面几何特征计算。

截面面积：

$$A=1.0\times0.24+0.24\times0.25=0.3\ (\text{m}^2)$$

截面重心位置：

$$y_1=\frac{1.0\times0.24\times0.12+0.24\times0.25\times(0.24+0.25/2)}{0.3}$$
$$=0.169\ (\text{m})$$
$$y_2=0.49-0.169=0.321\ (\text{m})$$

截面惯性矩：

$$I=\frac{1}{3}\times1\times0.169^3+\frac{1}{3}\times(1-0.24)(0.24-0.169)^3+\frac{1}{3}\times0.24\times0.321^3=0.004\ 3\ (\text{m}^4)$$

截面回转半径：

$$i=\sqrt{\frac{I}{A}}=\sqrt{\frac{0.004\ 3}{0.3}}=0.12\ (\text{m})$$

T 形截面的折算厚度：

$$h_T=3.5i=3.5\times0.12=0.42\ (\text{m})$$

(2)承载力计算。

高厚比：

$$\beta=\frac{h_0}{h_T}=\frac{5}{0.42}=11.9$$

偏心距：

$$e=y_1-0.1=0.169-0.1=0.069\ (\text{m})<0.6y_1=0.6\times0.169=0.101\ (\text{m})$$

满足要求。

$$\frac{e}{h_T}=\frac{0.069}{0.42}=0.164$$

得 $\varphi=0.489$。

由 $f=1.69\text{MPa}$，$A=0.3\ \text{m}^2$，$\gamma_a=1.0$，则得

$$N=\varphi fA=0.489\times0.3\times1.69\times10^3=247.92\ (\text{kN})>230\ \text{kN}$$

承载力满足要求。

【例 8-7】截面为 490 mm×740 mm 的烧结普通砖柱如图 8-10 所示，砖的强度等级为 MU10，混合砂浆 M7.5 砌筑，柱在两个方向的计算长度均为 5 m，承受轴向力设计值 $N=350$ kN，荷载设计值产生的偏心距 $e_h=100$ mm，$e_b=100$ mm。试验算其承载力。

【解】

$$e_h=100\ \text{mm}<0.5y=0.5\times\frac{740}{2}=185\ (\text{mm})$$

$$e_b=100\ \text{mm}<0.5x=0.5\times\frac{490}{2}=122.5\ (\text{mm})$$

偏心距未超过限值。

偏心率：

$$e_b/b=100/490=0.204$$

$$e_h/h=100/740=0.135$$

$$e_h/h>5\%\times e_b/b=5\%\times0.204=0.010\ 2$$

故应按双向偏心受压承载力验算。

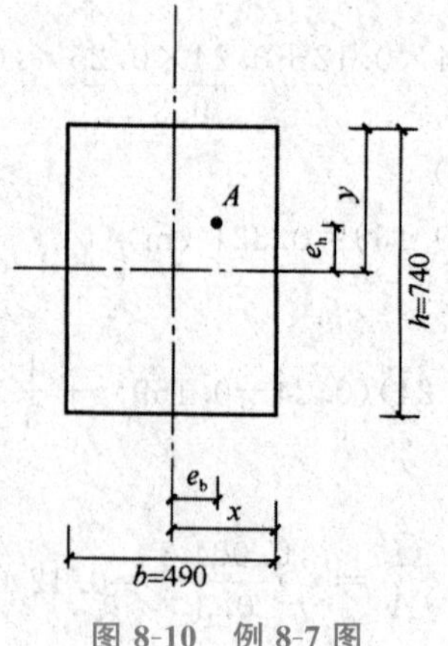

图 8-10 例 8-7 图

(1)计算高厚比。

$$\beta_b = H_0/b = 5/0.49 = 10.20$$

$$\beta_b = H_0/h = 5/0.74 = 6.76$$

(2)计算稳定系数。

$$\varphi_{0h} = \frac{1}{1+\alpha\beta_h^2} = \frac{1}{1+0.0015\times6.76^2} = 0.936$$

$$\varphi_{0b} = \frac{1}{1+\alpha\beta_b^2} = \frac{1}{1+0.0015\times10.20^2} = 0.865$$

(3)计算附加偏心距。

$$e_{ib} = \frac{b}{\sqrt{12}}\sqrt{\frac{1}{\varphi_{0b}}-1}\left(\frac{e_b/b}{e_b/b+e_h/h}\right) = \frac{0.49}{\sqrt{12}}\times\sqrt{\frac{1}{0.865}-1}\times\left(\frac{0.204}{0.204+0.135}\right) = 0.034$$

$$e_{ih} = \frac{b}{\sqrt{12}}\sqrt{\frac{1}{\varphi_{0h}}-1}\left(\frac{e_h/h}{e_b/b+e_h/h}\right) = \frac{0.74}{\sqrt{12}}\times\sqrt{\frac{1}{0.936}-1}\times\left(\frac{0.135}{0.204+0.135}\right) = 0.022$$

(4)计算影响系数。

$$\varphi = \frac{1}{1+12\times\left[\left(\frac{e_b+e_{ib}}{b}\right)^2+\left(\frac{e_h+e_{ih}}{h}\right)^2\right]}$$

$$= \frac{1}{1+12\times\left[\left(\frac{0.1+0.034}{0.49}\right)^2\left(\frac{0.1+0.022}{0.74}\right)^2\right]} = 0.976$$

(5)截面承载力。

砌体抗压强度设计值 $f=1.69$ MPa，$A=0.49\times0.74=0.3626\ (\text{m}^2)>0.3\ \text{m}^2$，$\gamma_a=1.0$。

$$N=\varphi fA=0.976\times0.3626\times1.69\times10^3=598.09\ (\text{kN})>350\ \text{kN}$$

满足要求。

任务三　局 部 受 压

轴向压力仅作用在砌体部分面积上的受力状态称为局部受压，这是砌体结构中常见的受力状态。当局部受压面积上受有均匀分布的压应力时，称为局部均匀受压，如支承轴心受压柱的基础或墙体就属于这种受力情况[图 8-11(a)]。当局部受压面积上受有非均匀分布的压应力时，称为局部非均匀受压，如梁或屋架端下部支承处砌体截面的应力分布[图 8-11(b)]。

一、局部受压的破坏形态

砌体局部受压破坏试验表明可能出现的破坏形态有以下三种。

(1)竖向裂缝发展而破坏。

首先在垫块下方的一段长度上出现竖向裂缝，随着荷载的增加，裂缝向上、下方向发展，同时出现其他竖向裂缝和斜裂缝。砌体接近破坏时，砖块被压碎并有脱落。破坏时，均有一条主要竖向裂缝贯穿整个试件[图 8-12(a)]。破坏是在试件内部而不是在局部受压面积上发生的。

(2)当 A_0/A_l 较大，且压力达到一定数值时，砌体沿竖向突然发生劈裂，裂缝几乎可以贯穿

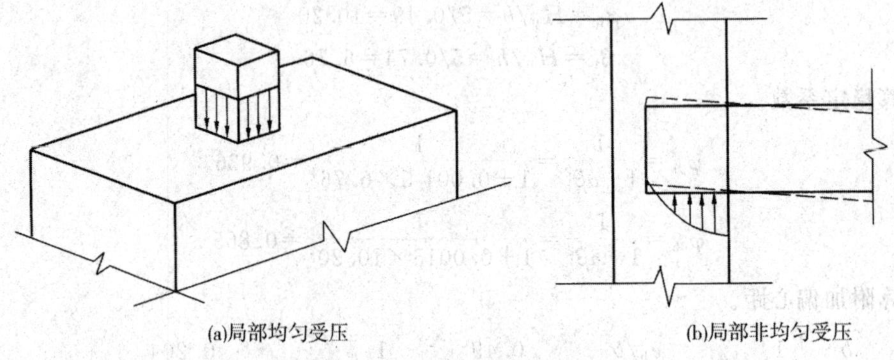

图 8-11 砌体的局部受压应力

试件的全部高度，从而造成试件的破坏，犹如刀劈，裂缝少而集中[图 8-12(b)]，这种破坏形态的开裂荷载几乎等于破坏荷载，破坏突然而无预兆。

(3)局部受压面积下砌体的压碎破坏。

当块体强度较低，而局部受压应力较大时，局部面积下的砌体在发生前两种破坏之前就已经局部被压碎[图 8-12(c)]，从而造成试件的破坏。

试验结果表明，局部受压破坏大量发生的是第一种形态，较少发生的是第三种形态，但无论发生哪种破坏形态，砌体破坏时局部受压面积的抗压强度均高于砌体在轴心均匀受压时的抗压强度。

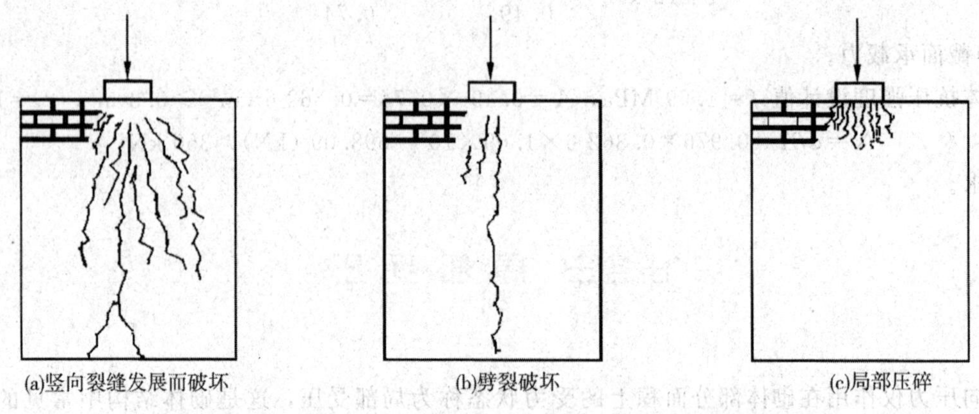

图 8-12 砌体局部均匀受压的破坏形态

二、局部受压抗压强度提高系数

砌体局部抗压强度高于全截面的抗压强度，其主要原因有两个。一是局部受压区周围未直接承受压力的砌体对局压区的横向变形有约束作用，使直接承受压力的内部砌体处于三向应力状态，因此抗压强度得到提高，称为“套箍作用”。此外，支撑面与砌体之间产生与局部受压砌体横向变形方向相反的摩擦力，对砌体的横向变形形成了有效的约束，也提高了局部砌体的抗压强度。二是由于砌体搭缝砌筑，局部压应力向未直接受压的砌体扩散，因此局部压应力很快变小，局部受压强度得到提高，称为应力扩散。由砌体局部受压应力状态理论分析和试验测试可得出一般墙段在中部局部荷载作用下，试件中线上横向应力和竖向应力的分布及竖向应力扩散分别如图 8-13(a)、(b)所示。

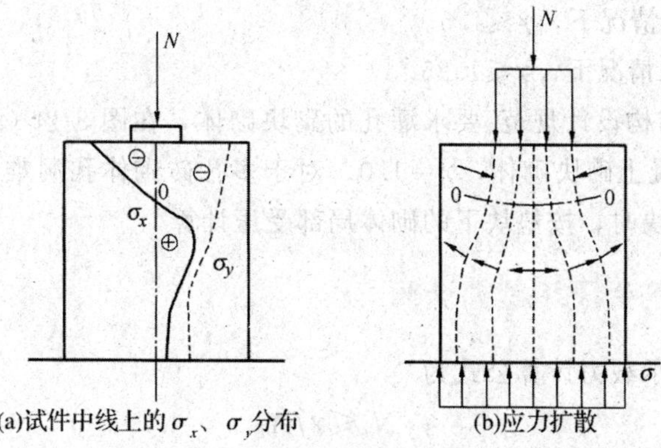

图 8-13　砌体局部受压时的应力状态

从以上分析可知，砌体局部受压强度的大小主要取决于周围砌体的“套箍强化”作用的大小以及应力扩散的程度，即与周围砌体面积和局部受压面积之比有关。《砌体结构设计规范》中以砌体局部抗压强度提高系数 γ 表示局压强度提高的程度。根据试验结果，系数 γ 的计算公式如下：

$$\gamma=1+0.35\sqrt{\frac{A_0}{A_l}-1} \tag{8-25}$$

式中　A_0——影响砌体局部抗压强度的面积，分不同支承情况按图 8-14 确定(图中的 h、h_l 为墙厚和柱的较小边长，a、b 为矩形局部受压面积 A_l 的边长，c 为矩形受压面积 A_l 的外边缘至构件边缘的较小距离，当大于 h 时，应取 h)；

A_l——局部受压面积。

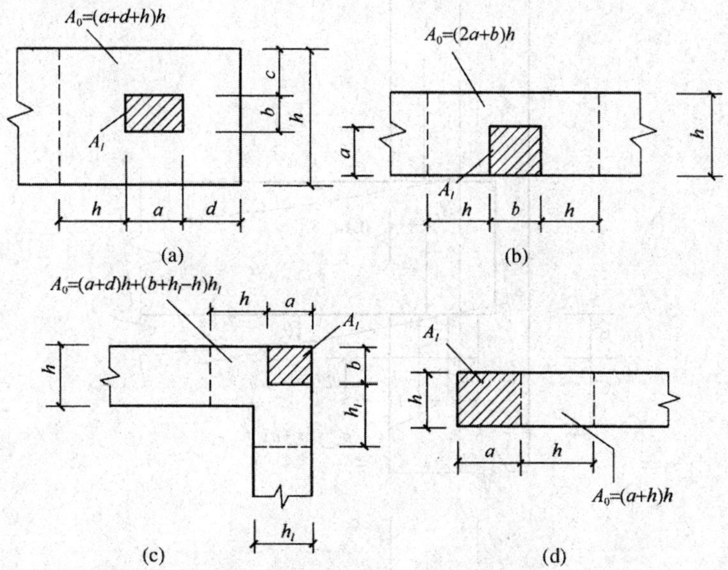

图 8-14　影响局部抗压强度的面积

此外，《混凝土结构设计规范》规定按式(8-25)计算得到的 γ 尚应符合下列规定。

(1)在图 8-14 (a)的情况下，$\gamma\leqslant2.5$。

(2)在图 8-14 (b)的情况下，$\gamma\leqslant2.0$。

(3)在图 8-14 (c)的情况下，$\gamma \leqslant 1.5$。

(4)在图 8-14 (d)的情况下，$\gamma \leqslant 1.25$。

对于按照《混凝土结构设计规范》要求灌孔的砌块砌体，在图 8-14 (a)、(b)的情况下，应符合 1.5。对于未灌孔混凝土砌块砌体，$\gamma=1.0$。对于多孔砖砌体孔洞难以灌实时，应按 $\gamma=1.0$ 取用。当设置混凝土垫块时，按垫块下的砌体局部受压计算。

三、砌体局部均匀受压承载力计算

砌体局部均匀受压承载力计算公式为

$$N_l \leqslant \gamma f A_l \tag{8-26}$$

式中 N_l——局部压力设计值；

A_l——局部受压面积；

f——砌体抗压强度设计值，可不考虑构件截面面积过小时强度调整系数 γ_a 的影响；

γ——砌体局部抗压强度提高系数。

四、梁端支承处砌体的局部受压

(一)受力特点

梁直接支承于墙或柱上时，砌体局压面上有梁端支承压力 N_l 及上部砌体传来的轴向力 N_0，由于梁受力后其端头支承处必然产生转角 θ(图 8-15)，因此支座内边缘处砌体的压缩变形及相应的压应力必然最大，梁端下局部受压面积上的压应力不均匀，其受力有下列几个特点。

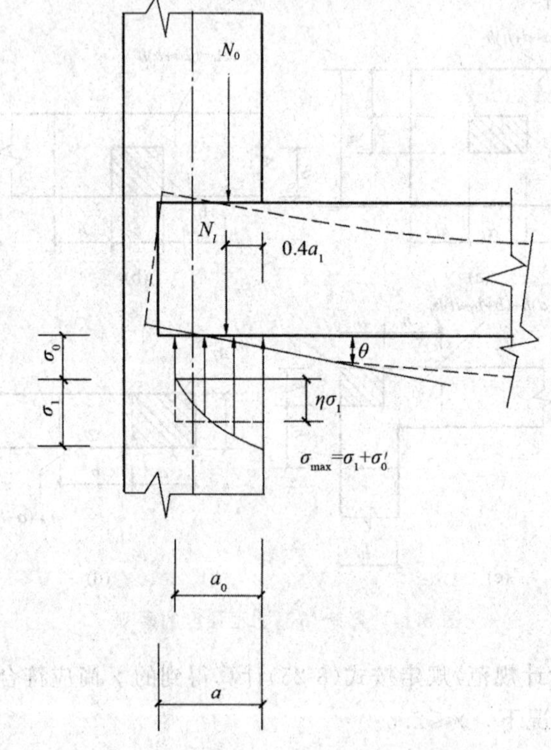

图 8-15 梁端下部砌体的非均匀受压

(1)由于梁端支承处产生转角，梁端有脱开下部砌体的趋势，因此梁的有效支承长度不一定是梁在砌体上的实际支承长度 a(图 8-15)，用 a_0 表示梁的有效支承长度，a_0 的大小取决于支承处梁的转角位移。梁的高度越大，跨度越小，梁端支承处的压缩刚度越大，则转角越小，梁的有效支承长度则愈接近于实际支承长度。

(2)由于局部受压面积内的压应力呈曲线分布，因此靠近砌体内边缘处压应力 σ_1 最大。取其平均压应力为 $\eta\sigma_1$，η 为梁端底面压应力图形完整系数。梁端合力 N_l 的作用点是在更靠近支座内边的位置，通常 N_l 到支座内边的距离可取 $0.4a_0$。

(3)当梁的支承力 N_l 增大到一定程度时，支承面下的砌体的压缩变形已经达到使梁端的顶面与上部砌体脱开，产生水平缝隙[图 8-16(a)、(b)]。这时，由上部砌体传给梁端支承面的压应力将通过上部砌体的内拱作用传给梁周围的砌体(内拱卸荷作用)。这样，梁端周围砌体的内压力增大，加强了对局部受压砌体的侧向约束作用，对砌体的局部受压是有利的。

小贴士

试验还表明内拱卸荷作用的程度与 A_0/A_l 的比值大小有关，上部荷载的效应随 A_0/A_l 值的增大而逐渐减弱，当 $A_0/A_l \geqslant 2$ 时，效应已很小。因此规定，当 $A_0/A_l \geqslant 3.0$ 时，可以不考虑上部荷载的作用。

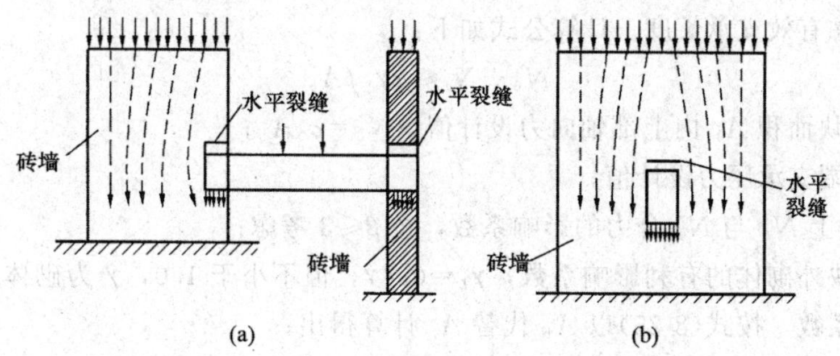

图 8-16　内拱卸荷作用

(二)局部受压承载力验算公式

根据上述试验结果，梁端支承处砌体局部非均匀受压承载力计算表达式为

$$\psi N_0 + N_l \leqslant \eta\gamma f A_l \tag{8-27}$$

$$\psi = 1.5 - 0.5 \times \frac{A_0}{A_l} \tag{8-28}$$

式中　ψ——上部荷载折减系数，当 $A_0/A_l \geqslant 3$ 时，取 $\varphi=0$；

N_0——局部受压面积内上部轴向力设计值，$N_0=\sigma_0 A_l$；

N_l——梁端支承压力设计值；

σ_0——上部平均压应力设计值；

η——梁端底面压应力图形的完整系数，应取 $\eta=0.7$，对于过梁和墙梁应取 $\eta=1.0$。

A_l——局部受压面积，$A_l=a_0 b$，b 为梁宽(mm)，a_0 为梁端有效支承长度(mm)，可按下式计算：

$$a_0=10\sqrt{\frac{h_c}{f}} \tag{8-29}$$

式中 f——砌体的抗压强度设计值；

h_c——梁的截面高度(mm)。

五、梁端下设有预制或现浇刚性垫块时砌体局部受压承载力计算

当梁端下砌体的局部受压承载力不足或当梁的跨度较大时，可在梁端下部加设垫块。垫块的形式有两种：一种是预制刚性垫块(预制混凝土或钢筋混凝土垫块)；另一种是与梁现浇成整体的刚性垫块。前者主要用于预制梁下部，后者主要用于现浇楼盖的梁端。若墙中设有圈梁，垫块宜与圈梁浇成整体。若梁支承于独立砖柱上，则不论梁跨大小均须设置垫块。

试验表明，梁下设置刚性垫块，可以改善垫块下砌体局部受压性能，不仅增加了局部承压面积，而且还可使梁端的压力均匀地传到垫块下砌体截面。为使垫块更好地传递梁端压力，垫块应符合下列要求：刚性垫块的高度 t_b 不宜小于 180 mm，挑出自梁边算起的垫块长度不应大于垫块的高度 t_b；在带壁柱墙的壁柱内设置刚性垫块时(图 8-17)，其计算面积应取壁柱范围内的面积而不应计算翼缘部分，垫块伸入翼墙内的长度不应小于 120 mm；当现浇垫块与梁端整体现浇时，垫块可在梁高范围内设置。

计算刚性垫块下的局部受压承载力时，应考虑荷载偏心距的影响，应考虑局部抗压强度的提高，但不必考虑有效支承长度。计算公式如下：

$$N_0+N_l\leqslant\varphi\gamma_1 fA_b \tag{8-30}$$

式中 N_0——垫块面积 A_b 内上部轴向力设计值，$N_0=\sigma_0A_b$；

N_l——梁端支承压力设计值；

φ——垫块上 N_0 与 N_l 合力的影响系数，按 $\beta\leqslant3$ 考虑；

γ_1——垫块外砌体的有利影响系数，$\gamma_1=0.8\gamma$，但不小于 1.0，γ 为砌体局部抗压强度提高系数，按式(8-25)以 A_b 代替 A_l 计算得出；

f——砌体抗压强度设计值；

A_b——垫块面积，$A_b=a_bb_b$，a_b 为垫块伸入墙内的长度，b_b 为垫块的宽度。

梁端设有刚性垫块时，垫块上 N_l 作用点位置可取 $0.4a_0$ 处，a_0 为刚性垫块上表面梁端有效支承长度，可按下式计算：

$$a_0=\delta_1\sqrt{\frac{h_c}{f}} \tag{8-31}$$

式中 δ_1——刚性垫块的影响系数，见表 8-7；

h_c——梁的截面高度(mm)。

表 8-7 δ_1 系数取值

σ_0/f	0	0.2	0.4	0.6	0.8
δ_1	5.4	5.7	6.0	6.9	7.8

注：表中其间的数值可采用插入法求得。

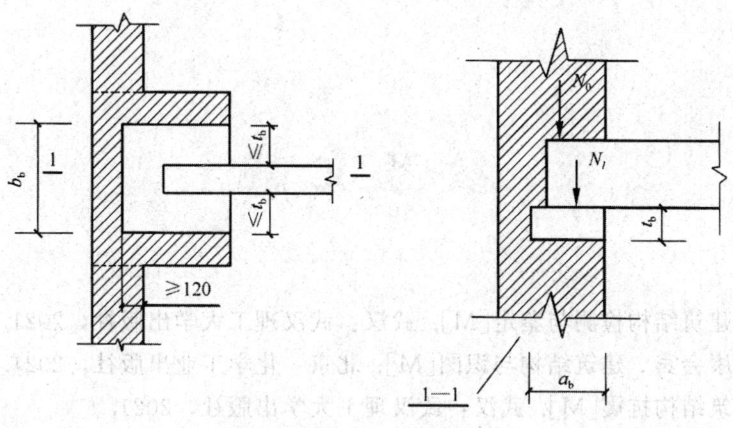

图 8-17　壁柱上设刚性垫块

能力训练

1. 控制墙柱高厚比的目的是什么？

2. 带壁柱墙与等厚度墙体的高厚比验算有何不同？

3. 无筋砌体如何考虑偏心距、高厚比对受压构件承载力的影响？

4. 为什么要限制单向偏压砌体构件的偏心距？

5. 局部受压下砌体的抗压强度为什么可以提高？

6. 梁端支承处砌体局部受压时有效支承长度的含意是什么？为什么需要考虑有效支承长度？其影响因素有哪些？

7. 梁端支承处砌体局部受压承载力不满足要求时可采取哪些有效措施？

8. 梁端支承处砌体局部受压计算中，为什么要对上部传来的荷载进行折减？折减值与什么因素有关？

9. 砌体受剪构件承载力计算时，考虑修正系数 μ 的目的是什么？

参考文献

[1]郝负洪．建筑结构检测与鉴定[M]．武汉：武汉理工大学出版社，2021.

[2]邵英秀，康会宾．建筑结构与识图[M]．北京：化学工业出版社，2021.

[3]周颖．建筑结构抗震[M]．武汉：武汉理工大学出版社，2021.

[4]吴承霞．建筑结构[M]．北京：高等教育出版社，2021.

[5]刘丽华，王晓天．建筑力学与建筑结构[M]．北京：中国电力出版社，2021.